嵌入式技术基础及应用

主　编　任佳丽　王占奎
副主编　杨　飞　关志艳　周远芳
　　　　郑淑军　黄　茜
参　编　康　茜　李雪莲　陕晋军
　　　　张　婷　李青云

机械工业出版社

本书由校企"双元"合作开发，把行业、企业岗位的典型工作任务及工作过程相关知识作为教材主体内容，以项目为纽带、任务为载体、工作过程为导向，将"新技术、新标准、新规范"融入课堂教学，实现了教学内容与产业技术发展的对接。

本书以智能车作为载体，共分为8个项目：项目1介绍智能车开发环境的搭建与实现，项目2介绍智能车灯光控制系统的设计与实现，项目3介绍智能车行车显示系统的设计与实现，项目4介绍智能车温度控制系统的设计与实现，项目5介绍智能车通信管理系统的设计与实现，项目6介绍智能车电机控制系统的设计与实现，项目7介绍智能车视觉传感系统的设计与实现，项目8介绍智能车停车管理系统的设计与实现。

本书内容结构符合学习认知规律，适用于高等职业教育本科和专科的物联网工程、电子信息工程、智能交通应用技术、新能源汽车工程技术等专业，是对接嵌入式国家职业技能标准、全国职业院校技能大赛嵌入式技术应用开发赛项和"嵌入式边缘计算软硬件开发"职业技能等级证书而开发的岗、课、赛、证融通的一体化教材。

本书可作为高等职业院校电子信息类、通信类、自动化类、机电类专业学生学习嵌入式技术的教材，也可作为工程技术人员的培训教材和自学参考书。

为方便教学，本书配备电子课件等教学资源。凡选用本书作为授课教材的教师均可登录机械工业出版社教育服务网（www.cmpedu.com）注册后免费下载。如有问题请致信 cmpgaozhi@sina.com，或致电 010-88379375 联系营销人员。

图书在版编目（CIP）数据

嵌入式技术基础及应用 / 任佳丽，王占奎主编.
北京：机械工业出版社，2024.8. -- ISBN 978-7-111-76553-0
Ⅰ. TP332.021
中国国家版本馆CIP数据核字第2024RU5687号

机械工业出版社（北京市百万庄大街22号 邮政编码100037）
策划编辑：赵志鹏　　　　　责任编辑：赵志鹏
责任校对：郑 雪 李 婷　　封面设计：马精明
责任印制：单爱军
北京虎彩文化传播有限公司印刷
2025年1月第1版第1次印刷
184mm×260mm・20印张・480千字
标准书号：ISBN 978-7-111-76553-0
定价：59.00元

电话服务	网络服务
客服电话：010-88361066	机 工 官 网：www.cmpbook.com
010-88379833	机 工 官 博：weibo.com/cmp1952
010-68326294	金 书 网：www.golden-book.com
封底无防伪标均为盗版	机工教育服务网：www.cmpedu.com

前言

随着电子技术、计算机技术、通信技术的发展，嵌入式技术已经成为我国科技强国和制造强国战略的基础建设技术，它无处不在、无时不在。在学习嵌入式技术的过程中，初学者在遇到具体项目时会存在无从下手的感觉，究其原因，是用嵌入式技术解决工程问题的能力不够。

本书在编写过程中坚决贯彻党的二十大精神，以学生的全面发展为培养目标，严格落实立德树人根本任务，教材内容对接嵌入式国家职业技能标准，对接全国职业院校技能大赛嵌入式技术应用开发赛项，对接"嵌入式边缘计算软硬件开发"职业技能等级证书，教材体现了社会主义核心价值观和严谨规范、精益求精的工匠精神。

本书由校企"双元"合作开发，把"行业、企业岗位的典型工作任务及工作过程相关知识"作为主体内容，以项目为纽带、任务为载体、工作过程为导向，将"新技术、新标准、新规范"融入课堂教学，实现教学内容与产业技术发展的对接，符合职业成长规律和学生学习认知规律。

本书注重内容的实用性和学生学习的主体性，将 STM32F407 作为主控芯片，介绍了嵌入式系统的体系结构、工作原理、功能部件及软硬件应用开发资源；采用 HAL 库编程方式，减少嵌入式软件移植的工作量和难度，提高嵌入式软件的通用性和复用性；以智能车作为教学载体，由易到难构建了智能车开发环境的搭建与实现、灯光控制系统的设计与实现、行车显示系统的设计与实现、温度控制系统的设计与实现、通信管理系统的设计与实现、电机控制系统的设计与实现、视觉传感系统的设计与实现以及停车管理系统的设计与实现 8 个项目，学生可以根据书中具体的操作实例，边学习边操作。

本书可作为高等职业院校电子信息类、通信类、自动化类、机电类专业学生学习嵌入式技术的教材，也可作为工程技术人员的培训教材和自学参考书。对于已掌握一定嵌入式知识的读者，可以根据自己掌握的程度，有选择地阅读本书内容。

在阅读本书的过程中，可通过书中的学前思、学中思、学后思和拓中思提升发现问题、分析问题和解决问题的能力，通过六顶思考帽养成复盘总结的习惯。本书还设计了嵌入式产品设计的相关知识，帮助读者带着产品思维方式，制作自己设计的嵌入式系统产品，为未来发展打下坚实的基础。

本书编写团队在解决实际工程问题方面有比较丰富的经验，近年来也在教学改革方面取得了一系列成果。本书由任佳丽、王占奎任主编，杨飞、关志艳、周远芳、郑淑军和黄茜任副主编，康茜、李雪莲、陕晋军、张婷、李青云参与了本书的编写。山西工程科技职业大学任佳丽对全书的编写思路和大纲进行总体策划并编写项目1，企业工程师王占奎设计教材中实践教学案例。项目2由山西工程科技职业大学周远芳编写，项目3任务1由山西大学李雪莲编写，项目3任务2由运城职业技术大学杨飞编写，项目4由山东职业学院郑淑军编写，项目5任务1由山西工程科技职业大学张婷编写，项目5任务2由山西工程科技职业大学陕晋军编写，项目5任务3由晋中信息学院李青云编写，项目6由山西工程科技职业大学关志艳编写，项目7由山西工程科技职业大学康茜编写，项目8由山西工程科技职业大学黄茜编写。

由于编者水平有限，书中疏漏之处在所难免，恳请广大读者批评指正。

编　者

目 录

前言

项目 1　智能车开发环境的搭建与实现 ...001

　　任务 1　搭建嵌入式硬件开发环境 ...002
　　任务 2　搭建嵌入式软件开发环境 ...018
　　任务 3　智能车双闪灯的控制 ...038

项目 2　智能车灯光控制系统的设计与实现 ...049

　　任务 1　智能车迎宾灯的控制 ...050
　　任务 2　智能车前照灯、转向灯及雾灯的控制 ...068

项目 3　智能车行车显示系统的设计与实现 ...087

　　任务 1　智能车档位显示 ...088
　　任务 2　智能车时间显示 ...109

项目 4　智能车温度控制系统的设计与实现 ...138

　　任务 1　智能车内部温度测量 ...139
　　任务 2　智能车自动空调控制 ...158

项目 5 　智能车通信管理系统的设计与实现　　　…172

任务 1　智能车串行通信起动显示　　　…173
任务 2　智能车 CAN 总线环境检测　　　…190
任务 3　智能车 ZigBee 无线通信　　　…212

项目 6 　智能车电机控制系统的设计与实现　　　…226

任务 1　智能车变速行驶　　　…228
任务 2　智能车超速告警　　　…245

项目 7 　智能车视觉传感系统的设计与实现　　　…265

任务 1　智能车循迹　　　…266
任务 2　智能车导航　　　…276
任务 3　智能车避障　　　…282

项目 8 　智能车停车管理系统的设计与实现　　　…292

任务 1　智能车循迹立体车库　　　…293
任务 2　智能车在立体车库停车　　　…303
任务 3　智能停车场收费系统的设计与实现　　　…308

参考文献　　　…312

项目 1

智能车开发环境的搭建与实现

嵌入式系统是以应用为中心、以计算机技术为基础、软件硬件可裁剪,适应应用系统对功能、可靠性、成本、体积、功耗严格要求的专用计算机系统,广泛应用于工业控制、交通管理、智能家电、家庭智能管理系统、POS 网络及电子商务、环境工程、机器人等领域。

智能车是典型的嵌入式系统应用场景。智能车作为一种集合了多种功能的智能移动装置,无论是灯光控制、防碰撞控制、多通道无线技术通信,还是运动控制、视频采集与处理、停车管理等,都离不开嵌入式控制系统。

嵌入式系统的硬件环境和软件环境相辅相成,想要智能车实现各种功能,不仅需要有看得见、摸得着的硬件,还需要给控制器载入程序。本项目以智能车双闪灯为例,初步搭建智能车软硬件开发环境,使读者对 STM32F407 系列微控制器的开发与使用有所了解,顺利开启嵌入式之旅。

素质目标:(1)培养发现问题、检索信息和分析问题的能力。
(2)培养项目规划能力、模块化思维、积极探索精神。

能力目标:(1)能够使用 STM32CubeMX,配置处理器开发环境。
(2)能够使用 MDK-ARM,完成项目开发。
(3)能够识读原理图,找到功能电路的控制引脚。
(4)能够自己查找并阅读芯片手册。
(5)能够为芯片烧写代码。
(6)能够完成嵌入式应用开发与调测。

知识目标:(1)了解嵌入式系统的基本概念。
(2)了解 STM32 微控制器的主要特征。
(3)掌握 STM32F407 的最小系统组成(重点、难点)。
(4)掌握利用 STM32CubeMX 与 MDK-ARM 联合实现项目的方法。
(5)掌握程序控制普通 GPIO 引脚的方法。
(6)了解嵌入式系统的编程模式及程序开发方式。

智能车开发环境的搭建与实现

建议学时:6 学时。

知识地图：

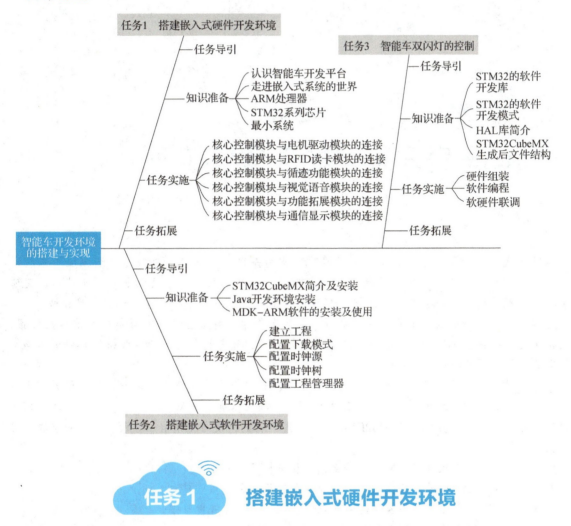

任务 1　搭建嵌入式硬件开发环境

任务导引

嵌入式开发需要搭建实际的硬件开发环境，本书使用智能车开发平台作为教学载体，模拟自动智能汽车设计，实现智能车的各个功能。该平台由核心控制模块、通信显示模块、循迹功能模块、电机驱动模块、视觉语音模块、功能拓展模块和 RFID 读卡模块组成（见图 1-1-1），还可以根据实际需求进行二次开发。

知识准备

学前思

在了解了任务需求后，请你写出要完成上述任务时，可能会存在的问题。

_____

_____

下面带着问题一起来进行知识探索。

1. 认识智能车开发平台

本书所有项目均基于智能车开发平台开展。该平台模仿现代自动智能车设计，本身具有主动的环境感知能力。整个平台采用 CAN 总线通信，多个处理器同时工作，数据处理流畅稳定，并且完全满足防碰撞系统控制、多通道无线技术通信、基于 Android 系统的智能车运动控制、视频采集与处理、停车管理等高级处理功能，软硬件资源全部开放，适合二次开发。智能车开发平台中最关键的控制部分是核心控制模块，本项目所用到的模块就是核心控制模块。

图 1-1-1　智能车开发平台

智能车开发平台框架结构图如图 1-1-2 所示。

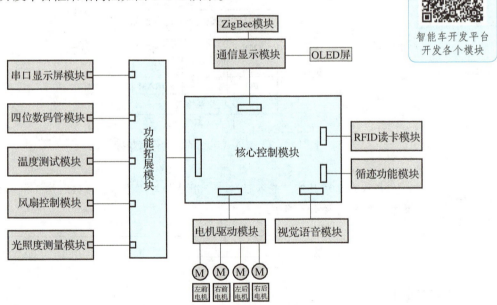

图 1-1-2　智能车开发平台框架结构图

> **小试牛刀**　请同学们结合现实思考，你心中理想的智能车需要具备哪些功能？你想开发一个什么样的嵌入式产品？

2. 走进嵌入式系统的世界

智能车本身就是一种嵌入式系统,那么什么是嵌入式系统呢?业内广泛认可的一个定义是:嵌入对象体系中,以应用为中心、以计算机技术为基础、软硬件可裁剪,适应应用系统对功能、可靠性、成本、体积、功耗严格要求的专用计算机系统。与通用计算机系统相比,嵌入式系统是面向用户、面向产品、面向应用的。嵌入对象系统,满足对象系统的要求才会具有生命力,才更具有优势。例如,微波炉、电视机、可穿戴设备、机器人、汽车电子等都是嵌入式系统。

嵌入式系统包括硬件和软件两个部分,如图 1-1-3 所示。

硬件部分包括嵌入式微控制器及其外围电路。微控制器是嵌入式计算平台的中枢,而接口是嵌入式的窗口和通道,没有它就无法工作,如串口、通信接口、中断等。外围电路包括通用接口、I/O 接口等。

软件部分由驱动层、系统软件层和应用层组成。驱动层将系统的上层软件与底层硬件分离开来,使上层软件开发人员无须关心底层硬件的具体情况,根据板级支持包提供的接口即可进行开发。系统软件层由实时多任务操作系统、文件系统、图形用户接口组成。系统软件层负责嵌入式系统的全部软硬件资源分配、任务调度,以及控制和协调其并发活动。应用层主要包括用户开发的应用程序,可实现各种功能。

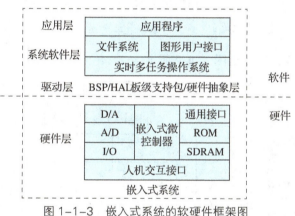

图 1-1-3 嵌入式系统的软硬件框架图

> **小试牛刀**
> 嵌入式系统具有"嵌入性""专用性"与"计算机系统"这 3 个基本要素。请举例说明你还知道哪些嵌入式系统。

3. ARM 处理器

在嵌入式系统的硬件部分中,嵌入式微控制器处于核心地位,相当于人类的大脑。智能车开发平台的核心控制模块采用的是 ARM 内核芯片 STM32F407。

ARM(Advanced RISC Machines)既可以认为是一个公司的名字,也可以认为是对一类微处理器的统称。ARM 公司是专门从事基于精简指令集计算机(RISC)技术芯片设计开发的公司,作为知识产权供应商,他们不直接生产芯片,而是转让设计许可由合作公司生产各具特色的芯片。目前,采用 ARM 技术的微处理器遍布工业控制、消费电子产品、通信、网络等各类市场,ARM 内核被授权给数百家厂商。

（1）ARM 体系结构特点

ARM 采用 RISC（Reduced Instruction Set Computer）结构，有大量寄存器，支持 ARM/Thumb 指令，具有低功耗、低成本和高性能的优点。

> **一查到底** 查一查有哪些公司生产的芯片使用 ARM 内核。
> _____
> _____

（2）ARM 系列微处理器

ARM 系列微处理器按应用特征可分为三类处理器：应用处理器（Application Processor A 系列）、实时控制器（Real-time Controller R 系列）和微控制器（Micro-controller M 系列）。应用处理器针对的是高性能、多媒体的应用。实时控制器针对的是实时性、安全性要求高的应用，例如无人机、飞机。微控制器针对的是低成本、低功耗的应用。每个系列各有相对独特的性能，可以满足不同应用领域的需求。ARM 系列如图 1-1-4 所示。

图 1-1-4　ARM 系列

（3）ARM Cortex-M4 系列处理器

本书所用开发平台的核心控制模块中的微处理器为 STM32F4 系列，其内核就是 Cortex-M4。Cortex-M4 内核是面向微控制器应用的低功耗、低成本处理器，使用分离的指令和数据总线，在 Cortex-M3 的基础上强化了运算能力，新加了浮点、DSP、并行计算等，用以满足需要有效且易用的控制和信号处理功能混合的数字信号控制市场。Cortex-M4 高效的信号处理功能与 Cortex-M 系列处理器低功耗、低成本和易于使用的优点结合，可以满足电机控制、汽车、电源管理、嵌入式音频和工业自动化等新兴市场的需求。

> **一查到底** 假设你正在为一个需要低功耗且实时性要求较高的智能手环控制系统设计微控制器，请查一查相关资料，你会选择 ARM 哪一个系列？哪一个型号？请从性能需求、功耗要求、成本考虑、扩展性与兼容性等方面进行分析并给出你的选择理由。
> _____
> _____

4. STM32 系列芯片

芯片是嵌入式系统的核心，生产过程非常复杂，需要产业链中的多个企业进行配合。目前，主要的芯片厂家有德州仪器（IT）、意法半导体（ST）、龙芯中科等。本书使用的芯片型号为 STM32F407IGT6，是 ST 公司基于 ARM 公司 Cortex-M4 内核设计的一款芯片。

STM32F4 系列芯片的内部组织简图如图 1-1-5 所示。可以看出，它的 Cortex-M4 内核是 ARM 公司设计的，整体框架则是 ST 公司设计的，内核之上所有的组件都是由 ST 公司后期添加的，内核和外围器件之间通过总线矩阵连接。

STM32 系列芯片常用于需要芯片能耗低、处理性能强、实时性效果好、价格低廉的嵌入式场合，可应用于工业物联网、智能安防、智慧电力、智慧交通、智慧医疗等众多领域。STM32 系列芯片的应用领域如图 1-1-6 所示。

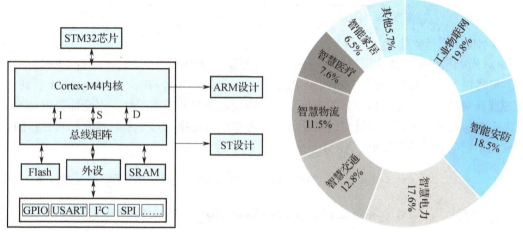

图 1-1-5 STM32F4 系列芯片的内部组织简图　　图 1-1-6 STM32 系列芯片的应用领域

（1）STM32 系列芯片概述

1）STM32 芯片选型。STM32 系列芯片的产品线包括无线、超低功耗、主流、高性能和 MPU（Micro Processor Unit）类型，分别面向不同的应用。STM32 系列芯片的产品线如图 1-1-7 所示。

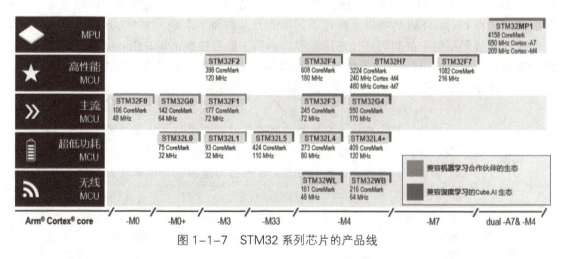

图 1-1-7 STM32 系列芯片的产品线

单纯从学习的角度出发，可以选择 F1 和 F4，F1 代表基础型，基于 Cortex-M3 内核，主频为 72MHz；F4 代表高性能，基于 Cortex-M4 内核，主频为 180MHz。F1 和 F4（429 系列以上）除了内核不同和主频的提升外，升级的明显特色就是增加了 LCD 控制器和摄像头接口，支持 SDRAM，这个区别在项目选型上会被优先考虑。明确了大方向之后，接下来就是细分选型，先确定引脚，引脚多的功能就多，但价格也贵，具体应根据实际项目需求选择，够用就好。

> **小试牛刀**　请同学们从 ST 公司官网下载 STM32F407 的数据手册。

2）STM32 系列芯片的命名规则。了解 STM32 系列芯片的命名规则可以对选型有所帮助。

ST——意法半导体公司名称缩写；

M——微控制器（Microcontroller）；

32——表示 32 位微控制器（如果为 8，就是 8 位控制器）。

上面就是"STM32"的含义，接下来的部分就是其型号命名规范。STM32 系列芯片和 STM8 系列芯片的命名规则如图 1-1-8 所示。

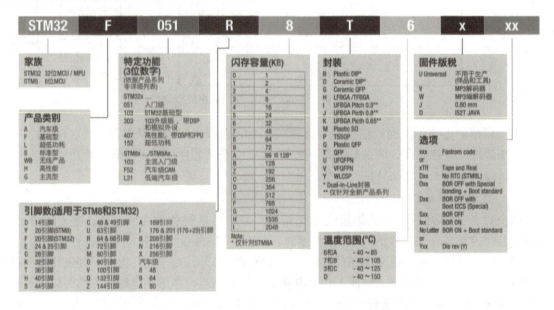

图 1-1-8　STM32 系列芯片和 STM8 系列芯片的命名规则

> **小试牛刀**　以本书所用开发平台中核心控制模块的主控芯片 STM32F407IGT6 为例，说明其命名规则。

（2）STM32 系统框架

STM32F407 系列的系统框架如图 1-1-9 所示。主系统由 32 位多层 AHB 总线矩阵构成，实现各部分的互联。

如图 1-1-9 所示，该系统有 8 条主控总线、7 条被控总线，借助总线矩阵，即使在多个高速外设同时运行期间，该系统也可以实现并发访问和高效运行。

借助两个 AHB/APB 总线桥 APB1 和 APB2，该系统可在 AHB 总线与两个 APB 总线之间

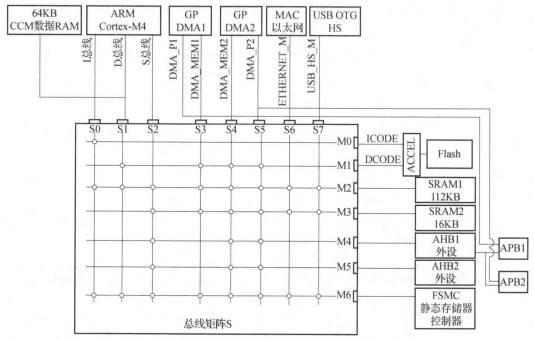

图 1-1-9　STM32F407 系列的系统框架

实现完全同步的连接，从而灵活选择外设频率。APB 总线上可以挂载多种外设。GPIO、串口、I^2C、SPI 等外设就挂载在这两条总线上，这是 STM32 系列芯片的学习重点，就是要学会在这些外设的基础上编程，以驱动外部的各种设备。

（3）STM32 时钟系统

STM32 系列芯片与一个人的生命系统相似，而时钟系统就像人的心跳，是 CPU 的脉搏，控制着芯片内部各种元器件的同步工作。STM32 既有高速外设又有低速外设，各外设的工作频率不同，所以需要分频，把高速和低速设备分开管理；另外，对于同一电路，其工作频率越快，功耗就越高，抗电磁干扰能力越弱，会给电路设计带来困难，考虑到电磁兼容性所以需要倍频。因此，较复杂的 MCU（微控制单元）一般采用多时钟源的方法解决这些问题，并为每个外设配置外设时钟开关，在不使用外设时将其时钟关闭，以降低功耗。

微控制器内部是一个统一的时钟树，外设的时钟是由系统时钟分频得到的。

STM32F407 系列的时钟系统如图 1-1-10 所示。可以使用 3 种不同的时钟源来驱动系统时钟（SYSCLK）和低速时钟。系统时钟用于向处理器核心、AHB 和 APB 上的外设提供时钟信号，低速时钟则用于向 RTC、看门狗和自动唤醒单元提供时钟信号。

在 STM32F4 系列中，有 5 个时钟源，分别是 HSI、HSE、LSI、LSE、PLL。按时钟频率可以分为高速时钟源和低速时钟源，HSI、HSE 和 PLL 是高速时钟源，LSI 和 LSE 是低速时钟源。按来源可分为外部时钟源和内部时钟源，外部时钟源通过接晶体振荡器的方式从外部获取时钟源，其中 HSE 和 LSE 是外部时钟源。

如图 1-1-10 所示，系统时钟可以使用以下 3 种不同的时钟源来驱动：

① HSI 振荡器时钟（高速内部时钟）。

② HSE 振荡器时钟（高速外部时钟）。

③ PLL 时钟（锁相环倍频时钟）。

项目 1 智能车开发环境的搭建与实现

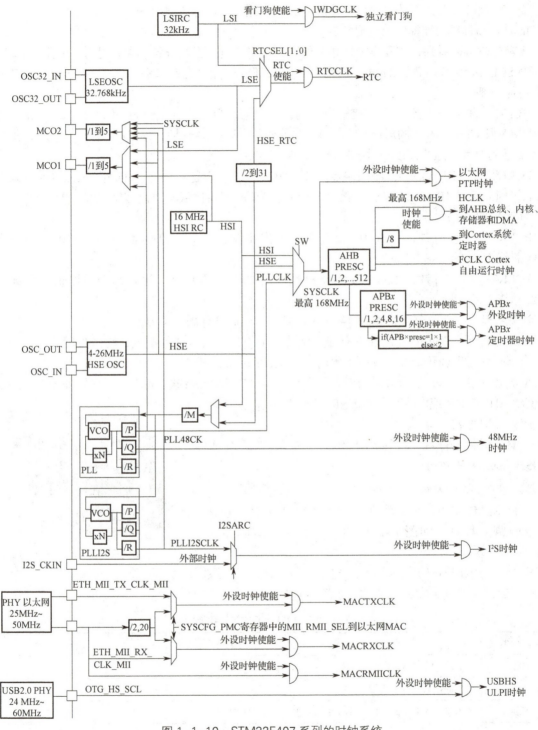

图 1-1-10 STM32F407 系列的时钟系统

低速时钟具有以下两个时钟源：

① 32kHz 低速内部晶体振荡器（LSI 晶振），可作为低功耗时钟源，使微控制器在停机和待机模式下保持运行，也可用于驱动独立看门狗，或提供给 RTC 用于停机/待机模式下的自动唤醒。

② 32.768kHz 低速外部晶体振荡器（LSE 晶振），用于驱动 RTC 时钟（RTCCLK），为 RTC 的时间和日历功能提供精确时钟源。

从时钟树可以看到，与开发密切相关的时钟可以通过一系列分频、倍频得到，具体如下。

SYSCLK：系统时钟，STM32 系列芯片中大部分器件的时钟来源，主要由 AHB 预分频器分配到各个部件。

HCLK：由 AHB 预分频器直接输出得到，最大频率为 168MHz，可提供高速总线 AHB、内存、DMA 及 Cortex 内核的时钟信号，是 Cortex 内核运行的时钟，即 CPU 主频。它的大小与 STM32 系列芯片的运算速度、数据存储速度密切相关。

FCLK：由 AHB 预分频器输出得到，是内核的"自由运行时钟"。"自由"表现在它不来自 HCLK，因此不受 HCLK 影响。FCLK 的存在可保证处理器休眠时也能够采样和跟踪休眠事件，它与 HCLK 同步。

PCLK1：外设时钟，由 APB1 预分频器输出得到，最大频率为 42MHz，提供给挂载在 APB1 总线上的外设。

PCLK2：外设时钟，由 APB2 预分频器输出得到，最大频率为 84MHz，提供给挂载在 APB2 总线上的外设。

注意：结合项目 1 任务 2 中图 1-2-63 配置时钟树的操作进行学习。

外部时钟源在精度和稳定性上有很大优势，上电后需通过软件配置，转而采用外部时钟信号。内部时钟起振较快，在芯片刚上电时，默认使用内部高速时钟。

每次芯片复位后，所有外设时钟都被关闭（SRAM 和 Flash 接口除外）。使用外设前，必须在 RCC_AHBxENR 或 RCC_APBxENR 寄存器中使能其时钟（此处 x 取 1 或 2）。

具体时钟配置在各任务的任务实施环节的配置 STM32CubeMX 中进行。

（4）STM32 的引脚

查阅 STM32F407 参考手册可知，STM32F407IGT6 有 176 个引脚，其封装如图 1-1-11 所示，具体引脚名称如图 1-1-12 所示。

STM32F407IGT6 的引脚分为电源、晶振、下载、BOOT、复位和 GPIO 共 6 个类别，见表 1-1-1。

图 1-1-11　STM32F407IGT6 的封装

表 1-1-1　STM32F407IGT6 引脚说明

引脚分类	引脚说明
电源	V_{BAT}、V_{DD}、V_{SS}、V_{DDA}、V_{SSA}、V_{REF+}、V_{REF-} 等
晶振	主晶振 I/O、RTC 晶振 I/O
下载	用于 JTAG 下载的 I/O：JTMS、JTCK、JTDI、JTDO、NJTRST
BOOT	BOOT0、BOOT1，用于设置系统的启动方式
复位	NRST，用于外部复位
GPIO	专用器件接到专用的总线，如 I^2C、SPI、SDIO、FSMC、DCMI 这些总线的器件需要接到专用的 I/O
	普通的元器件接到 GPIO，如蜂鸣器、LED、按键等

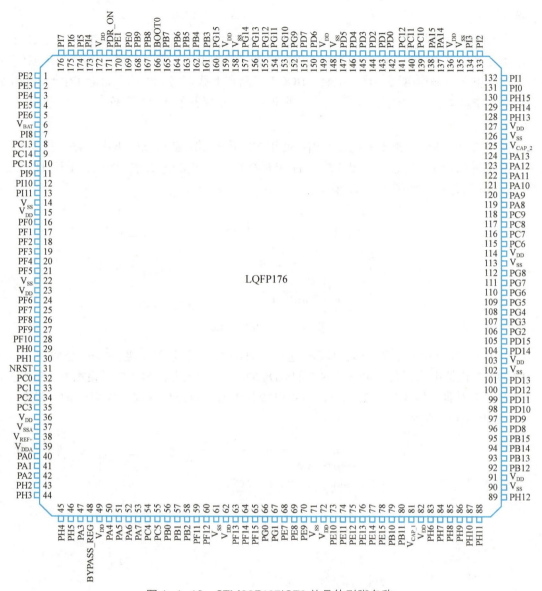

图 1-1-12 STM32F407IGT6 的具体引脚名称

一查到底　请同学们阅读 STM32F407 参考手册电源部分的内容，说明表 1-1-1 中各引脚的作用。

_____

5. 最小系统

什么是 STM32 的最小系统？最小系统指只包含必需的元器件，仅可运行最基本软件的简化系统，也就是仅用最少的元器件就可以工作的系统。无论多么复杂的嵌入式系统，都可以认为是由最小系统和扩展功能组成。最小系统是嵌入式系统硬件设计中复用率最高，也是最基本的功能单元。

一个 STM32 控制芯片必须加上电源、复位电路和时钟信号才能工作。系统的调试接口在运行阶段不是必需的,但开发时必须使用,因此也属于最小系统。典型的最小系统一般包括微控制器芯片、电源、晶振电路、复位电路、BOOT 电路和下载电路。可见,无论在生产还是生活中我们都要注重系统的完整性,麻雀虽小、五脏俱全,系统各个部分相互依存、缺一不可。

(1)电源电路

微控制器想要工作,离不开电源。当前使用的芯片采用的是 COMS 电平(3.3V 供电),生活中一般常见的都是 5V 电源,如计算机的 USB 接口、手机充电器等。所以,采用 TPS62203 将 5V 电源降到 3.3V,如图 1-1-13 所示。

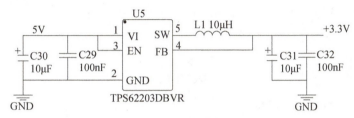

图 1-1-13 降压电路

图 1-1-14 为芯片上电源相关引脚的连接,VDD 是数字电源正极,GND 是数字电源负极。VDDA 是模拟电源正极,负责给内部的 ADC/DAC 模块供电,AGND 是模拟电源负极。还有一个 VBAT 引脚,用来接电池正极,当主电源掉电时,可以给 RTC(实时时钟)供电,如图 1-1-14 中右上角所示。

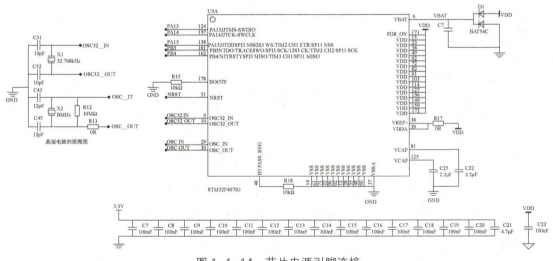

图 1-1-14 芯片电源引脚连接

(2)复位电路

复位电路的基本功能是使系统从异常状态中恢复正常工作。复位电路一般用于嵌入式系统、处理器等需要稳定工作的电子设备中。复位电路的基本功能是在系统电源通电时,将所有的内部寄存器、计数器、状态机等都清零,使系统初始化,从而确保系统每次开机时都处于和上一次开机时相同的初始状态。复位电路的另一种功能是在系统运行时,一旦出现异常情况,如死循环、死机、停滞等,可以通过复位电路将系统重启,使其回到正常状态,保证系统的稳定性和可靠性。

一般这样的复位电路可以分成很多种，如软硬件复位、看门狗（WDG）复位等。目前，我们需要掌握的是硬件复位。例如，电路板运行过程中，程序卡住了，就需要一个按键进行电路板的复位，使其重新开始工作，这样的电路就称为硬件复位电路，如重启键。

当然，硬件复位也有高低电平之分，能够使得MCU复位的高电平称为高电平复位；能够使得MUC复位的低电平称为低电平复位。当前芯片采用的是低电平复位，复位电路的原理如图1-1-15所示。图中，NRST一般用于上电复位与按钮复位；JNRST是下载器复位引脚，用于下载器控制的复位功能。

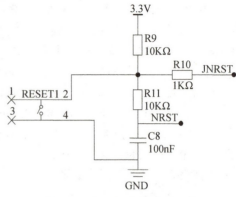

图 1-1-15 复位电路的原理

小试牛刀　请同学们结合图 1-1-14 和图 1-1-15，在小车核心电路板上找出复位电路。

（3）晶振电路

晶振电路是能够让MCU工作起来的电路，控制着芯片内部各种元器件的同步工作。一般这样的电路存在有很多种，如RC振荡器、晶振等。

晶振电路有两组，一组给单片机提供主时钟，另一组给RTC提供时钟。主时钟采用8MHz，方便程序内部倍频使用。RTC采用32.768kHz。两组晶振电路在核心控制模块上的原理如图1-1-16所示。

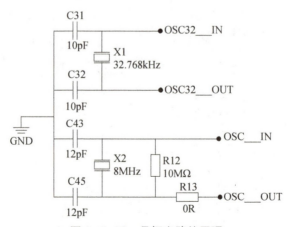

图 1-1-16 晶振电路的原理

一查到底　查一查为什么 RTC 时钟一般选用 32.768kHz？

（4）BOOT 电路

BOOT 电路是计算机开机时最先启动的电路之一，它负责将计算机从关机状态切换为开机状态，并加载操作系统。同理，嵌入式系统也可以通过 BOOT 电路设置系统的启动方式。STM32F40x 芯片有 BOOT1 和 BOOT0 两个 BOOT 引脚，可以通过设置不同的高低电平来设置不同的启动方式。具体启动方式见表 1-1-2。该芯片正常工作时用的是 X0 的方式进行启动，如图 1-1-17 所示。当然，当程序下载有某种错误无法操作的时候，可以进行启动方式的调整，这样后面就可以进行下载烧录了。

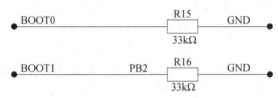

图 1-1-17　采用 X0 的方式进行启动

表 1-1-2　启动方式

启动方式选择引脚		启动方式	说明
BOOT1	BOOT0		
X	0	主闪存储器	MUC 可以正常执行工作
0	1	系统存储器	程序可以进行烧录，但不能执行
1	1	内置 SRAM	程序可以进行烧录和执行代码，但是按下复位键的时候程序不会执行

（5）下载电路

STM32 一般可以采用串口下载、J-LINK 或 ST-LINK 这 3 种下载方式，采用哪种下载方式取决于所使用的仿真器类型。例如，使用 ST-LINK 仿真器时则需选择 ST-LINK 下载方式。接口模式包括 JTAG 和 SWD 模式，传统的 JTAG 底座是 24 脚的，个头大，比较占电路板尺寸，连接线复杂，所以一般采用 SWD 模式。当下载方式选用 J-LINK 或 ST-LINK，且接口方式采用 SWD 模式时，下载电路如图 1-1-18 所示。

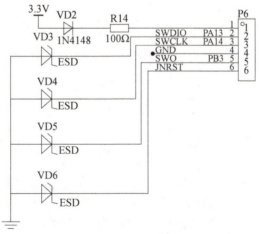

图 1-1-18　下载电路

> 小试牛刀
>
> 请同学们结合图 1-1-18，在小车核心电路板上找出下载电路。

任务实施

通过前面介绍我们了解到，嵌入式系统由硬件和软件两部分组成，其中硬件部分主要由微控制器和外围电路构成。智能车开发平台上共有 7 个功能模块，分别是核心控制模块、电机驱动模块、RFID 读卡模块、循迹功能模块、视觉语音模块、功能拓展模块和通信显示模块。各个模块的板间连接图如图 1-1-19 所示。接下来，我们将着手搭建智能车开发平台的硬件环境，为后续的软件开发奠定坚实基础。**各位读者可以根据实际功能需求灵活搭建智能车开发平台，也可以在已有功能上进行二次开发，同时，可以根据不同功能自由组合项目任务，实现个性化的功能配置。**各个模块的板间实物如图 1-1-20 所示。

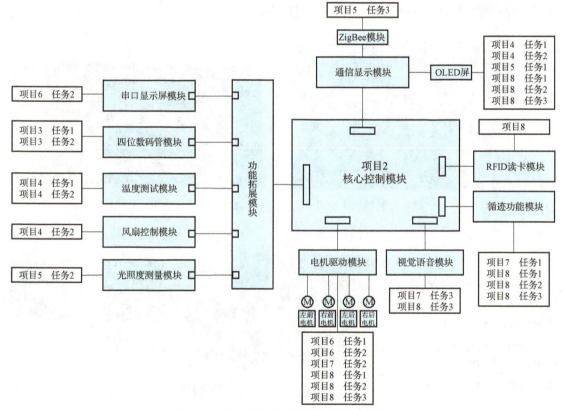

图 1-1-19　智能车开发平台的板间连接

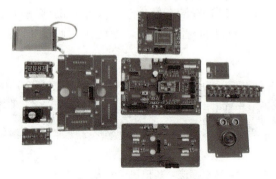

图 1-1-20　各个模块的板间实物

1. 核心控制模块与电机驱动模块的连接

核心控制模块是智能车开发平台的"总指挥",负责调度其他模块功能。核心控制模块实物图如图 1-1-21 所示,微控制器是嵌入式系统的核心,核心控制模块采用的芯片型号为 STM32F407IGT6,它需要与外围器件协同合作,共同实现智能车的各项功能。

在底座上安装电机驱动模块

在电机驱动模块上安装核心控制模块

电机驱动模块为智能车开发平台提供动力,其实物图如图 1-1-22 所示。驱动模块上有两组电源输入口,这两组电源输入口为智能车提供了运动和各种功能所需要的动力。

核心控制模块与电机驱动模块之间是一根 16P 的软排线。可以在电机驱动模块上找到 4 个接口,分别控制智能车左前、左后、右前和右后四个电机。

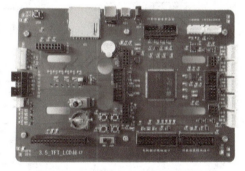
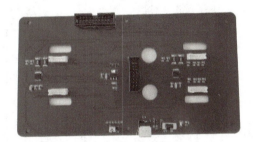

图 1-1-21 核心控制模块实物图   图 1-1-22 电机驱动模块实物图

2. 核心控制模块与 RFID 读卡模块的连接

在智能车开发平台的底部安装 RFID 读卡模块(见图 1-1-23),然后通过排线将 RFID 读卡模块与核心控制模块连接。通过在道路上放置 RFID 卡片,可以完成寻卡任务,读取 RFID 卡片的内容。

图 1-1-23 RFID 读卡模块实物图

在底座上安装 RFID 读卡模块

RFID 读卡模块与核心板进行连接

3. 核心控制模块与循迹功能模块的连接

循迹功能模块(见图 1-1-24)安装在智能车开发平台的前端,是智能车实现自主循迹功能的关键部件。该模块通过排线与核心控制模块进行连接,通过 8 对红外对管实现智能车的循迹功能。

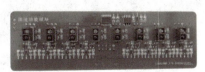

a)   b)

图 1-1-24 循迹功能模块实物图

安装循迹功能模块

4. 核心控制模块与视觉语音模块的连接

核心控制模块与视觉语音模块（见图 1-1-25）之间的连线，是通过一根 16P 的软排线进行连接的。智能车对周围环境的感知必须依赖各种传感器，视觉语音模块将超声波传感器、红外发射传感器、语音模块、摄像头等集成到一起，帮助智能车实现避障、报警等功能。

安装视觉语音模块

图 1-1-25　视觉语音模块实物图

5. 核心控制模块与功能拓展模块的连接

功能拓展模块（见图 1-1-26）里包含智能车灯光模块、四位数码管模块、温度测试模块、风扇控制模块和光敏电阻传感器模块。智能车根据不同项目的功能需求来选择功能拓展模块。

在功能拓展模块上安装对应功能模块

核心控制模块与功能拓展模块连接

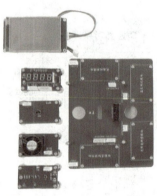

图 1-1-26　功能拓展模块实物图

6. 核心控制模块与通信显示模块的连接

核心控制模块与通信显示模块（见图 1-1-27）是通过软排线进行连接的。通信显示模块包含有串口屏、OLED 屏和 ZigBee 模块，根据通信显示方式的需要选择不同的模块。

将 7 个模块组装完成，智能车开发平台的硬件环境就搭建好了，如图 1-1-28 所示。

安装通信显示模块

图 1-1-27　通信显示模块实物图　　图 1-1-28　组装完成的智能车开发平台

小试牛刀　请同学们在图 1-1-28 中填写各模块的名称。

_____

_____

学后思

为了更加明确每个任务的目标,更好地了解对知识的掌握情况,有针对性地加强对重难点的学习,本书的每个任务都设置了复盘环节,请大家根据问题完成复盘。

任务复盘表

回顾目标	评价结果	分析原因	总结经验
是否完成了任务? 和你做的计划一致吗?	完成任务的过程中你做得好的地方有哪些?存在哪些问题?	完成任务的关键因素有哪些?出现问题的原因是什么?	如果让你再做一遍,你会如何改进? 写下你的创意想法。

任务拓展

在学习了最小系统电路后,大家可以考虑一下如何绘制或者进一步制作一块属于自己的最小系统电路板。首先需要在 PCB 制图软件如 Altium Designer 软件中绘制电路原理图、PCB 图并生成 PCB 文件,并找工厂加工印制电路板,之后进行元器件焊接就可以制作出一个简单的嵌入式硬件系统。

拓中思

你能自己查找资料学习电路板制板流程吗?请简述其流程。

任务 2 搭建嵌入式软件开发环境

搭建嵌入式软件开发环境

任务导引

嵌入式系统分为软件、硬件两个部分。本项目的任务 1 已经完成了嵌入式系统硬件开发环境的搭建。通过对嵌入式软件系统的了解我们知道,上层软件开发人员无须关心底层硬件的具体情况,根据板级支持包提供的接口即可进行开发。

为了让车灯按照特定的规律闪烁,仅靠硬件电路是无法实现的,我们还需要对微控制器进行程序设计。为此,需要搭建程序设计所需的开发软件。本教程以 HAL(Hardware Abstraction Layer)库为基础进行编程,采用 STM32CubeMX 和 Keil 软件配合的方法来实现软件编程,提高编程效率。

项目 1　智能车开发环境的搭建与实现

知识准备

学前思
在了解了任务需求后，请你写出完成上述任务时，会存在的问题。

_____

_____

下面我们带着问题一起进行知识探索。

1. STM32CubeMX 简介及安装

STM32CubeMX 是 ST 公司提供的一套免费开发工具和嵌入式软件模块，可以对芯片进行配置，使用图形化的界面对片内的外设进行配置，并生成 STM32 功能代码工程。

STM32CubeMX 可以直观地选择 STM32 微控制器、配置微控制器、自动处理引脚冲突、动态设置确定时钟树和动态确定参数设置。开发者只要在该软件中进行图形化配置，就可以生成 STM32 功能代码工程。这个代码工程已经包括了必要的外设初始化程序，可以提高开发效率，把工作聚焦于项目逻辑层、应用层的实现。下面介绍 STM32CubeMX 软件的安装步骤（本书使用软件版本号为 6.7.0）。

1）安装包解压。将文件"en.stm32cubemx-win_v6-7-0"解压，并打开"SetupSTM32CubeMX-6.7.0-Win"文件，STM32CubeMX 的安装程序文件如图 1-2-1 所示。

图 1-2-1　STM32CubeMX 的安装程序文件

2）单击【Next】，开始软件安装，安装首页如图 1-2-2 所示。
3）阅读并同意软件安装许可协议，如图 1-2-3 所示。

图 1-2-2　安装首页　　　　　　　　图 1-2-3　阅读并同意软件安装许可协议

4）阅读并同意隐私和使用条款，如图 1-2-4 所示。
5）选择安装路径，如图 1-2-5 所示。
注意：必须安装在英文路径下，建议使用默认的安装路径。

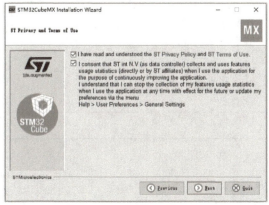

图 1-2-4　阅读并同意隐私和使用条款　　　　图 1-2-5　选择安装路径

6）进入软件安装界面，开始软件安装，如图 1-2-6 所示。

7）若为首次安装，软件会提示安装总线设备驱动，单击【确定】即可，如图 1-2-7 所示。

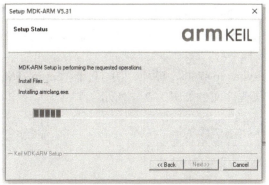

图 1-2-6　开始软件安装　　　　图 1-2-7　总线设备驱动安装提示

8）进行安装配置，完成后单击【Next】，如图 1-2-8 所示。

9）安装进度完成后，单击【Next】，如图 1-2-9 所示。

图 1-2-8　安装配置　　　　图 1-2-9　安装进度完成

10）单击【Done】，完成软件安装，如图 1-2-10 所示。计算机桌面上将生成软件快捷方式图标。

项目 1 智能车开发环境的搭建与实现

图 1-2-10 软件安装完成

11）双击计算机桌面上的软件快捷方式图标（见图 1-2-11），即可进入软件首页。

图 1-2-11 软件快捷方式图标

至此，STM32CubeMX 软件的安装已经完成。但是它还不具备工作条件，还需要进行软件固件包的安装。由于我们使用的是 STM32F407 核心控制模块，所以还需安装相应的软件固件包。

12）打开软件，选择【Help】菜单中的【Manage embedded software packages】选项，打开软件包安装界面，如图 1-2-12 所示。

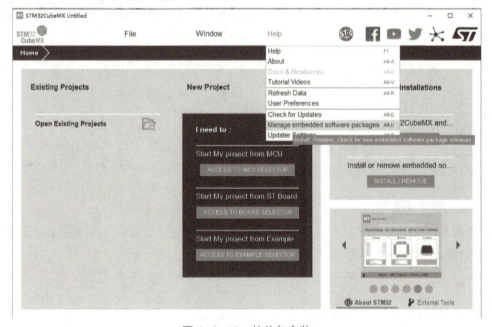

图 1-2-12 软件包安装

13）选择 STM32Cube MCU Packages 标签下的 STM32F4，单击三角箭头，选择固件包。本书选用 1.27.1 版本。选中后方框会变成蓝底白色箭头，直接单击【Install】即可在线安装，单击【From Local】即可从本地路径选择安装，如图 1-2-13 所示。

14）等待安装完成，如图 1-2-14 所示。

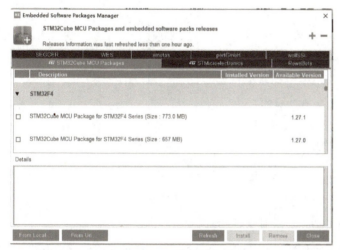

图 1-2-13 软件固件包选择

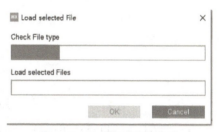

图 1-2-14 等待安装完成

15）安装过程中，阅读并同意许可协议，如图 1-2-15 所示。

16）安装完成后，软件固件包标识会被点亮，单击【Close】即可退出安装界面，如图 1-2-16 所示。

图 1-2-15 阅读并同意许可协议

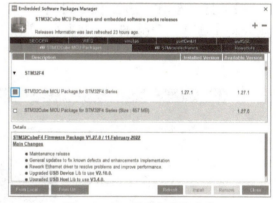

图 1-2-16 软件包安装成功

2. Java 开发环境安装

1）使用 STM32CubeMX 软件，需要安装 Java 开发环境。若没有安装 Java 环境，打开例程时会提示错误，如图 1-2-17 所示。

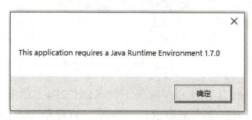

图 1-2-17 Java 环境安装提示

2）首先，单击【确定】，进入 Java 环境包下载界面，然后单击【免费 Java 下载】，下载 Java 环境包（若安装包版本较低，会提示环境更新），如图 1-2-18 所示。

项目 1 智能车开发环境的搭建与实现

图 1-2-18 Java 环境包下载

3）若直接安装本地的 Java 环境包，双击 Java 开发环境安装包文件名称即可开始安装。一般的文件名称如图 1-2-19 所示。

🖼 jre-8u101-windows-x64.exe

图 1-2-19 Java 开发环境安装包文件名称示例

4）在弹出的 Java 安装向导对话框中单击【安装】，如图 1-2-20 所示。

5）弹出安装完成对话框，就表示安装成功了，如图 1-2-21 所示。

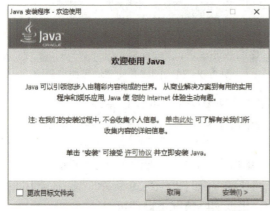

图 1-2-20 Java 安装向导界面

图 1-2-21 安装成功

3. MDK-ARM 软件的安装及使用

（1）MDK-ARM 软件

MDK 全称为 Micro controller Development kit，是一款支持 ARM 微控制器的 IDE（集成开发环境）。STM32CubeMX 生成代码后可以用各种编程软件打开，本书选用了 MDK-ARM 软件。MDK-ARM 提供了包括 C 编译器、宏汇编、链接器、库管理和一个功能强大的仿真调试器等在内的完整开发方案。后续修改、调试、编译生成可执行文件等操作都是在 MDK-ARM 里完成的。

MDK-ARM 安装时需注意安装路径必须是英文路径，不能出现中文。

MDK-ARM 软件安装包可前往 Keil 的官网下载。

> **小试牛刀**
> 你在学习过程中还用过或者了解过哪些编程软件，请简单描述。
> _____
> _____

（2）MDK-ARM 软件的安装

①右击"MDK531"可执行文件，如图 1-2-22 所示，选择"以管理员身份运行"。

图 1-2-22　MDK-ARM 软件图标

②在弹出的安装说明对话框中单击【Next>>】，如图 1-2-23 所示。

③阅读并同意许可协议，勾选【I agree to all terms…】后单击【Next>>】，如图 1-2-24 所示。

图 1-2-23　安装说明

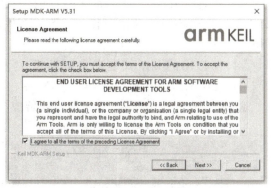

图 1-2-24　阅读并同意许可协议界面

④使用默认路径，或者自己选择安装路径，单击【Next>>】，如图 1-2-25 所示。

⑤填写软件使用者信息（信息可任意填写）后单击【Next>>】，如图 1-2-26 所示。

⑥等待安装完成，如图 1-2-27 所示。

⑦安装完成后，先单击复选框，取消勾选，再单击【Finish】，如图 1-2-28 所示。

⑧下载芯片包。芯片包可以在 Keil 的官网下载，如图 1-2-29 所示。本书使用的是 STM32F4 系列微控制器。如果是使用其他系列的，根据实际情况下载即可。

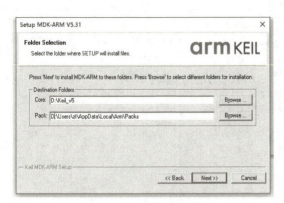

图 1-2-25 选择安装路径　　　　　　图 1-2-26 软件使用者信息界面

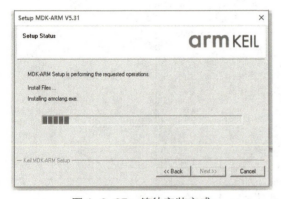 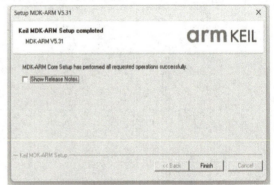

图 1-2-27 等待安装完成　　　　　　图 1-2-28 安装完成

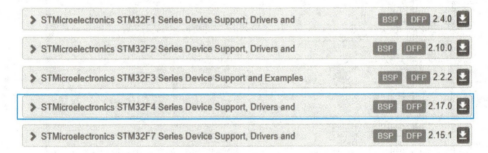

图 1-2-29 官网芯片包下载

⑨下载完成后，双击芯片包即可开始安装，安装路径同 Keil5 即可，如图 1-2-30 和图 1-2-31 所示。

Keil.STM32F4xx_DFP.2.17.0

图 1-2-30　STM32F4 系列芯片包安装文件

⑩等待安装完成，如图 1-2-32 所示。

⑪安装完成后，单击【Finish】，如图 1-2-33 所示。

⑫ 安装成功之后，在 Keil 的 Pack Installer 中就可以看到已安装的芯片包，如图 1-2-34 所示。

图 1-2-31　STM32F4 系列芯片包的安装路径

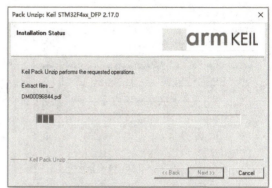
图 1-2-32　等待安装完成

图 1-2-33　STM32F4 芯片包安装完成

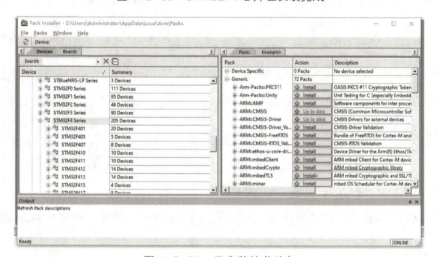
图 1-2-34　已安装的芯片包

注意：Keil 如果不注册的话，会有 32KB 的代码容量限制，超过 32KB 则编译不了。

> **小试牛刀**　请问你计算机上的 MDK5 是否安装完成，安装过程中遇到了什么问题？

（3）MDK-ARM 软件设置

① MDK5 编码格式设置。

MDK5 中的 GB2312 编码格式更加方便学习，也与串口助手、图像取模软件等工具通用，所以需要修改编码格式。

首先，单击工具栏中的 Configuration 图标（小扳手图标），如图 1-2-35 所示。随后，在 Editor 标签下的【Encoding】中选择 GB2312 编码，如图 1-2-36 所示。

图 1-2-35 工具栏

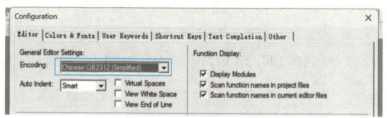

图 1-2-36 编码格式选择

② MDK5 编译基础配置。

为了工程的统一和美观，可将【Tab size】配置为 4 个空格，如图 1-2-37 所示。

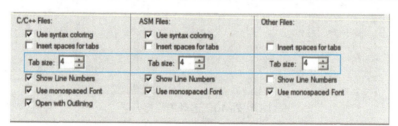

图 1-2-37 【Tab size】设置

在 Configuration 对话框中的【Text Completion】标签中勾选【Symbols after X Characters】并设置字符长度，如图 1-2-38 所示。这项设置用于预显函数全称，可以方便工程编译时的使用。

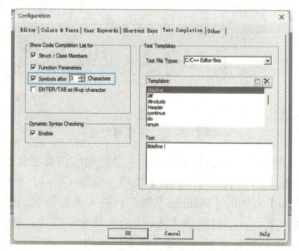

图 1-2-38 字符长度设置

（4）在 MDK-ARM 软件中下载软件

①打开软件，选择【Project】，下拉菜单中选择【Open Project...】，如图 1-2-39 所示。

图 1-2-39　打开工程

②找到工程存放路径，选择工程，单击打开已经编写好的工程，如图 1-2-40 所示。

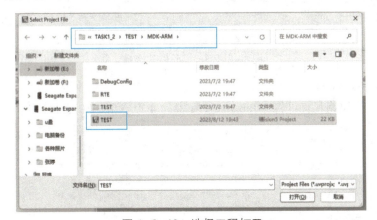

图 1-2-40　选择工程打开

③如图 1-2-41 所示，单击图中矩形框所示按钮进行下载器配置。

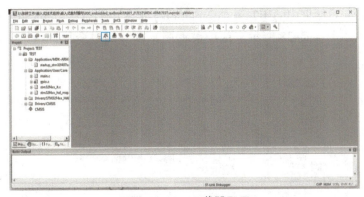

图 1-2-41　下载器配置

④在弹出的对话框中打开【Debug】标签页，本书使用的仿真器为 ST-LINK 仿真器，所以在下拉列表【Use】中选择【ST-Link Debugger】选项，如图 1-2-42 所示。

⑤单击下拉列表【Use】右侧的【Settings】按钮，进入设置界面，如图 1-2-43 所示。

⑥打开【Debug】标签页，在下拉列表【Port】中选择 SW 模式，若出现如图 1-2-44 步骤 3 所示的界面，表示仿真器识别到开发板的芯片。设置完成后，打开【Flash Download】标签页。

注意：完成此步骤需仿真器连接了计算机和开发板，并且开发板已经上电。

项目 1　智能车开发环境的搭建与实现

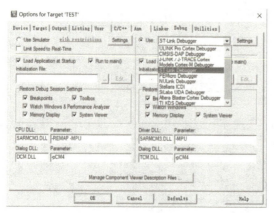

图 1-2-42　选择下载器

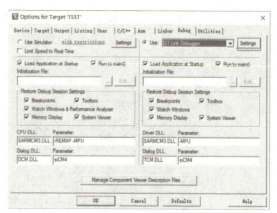

图 1-2-43　设置下载器

⑦按照如图 1-2-45 所示设置下载配置，勾选【Reset and Run】复选框，则程序下载完成后会自动复位，无须手动复位。勾选完成后单击【Add】。

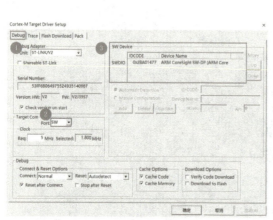

图 1-2-44　与仿真器连接

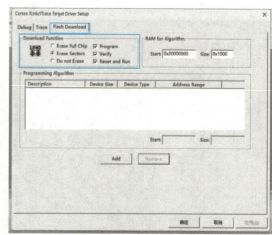

图 1-2-45　自动下载选择

⑧本书采用的 STM32F407IGT6 的 Flash 容量是 1MB 的，所以在图 1-2-46 所示的对话框中选择"STM32F4xx 1MB Flash"，并单击【Add】。

⑨出现如图 1-2-47 所示的界面，表示添加成功。

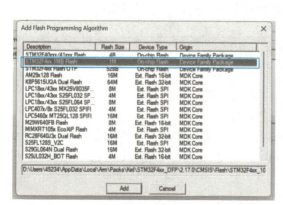

图 1-2-46　选择 Flash

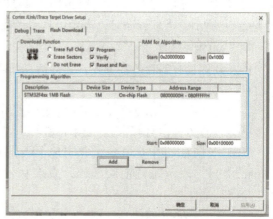

图 1-2-47　添加 Flash 成功

⑩单击【确定】，再单击【OK】，确认所有设置，如图 1-2-48 所示。

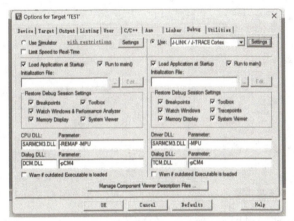

图 1-2-48　确认所有设置

⑪ 单击编译程序，在【Build Output】窗口查看编译结果，只有编译通过，程序才能被下载，如图 1-2-49 所示。

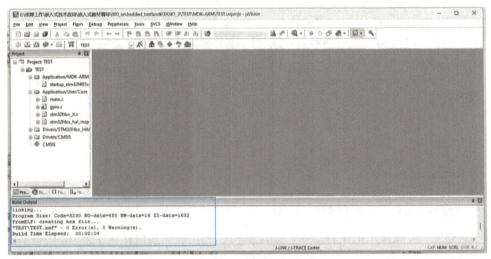

图 1-2-49　编译工程

⑫ 确认程序没有错误后，单击图 1-2-50 中矩形框所示的下载按钮，即可烧写程序，如图 1-2-50 所示。下载程序时，需要仿真器连接到计算机和开发板，并且开发板要供电。

（5）MDK5 仿真说明

Keil 软件具有两种仿真方式：软件仿真和硬件仿真。

1）软件仿真。

①打开程序，单击如图 1-2-51 中矩形框所示的按钮，进入设置界面。

②在设置界面中打开【Target】标签页，设置芯片型号和晶振频率，如图 1-2-52 所示。

③打开【Debug】标签页，并勾选【Use Simulator】，表示使用软件仿真方式；勾选【Run to main()】，表示跳过汇编代码，直接从 main() 开始仿真。单击【OK】，完成设置，如图 1-2-53 所示。

④单击"🔍"开始仿真，这时工具栏会出现 Debug 工具条，如图 1-2-54 所示。

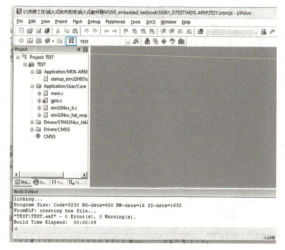

图 1-2-50　下载程序

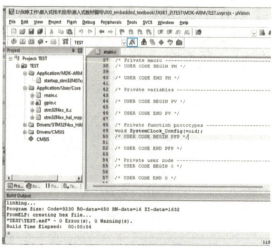

图 1-2-51　进入设置界面

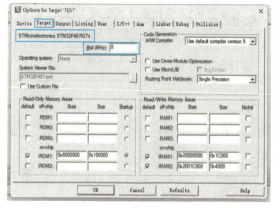

图 1-2-52　设置芯片型号和晶振频率

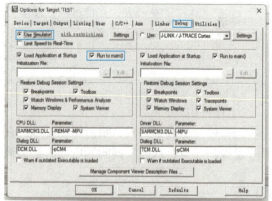

图 1-2-53　使用软件仿真

图 1-2-54　Debug 工具条

⑤仿真界面如图 1-2-55 所示。先在菜单栏【View】中依次选择【Watch Windows】和【Watch 1】，再在右下角出现的【Watch 1】的窗口中双击【Name】下的输入框，输入要观察的变量名，即可在单步调试时观察变量的情况。

图 1-2-55　仿真界面

⑥在灰色区域单击鼠标左键，可以设置断点。程序只能运行到断点处，若程序不能运行到断点处，说明在断点之前可能存在错误。这时，可以将断点往前移动，继续检查并修改程序，如图 1-2-56 所示。

图 1-2-56　设置断点结果

一查到底　　查一查，直接编译程序看运行结果不是更方便吗，为什么要用 Debug 调试？它的作用是什么？

_____
_____

2) 硬件仿真。

选择硬件仿真方式时，重复图 1-2-42~图 1-2-44 的操作即可。可以单步执行程序，实时查看开发板的反应，从而发现问题所在，提高调试效率。

任务实施

利用 STM32CubeMX 搭建项目配置工程的基本操作包括新建工程、配置下载模式、配置时钟源、配置时钟树和配置工程管理器。本书后续任务都需要进行这些配置。

1. 新建工程

①打开 STM32CubeMX 软件，系统会弹出图 1-2-57 所示的界面，选择基于芯片方式新建工程，单击【ACCESS TO MCU SELECTOR】，等待下载完成即可，如图 1-2-58 所示。也可以通过依次单击【File】和【New Project】来建立工程。

②建立工程完成后，会弹出如图 1-2-59 所示界面。在该界面中选择芯片型号（支持搜索）STM32F407IGT6，在右下角芯片列表框中会显示对应芯片型号，双击列表或单击右上角【Start Project】。

③新建工程后会弹出如图 1-2-60 所示界面，出现 STM32F407IGT6 芯片的图示。界面上有 Pinout&Configuraton（引脚配置）、Clock Configuration（时钟配置）、Project Manager（工程管理）和 Tools（系统功耗估算）4 个功能标签页。左边为外设的基本配置窗口，右边为芯片 I/O 口功能选择窗口。

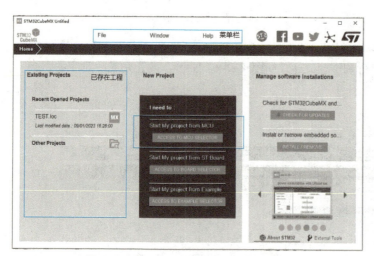

图 1-2-57　STM32CubeMX 启动界面

图 1-2-58　等待下载完成

图 1-2-59　芯片/开发板选择界面

图 1-2-60　工程开始

2. 配置下载模式

在图 1-2-61 所示界面中选择【SYS】选项，并在【Pinout & Configuration】标签页中将【Debug】设置为"Serial Wire"（串行调试模式），如图 1-2-61 所示。设置完成后对应的引脚变为绿色。

图 1-2-61　配置下载模式

3. 配置时钟源

选择【RCC】选项，将"Crystal/Ceramic Resonator"（外部晶振）设置为 HSE（High Speed Clock）和 LSE（Low Speed Clock）的时钟源，如图 1-2-62 所示。设置完成后，对应的引脚变为绿色，说明该引脚被使用。如果使用内部时钟，设置模式为"Disable"，使用旁路时钟，设置模式为"BYPASS"。

图 1-2-62　配置时钟源

项目 1　智能车开发环境的搭建与实现

小试牛刀　结合图 1-1-14 和图 1-1-16，在核心控制模块上找到主时钟和 RTC 时钟连接的引脚，它们和 STM32CubeMX 软件界面中的配置时钟源引脚是否一致？

_____

4. 配置时钟树

切换到【Clock Configuration】标签页，修改外部晶振频率为 25MHz，**根据微控制器搭配的不同外部晶振，灵活设置**。设置完成后选择 HSE（外部高速晶振），将 System Clock Mux 修改为 PLLCLK，将 HCLK 即主总线时钟填入设定值 168MHz，点击回车，在弹出的对话框中，点击【OK】即可。之后软件会自动完成时钟树配置，配置时钟树如图 1-2-63 所示，此部分内容可以参考任务 1 中的 STM32 时钟系统。

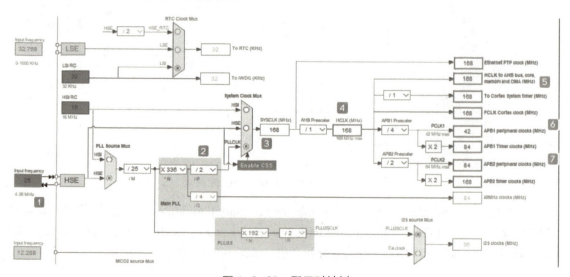

图 1-2-63　配置时钟树

配置相关步骤如下：

1）选择外部时钟 25MHz。
2）通过锁相环对外部时钟频率进行分频及倍频。
3）选择锁相环系统时钟 PLLCLK。
4）在此处 HCLK 输入 168 即可自动将系统时钟配置为最大的 168MHz。
5）AHB bus、core、Memory 和 DMA 的时钟设置为 168MHz。
6）由 APB1 预分频经过分频与倍频得到 PCLK1 42MHz。
7）由 APB2 预分频经过分频与倍频得到 PCLK2 84MHz。

小试牛刀　思考图 1-2-63 中的时钟源 Input Frequency 为什么填写 25MHz？

_____

5. 配置工程管理器

工程配置可在【Project Manager】标签页中进行。

1）Project 配置。根据实际情况输入工程名，选择工程存放路径，（不能用中文。）建立有序的项目工程文件保存机制非常重要。例如，先在 C 盘下建立"STM32F407"文件夹作为整个课程所有项目保存区域，再在此文件夹下建立"TASK1-2"文件夹，并将工程命名为"TEST"，如图 1-2-64 所示。将【Application Structure】设置为"Advanced"，【Toolchain/IDE】设置为"MDK-ARM"和"V5"；Package 选择默认的最新版即可。

图 1-2-64　Project Manager 配置

2）Code Generator 配置。选择【Copy only the necessary library files】，则生成代码时只生成用到的库文件；选择【Generate peripheral initialization as a pair of '.c/.h' files per peripheral】，则生成代码时，'.c'文件和'.h'文件会被分开存放，如图 1-2-65 所示。

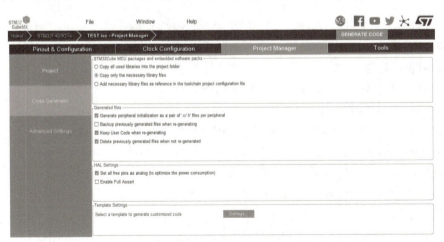

图 1-2-65　Code Generator 配置

3）Advanced Settings 保持默认配置。最后，单击【GENERATE CODE】，生成代码的过程如图 1-2-66 所示。生成代码完毕后，单击【Open Folder】，即可打开工程所在位置。当然，也可以选择直接打开工程。

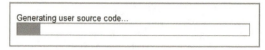

图 1-2-66　生成代码

根据已经设定的路径，打开工程文件夹，就可以看到使用 STM32CubeMX 自动生成的文件。打开工程文件夹（见图 1-2-67），可以看到该文件夹的路径和刚才设置的路径一致。至此，利用 STM32CubeMX 软件配置一个 LED 就完成了。

图 1-2-67　打开工程文件夹

打开 MDK-ARM 文件夹，双击应用程序即可打开工程。工程界面如图 1-2-68 所示。

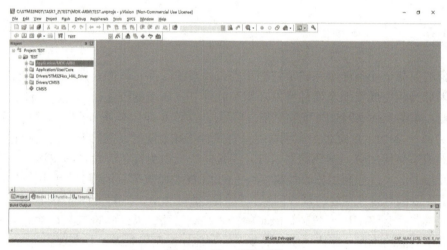

图 1-2-68　工程界面

至此，STM32CubeMX 搭建项目基础配置工程完毕，接下来在其他任务中可以在该基础配置的基础上继续完善相应功能资源的配置。

学后思

请大家根据问题完成复盘。

任务复盘表

回顾目标	评价结果	分析原因	总结经验
是否完成了任务？ 和你做的计划一致吗？	完成任务的过程中你做得好的地方有哪些？ 存在哪些问题？	完成任务的关键因素有哪些？ 出现问题的原因是什么？	如果让你再做一遍，你会如何改进？ 写下你的创意想法。

任务拓展

本任务介绍了用 STM32CubeMX 软件配置一个 LED 的过程。智能车的核心控制模块有 4 个 LED，请同学们自行观察核心控制模块原理图中的 LED 模块，配置剩下的 3 个 LED，并生成工程。

拓中思

你能根据本任务介绍的内容，自己总结用 STM32CubeMX 软件，配置一个工程的步骤流程图吗？试着自己画一画、写一写。

_____

_____

任务 3　智能车双闪灯的控制

任务导引

本项目的前两个任务已经完成了智能车嵌入式系统硬件和软件开发环境的搭建。本任务以智能车双闪灯为例完成智能车硬件开发环境和软件开发环境的搭建，综合软硬件实现智能车双闪灯的功能。车辆上的双闪灯又称危险警告信号灯，《汽车即挂车外部照明和信号装置的安装规定》(GB 4785—2019) 规定，当车辆暂时具有某种特殊危险时，需打开车辆上所有的转向信号灯以提示其他道路使用者。车辆的双闪灯开关是一个标识为红色三角形的按钮，一般安装于汽车中控台面板上。本任务利用核心控制模块上的 LED 模拟汽车双闪灯，并利用按键模拟双闪灯开关。为了让双闪灯按照特定的规律闪烁，我们需要利用 MDK5 对 STM32CubeMX 生成的工程进行程序完善，并且将程序下载到智能车的核心控制模块，最终实现双闪灯功能。本书后续项目将继续采用类似的流程，完成更多、更复杂的智能车应用场景设计与实现。

知识准备

学前思

在了解了任务需求后，请你写出完成上述任务时可能存在的问题。

_____

下面我们带着问题一起进行知识探索。

在嵌入式软件开发过程中，通常有两种开发模式：寄存器编程和函数库编程。其中，寄存器编程是基础，而函数库编程是在寄存器编程的基础上升级而来的一种易于学习和开发的编程方式，是我们学习 STM32 编程时需要重点掌握的一种编程方法。

1. STM32 的软件开发库

在学习 STM32 的软件开发模式之前，我们有必要先了解一下 STM32 的软件开发库。ST 公司为开发者提供了多个软件开发库，如标准外设库、HAL 库和 LL 库等。标准外设库推出的时间最早，HAL 库次之，LL 库是最新的。目前，LL 库支持的芯片较少，尚未覆盖全系列产品。ST 公司为这些软件开发库配套了齐备的开发文档，为开发者的使用提供了极大的方便。接下来，分别对以上 3 种软件开发库进行介绍。我们在学习过程中要学会阅读相关数据手册和应用文档。

（1）标准外设库

标准外设库（Standard Peripherals Library）是对 STM32 微控制器进行了完整封装的库，它包括了 STM32 系列微控制器所有外设的驱动描述和应用实例，为开发者访问底层硬件提供了一个中间函数 API。通过标准外设库，开发者无须深入掌握底层硬件的细节就可以轻松驱动外设，降低开发成本。

标准外设库早期的版本又称固件函数库或固件库，它是目前使用最多的库，缺点是不支持近期推出的 L0、L4 和 F7 等系列的 MCU。

（2）HAL 库与 LL 库

为了减少开发者的工作量，提高程序开发效率，ST 公司发布了一款软件开发产品 STM32Cube。这款产品由图形化配置工具 STM32CubeMX、库函数（HAL 库与 LL 库），以及一系列中间件（RTOS、USB 库、文件系统、TCP/IP 协议栈和图形库等）构成。

硬件抽象层（Hardware Abstraction Layer，HAL）库是 ST 公司为 STM32 系列微控制器推出的硬件抽象层嵌入式软件，它可以提高程序在不同系列产品之间的可移植性。

与标准外设库相比，HAL 库表现出了更高的抽象整合水平。HAL 库的应用程序编程接口（API）集中关注各外设的公共函数功能，定义了一套通用的、对用户友好的 API 函数。开发者可以轻松地将程序从一个系列的 STM32 微控制器移植到另一个系列。目前，HAL 库支持 STM32 全系列产品，它是 ST 公司未来主推的库。

低层（Low Layer，LL）库是 ST 公司新增的库，与 HAL 库捆绑发布，其说明文档也与 HAL 库的文档编写在一起。例如，在 STM32L4xx 的 HAL 库说明文档中，新增了 LL 库部分。

下面从可移植性、程序优化、易用性、可读性和支持硬件系列等方面对各软件开发库进行比较，结果见表 1-3-1。

表 1-3-1　各软件开发库的比较结果

软件开发库名称	可移植性	程序优化	易用性	可读性	支持硬件系列
标准外设库	++	++	+	++	+++
HAL 库	+++	+	++	+++	+++
LL 库	+	+++	+	++	++

注："+"越多，表示对应的某项特性越好。

2. STM32 的软件开发模式

开发者可基于 ST 公司提供的软件开发库进行应用程序的开发，常用的 STM32 软件开发模式主要有以下 3 种。

（1）基于寄存器的开发模式

基于寄存器编写的代码简练、执行效率高。这种开发模式有助于开发者从细节上了解 STM32 系列微控制器的架构与工作原理，但由于 STM32 系列微控制器的片上外设多且寄存功能复杂，因此开发者需要花费很多时间和精力研究产品手册。这种开发模式的另一个缺点是：基于寄存器编写的代码后期维护难、可移植性差。总体来说，这种开发模式适合有较强编程功底的开发者。

（2）基于标准外设库的开发模式

基于标准外设库的开发模式对开发者的能力要求较低，开发者只要会调用API函数即可编写程序。基于标准外设库编写的程序容错性好且后期维护简单，但是其运行速度与基于寄存器编写的代码相比偏慢。另外，基于标准外设库的开发模式与基于寄存器的开发模式相比不利于开发者掌握STM32系列微控制器的架构与工作原理。目前，标准外设库已经停止更新。

（3）基于STM32Cube的开发模式

开发者基于STM32Cube编写代码的流程如下：

首先，根据应用需求使用图形化配置工具对MCU片上外设进行配置；

然后，生成基于HAL库或LL库的初始代码；

最后，将生成的代码导入集成开发环境并进行编辑、编译和运行。

基于STM32Cube的开发模式的优点有以下3个。

1）初始代码框架自动生成，简化了开发者新建工程、编写初始代码的过程。

2）图形化配置工具操作简单、界面直观，为开发者节省了查询数据手册以了解引脚与外设功能的时间。

3）HAL库的特性决定了基于STM32Cube编写的代码可移植性最好。

当然，这种开发模式也有其缺点，如函数调用关系较复杂、程序执行效率偏低等。

本书在综合考虑各种软件开发模式难易程度的基础上，选择了对初学者比较友好的基于HAL库的开发模式。

3. HAL库简介

（1）寄存器简介

嵌入式系统有很多部件，每一个部件对应一个地址，根据地址就可以找到并使用它。如果每次都是通过这种地址的方式来访问，不仅不好记忆还容易出错，这时我们可以根据每个单元功能的不同，以功能为名给这个内存单元取一个别名，这个别名就是我们经常说的寄存器。

例如，GPIOF_ODR就是GPIOF部件中的一个寄存器，地址为0x40021414。显然，寄存器的名字更容易记忆和书写。

但是一个部件中有很多寄存器需要控制，想要实现复杂的项目工作量巨大。ST公司提供的HAL库，包含了STM32芯片所有寄存器的定义及控制操作，学习如何使用HAL库，会极大地提高软件编程的易用性和可移植性。

> **小试牛刀**　如何根据数据手册查找GPIOF_ODR的地址？查找HAL库封装的函数，并写出其具体实现的功能。
>
> _____
>
> _____

STM32使用HAL库编程的架构分为MCU层、CMSIS层和应用层，MCU层提供了STM32的库，就是按照CMSIS标准建立的。CMSIS层位于MCU层与应用层之间，提供了与芯片生产商无关的硬件抽象层,可以为接口外设、实时操作系统提供简单的处理器软件接口,屏蔽了硬件差异,这对软件的移植是有极大好处的。

(2)MCU 固件包文件结构

MCU 固件包 STM32Cube_FW_F4_V1.27.1 的文件结构如图 1-3-1 所示,V1.27.1 是固件包的版本号。

图 1-3-1　库文件根目录

① Documentation:该文件夹中是 HAL 库的帮助文档,主要讲述如何使用驱动库来编写自己的应用程序。

② Drivers:该文件夹中是官方的 CMSIS 库、HAL 库、板载外设驱动。CMSIS 文件夹下是 Cortex 微控制器软件接口标准。

③ Middlewares:中间件,包含 ST 官方的 STemWin、STM32_Audio、STM32_USB_Device_Library、STM32_USB_Host_Library,也有第三方的 fatfs 文件系统等。

④ Projects:该文件夹下是用驱动库写的针对官方发行 demo 板的例子和工程模板。

⑤ Utilities:实用的公用组件,如 LCD_LOG 实用液晶打印调试信息。

⑥ Release_Notes:库的版本更新说明。

在使用 HAL 库进行开发时,我们需要把 Drivers 目录下的 CMSIS、STM32F4xx_HAL_Driver 内核与外设的库文件添加到工程中。

CMSIS 文件夹结构如图 1-3-2 所示,其路径为:STM32Cube_FW_F4_V1.27.1\Drivers\CMSIS。

图 1-3-2　CMSIS 根目录

其中,Device 与 Include 中的文件是我们使用得最多的。

Device 是芯片厂商的具体芯片的相关文件,包含启动文件、芯片外设寄存器定义、系统时钟初始化功能的一些文件,这是由 ST 公司提供的。

Include 是内核相关头文件,其中定义了一些内核相关的寄存器。这些功能是怎样用源码实现的,可以不用管它,只需把这些文件加进工程文件即可。

DSP 是 DSP 函数源文件,Lib 是 DSP 函数库,RTOS 是实时操作系统头文件。

STM32F4xx_HAL_Driver 根目录文件夹结构如图 1-3-3 所示。其路径为:STM32Cube_FW_F4_V1.27.1\Drivers\STM32F4xx_HAL_Driver。

图 1-3-3　STM32F4xx_HAL_Driver 根目录

STM32F4xx_HAL_Driver 文件夹中主要有 Inc（include 的缩写）与 Src（source 的简写）这两个文件夹，其中包含 STM32 微控制器片内外设的 HAL 库驱动文件。

Src 是每个设备外设的驱动源程序，如 stm32f4xx_hal_gpio.c。

Inc 是相对应的外设头文件，如 stm32f4xx_hal_gpio.h。

图 1-3-4 描述了 STM32 库中各文件之间的调用关系，其中省略了 DSP 核和实时系统层部分的文件关系。在实际的使用库开发工程的过程中，我们把位于 CMSIS 层的文件包含到工程中，除了特殊系统时钟需要修改（system_stm32f4xx.c），其他文件丝毫不用修改，也不建议修改。对于位于用户层的几个文件，就是我们在使用库的时候，针对不同的应用对库文件进行增删（用条件编译的方法）和改动。

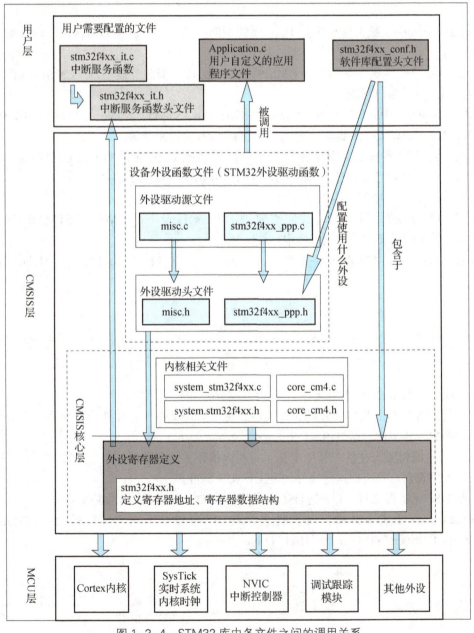

图 1-3-4　STM32 库中各文件之间的调用关系

注意：介绍 HAL 库的架构是为了让大家更好地理解嵌入式系统，了解即可。实际操作中，利用 STM32CubeMX 按照流程进行设置，就可以自动生成软件层所需的内容，用户只需要再添加具体应用程序即可。

4. STM32CubeMX 生成后文件结构

（1）生成 MDK 工程的结构

STM32CubeMX 生成的 MDK 工程一共有 4 个文件夹（或称为组），如图 1-3-5 所示。

1）Application/MDK-ARM。该组中只有一个文件（startup_stm32f407xx.s），该文件用汇编语言编写，是 STM32F407 的启动文件，主要作用是进行堆栈的初始化、中断向量表及中断函数的定义。STM32 上电启动后先执行这里的汇编代码，然后在其中调用 main（）函数，才跳到主函数执行。

2）Application/User。用户组，即用户使用的组，用于保存用户编写的程序文件。用户编写的代码主要被保存在这里。它里面包含 4 个文件（main.c、gpio.c、stm32f4xx_it.c 和 stm32f4xx_hal_msp.c）。其

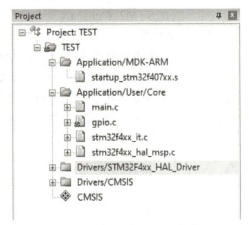

图 1-3-5　STM32CubeMX 生成 MDK 工程的结构

中，① gpio.c 中保存的是 GPIO 端口的初始化代码；② main.c 中保存的是主函数和用户配置的系统时钟配置函数 SystemClock_Config；③ stm32f4xx_it.c 中保存的是中断处理相关代码；④ stm32f4xx_hal_msp.c 中，msp 的全称为 MCU Support Package，主要用于实现 HAL_Msplnit 和 HAL_MspDelnit 函数的定义。

如果不采用 STM32CubeMX 生成工程，则以上 4 个文件的内容由用户实现。

3）Drivers/STM32F4xx_HAL_Driver。该组中包含 HAL 库的外设模块的驱动接口函数，可供用户调用。

4）Drivers/CMSIS。该组中只有一个文件（system_stm32f4xx.c），里面定义了配置系统时钟的函数。

（2）生成工程的文件结构

生成工程的文件结构如图 1-3-6 所示。

其中，Core 文件夹里包含 Inc 和 Src 两个子文件夹，分别为用户实现的源文件和头文件；Drivers 文件夹中的文件为官方文件；MDK-ARM 文件夹中存放了启动文件和 MDK 工程文件；TEST 为 STM32CubeMX 的项目文件，可以重新打开编辑 STM32CubeMX 工程。

图 1-3-6　生成工程的文件结构

任务实施

1. 硬件组装

智能车的双闪灯是 LED，其亮灭可通过两端的电压来控制。本任务在智能车核心控制模块

上完成，LED 的一端连接 GPIO 口，只需要设置 GPIO 口为低电平即可点亮，设置为高电平即可熄灭。LED 具体原理及电路会在本书项目 2 中介绍，本项目注重建立嵌入式思维，熟悉嵌入式项目开发流程。

2. 软件编程

（1）配置 STM32CubeMX

1）基础配置。

本项目任务 2 已经用 STM32CubeMX 生成了一个项目开发的基础配置工程，如图 1-3-7 所示，本任务将在任务 2 的基础上进一步完善其余配置，并在生成代码的基础上，完善 MDK 代码编写。为了建立有序的项目工程文件保存机制，建立"TASK1_3"文件夹，并复制在任务 2 中生成的所有文件，如图 1-3-8 所示。接着，打开"TEST.ioc"，继续完善 STM32CubeMX 配置的其他配置。

图 1-3-7　任务 2 的工程文件夹

图 1-3-8　任务 3 的工程文件夹

2）GPIO_Output 配置。

打开【Pinout & Configuration】标签页，界面上显示芯片图示，四周是芯片引脚。不同颜色的引脚表示不同的功能，例如，黄色引脚表示电源，灰色引脚表示 GPIO。在右下角的搜索框中填写需要配置的引脚，进行搜索，搜索到的引脚会闪烁，如图 1-3-9 所示。

图 1-3-9　配置 GPIO

结合硬件原理图，选择 LED 灯连接的 GPIO 引脚（本任务单击 PF9 引脚，出现如图 1-3-10 所示界面），并将其配置为输出模式，如图 1-3-10 所示。

如图 1-3-9 所示，在界面中间的区域中可对 GPIO 进行更多配置：【GPIO output level】配置为"Low"，初始状态灯灭；【GPIO mode】配置为"Output Push Pull"；【GPIO Pull-up/Pull-down】配置为"No pull-up and no pull down"；【Maximum output speed】配置为"Low"；【User Label】配置为"LED1"。

完成配置后，单击右上角的 [GENERATE CODE]，生成代码，如图 1-3-11 所示。STM32CubeMX 自动生成 main.c、gpio.c、stm32f4xx_it.c 和 stm32f4xx_hal_msp.c 文件，其中 gpio.c 和 stm32f4xx_hal_msp.c 已经满足了 GPIO 的配置需求，无须对其改动。

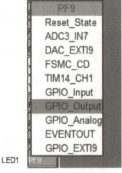

图 1-3-10　配置端口模式

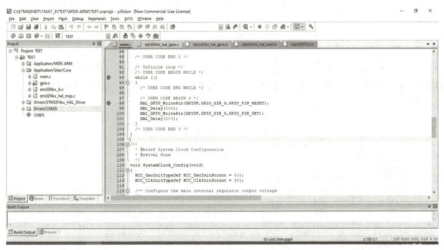

图 1-3-11　生成代码

（2）编写代码

在 STM32CubeMX 生成代码的基础上，编写智能车双闪灯代码的流程如图 1-3-12 所示。

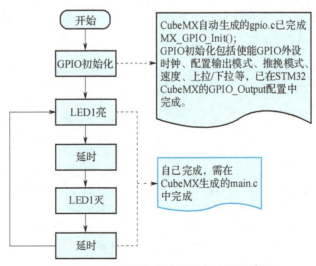

图 1-3-12　编写智能车双闪灯代码的流程

（3）编写 MDK 代码

在"main.c"中需要用户调用两个 HAL 库函数，即 void HAL_GPIO_WritePin（GPIO_TypeDef* GPIOx, uint16_t GPIO_Pin, GPIO_PinStatePinState）和 _weak void HAL_Delay（uint32_t Delay）。

HAL_GPIO_WritePin 函数是写引脚函数，是 HAL 库提供的库函数，用户直接调用即可。写引脚函数见表 1-3-2。本任务不做详细函数功能的说明，具体函数说明在项目 2 中给出。

表 1-3-2 写引脚函数

函数名称	void HAL_GPIO_WritePin（GPIO_TypeDef* GPIOx, uint16_t GPIO_Pin, GPIO_PinStatePinState）
函数功能	实现对指定 I/O 口的写入操作
入口参数	GPIO_TypeDef* GPIOx 表示使用哪组 I/O，uint16_t GPIO_Pin 表示具体使用了哪个 I/O 口，GPIO_PinStatePinState 表示写入相应 I/O 的数值
返回值	无
其他说明	该函数在初始化成功之后调用；需要用户调用

HAL_Delay 为基础的延时程序。延时函数见表 1-3-3，基础的延时控制就是执行等待并在等待中不执行其他功能，从而产生延时效果。也就是说，让 LED 亮灭之间间隔一段合适时间，否则闪烁太快人眼无法识别，或者闪烁太慢不方便观察。

表 1-3-3 延时函数

函数名称	_weak void HAL_Delay（uint32_t Delay）
函数功能	延时函数，提供以 ms 为单位的延时
入口参数	uint32_t Delay 表示延时长度
返回值	无返回值，_weak 代表弱函数
其他说明	该函数在初始化成功之后调用；需要用户调用

在 main.c 中完善代码（删除部分生成注释语句及内部函数）：

```
#include "main.h"                                    //包含头文件
#include "gpio.h"
void SystemClock_Config(void);                       // 时钟初始化函数声明
int main(void)
{
 HAL_Init();                                         //HAL 库初始化
 SystemClock_Config();                               // 时钟初始化
 MX_GPIO_Init();                                     //GPIO 引脚初始化
 while(1)                                            //while 无限循环
  {
    /* USER CODE BEGIN 3 */
    HAL_GPIO_WritePin(GPIOF,GPIO_PIN_9,GPIO_PIN_RESET);    //LED 灯亮
    HAL_Delay(500);                                        // 延时 0.5s
    HAL_GPIO_WritePin(GPIOF,GPIO_PIN_9,GPIO_PIN_SET);      //LED 灯灭
    HAL_Delay(500);                                        // 延时 0.5s
    /* USER CODE END 3 */
  }
}
```

注意：用户代码必须位于 USER CODE BEGIN 和 USER CODE END 之间。

3. 软硬件联调

（1）编译

程序编写完成，就可以对工程进行编译了。编译是为了生成 HEX 文件，最终下载到开发板进行验证。如图 1-3-13 所示，第三行工具栏上的矩形框所示就是编译按钮。这里有 3 个编译按钮，分别代表不同含义。

项目一任务三软硬件联调过程及实验结果

第一个编译按钮：编译当前文档，只编译当前 .c 文档。
第二个编译按钮：编译当前工程，即软硬件结合在一起编译。
第三个编译按钮：重编译当前工程。

图 1-3-13　编译工具栏

> **一查到底**　修改程序，用三种方式进行编译，观察编译的时间和状态。
> _____
> _____

首次打开时，单击第三个编译按钮，编译程序。编译过程中可以在"Build Output"窗口看到正在编译的文件。编译完成后，可以在"Build Output"窗口看到如图 1-3-14 所示的提示。

```
Build Output
compiling stm32f4xx_hal_pwr_ex.c...
compiling stm32f4xx_hal.c...
compiling system_stm32f4xx.c...
compiling stm32f4xx_hal_exti.c...
linking...
Program Size: Code=4346 RO-data=450 RW-data=16 ZI-data=1632
FromELF: creating hex file...
"TEST\TEST.axf" - 0 Error(s), 0 Warning(s).
Build Time Elapsed:  00:01:02
```

图 1-3-14　编译完成提示

如图 1-3-14 所示，该工程编译完成，生成了 hex 文件，并且工程没有错误、没有警告。还会提示编译所占用内存以及编译时间。

（2）程序下载

程序编译完成后，就可以开始下载程序。只有将编译好的程序下载到智能车开发平台上，才能实现具体的功能。根据任务 2 介绍的 MDK5 下载说明进行下载配置。按图 1-3-15 所示进行连接，用下载器连接计算机和核心控制模块，并下载程序，观察并记录实验结果。

图 1-3-15　下载程序

小试牛刀

观察实验结果，并描述实验现象。

学后思

请大家根据问题完成复盘。

任务复盘表

回顾目标	评价结果	分析原因	总结经验
是否完成了任务？和你做的计划一致吗？	完成任务的过程中你做得好的地方有哪些？存在哪些问题？	完成任务的关键因素有哪些？出现问题的原因是什么？	如果让你再做一遍，你会如何改进？写下你的创意想法。

任务拓展

在驾驶车辆的过程中，人们经常要用到各种灯光来实现不同的功能，如左转向、右转向等。本任务模拟了车辆遇到紧急情况时使用双闪灯的情况。通过本任务的学习，可初步掌握使用 STM32CubeMX 和 MDK-ARM 实现项目任务的基本流程。可以在本书配置的程序列表中任选一个程序进行下载，在开发平台上观察其实验现象。

HAL 库中有一个接口函数 HAL_TogglePin( )，该函数实现的功能为翻转引脚电平状态，可以试着在已生成的文件中查找该函数并尝试使用这个函数来实现任务 3，也可以在任务 3 的基础上设计实现 LED 不同速度的闪烁。

拓中思

根据本项目介绍的内容分析延时函数参数对闪烁频率的影响。

项目 2

智能车灯光控制系统的设计与实现

智能车灯光控制系统的设计与实现

汽车灯光控制系统是加装在汽车灯光控制开关线路上的电控系统。汽车的灯光系统分为照明系统和信号系统。照明系统用于在夜间或能见度低的情况下,照亮车辆行驶道路或行驶方向上的物体,包括车内照明和车外照明。按照安装位置及功用的不同,汽车的主要照明灯分为前照灯、雾灯、牌照灯、仪表灯、顶灯等。信号系统用于向其他道路使用者发出或反射光信号,表明车辆存在或其运动状态的改变,汽车的信号灯包括:转向信号灯、危险警示灯、宽度指示灯(简称示宽灯)、尾灯、制动灯(也称为刹车灯)、倒车灯等。随着智能汽车技术的发展,汽车的灯光系统也在向着更安全、更智能、更个性化的方向飞速发展。

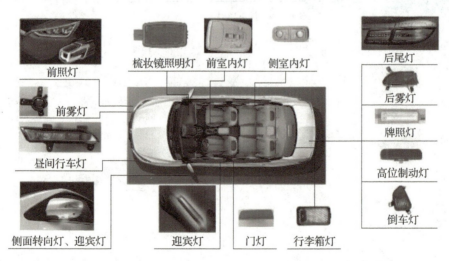

本项目主要介绍的智能车灯光控制系统是对汽车灯光进行智能控制的系统,采用了嵌入式技术应用技能大赛主控板 STM32F407。在学会 STM32 系列微控制器中 I/O 操作的基础上,可通过按键控制本书所用智能车的 LED 的显示。通过学习本项目,学生能够提高实践能力,打下一定的嵌入式系统技术基础。

素质目标:(1)能阅读芯片手册和硬件框图。
(2)会分析任务需求、设计任务流程,锻炼自主学习能力。

能力目标:(1)能够在项目实施前分析、调研实现智能车灯光控制系统的具体功能需求。
(2)能够配置 STM32 系列微控制器的 GPIO 端口,能够编写使用按键控制 LED

的程序。

（3）能够配置并编写 STM32F407 的 SysTick 定时器实现延时的程序。

（4）能够实现软硬件联调，能够排除硬件和程序的一般故障。

知识目标：（1）了解嵌入式的寄存器组织。

（2）认识 STM32 系列微控制器的 I/O 口，理解通用 I/O 和外设 I/O 的区别。

（3）掌握按键控制电路的设计方法。

（4）掌握按键消抖的目的和方法。

（5）了解 SysTick 定时器的原理及配置方法。

建议学时： 6 学时

知识地图：

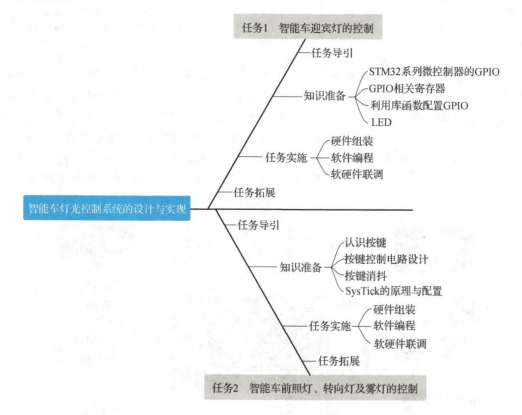

任务 1　智能车迎宾灯的控制

智能车迎宾灯

任务导引

为了提高汽车的辨识度和竞争力，各种汽车氛围灯应运而生，其中迎宾灯的应用最为广泛。迎宾灯一般采用 LED 光源，也称 LED 迎宾灯，大多安装在车门和后视镜下方。当车门打开时，LED 迎宾灯会依次点亮，为乘坐者照亮车内外的环境，并在车门关闭时熄灭。

项目 2　智能车灯光控制系统的设计与实现

本任务通过在智能车中设定按键来模拟车门打开和关闭，使用 LED 流水灯模拟迎宾灯，并通过编写程序来根据按键的状态控制 LED 流水灯。

> 知识准备

学前思

在了解了任务需求后，请你认真思考并写出完成上述任务时可能会存在的问题。

_____

_____

下面我们一起来进行理论知识探索。

1. STM32 系列微控制器的 GPIO

GPIO 是通用输入输出端口的简称，STM32 的 GPIO 即 STM32 系列微控制器可控制的引脚，STM32 系列微控制器通过 I/O 引脚与外部设备连接，从而实现与外部通信、控制以及数据采集的功能。仅具有电平输出能力的端口为输出端口或驱动端口，仅具有输入能力的端口为输入端口，同时具备输入输出能力的端口称为通用输入输出端口（General Purpose Input/Output Port，GPIO）。本任务主要介绍 STM32 系列微控制器 GPIO 的内部构造、配置及使用方法，并通过讲解具体智能车案例，帮助学生加深对学习内容的理解，掌握实践应用方法。

（1）STM32F407 微控制器的引脚

STM32 的 GPIO，按每组 16 个引脚分为不同的组，每组的引脚号为 0~15。不同型号的芯片具有不同的端口组和不同数量的引脚。本任务使用的是 STM32F407IGT6，有 176 个引脚，其中 GPIO 有 9 组，即 GPIOA~GPIOI。每组 GPIO 最多有 16 个引脚，以 GPIOA 为例，即 GPIOA0~GPIOA15。

（2）引脚内部构造

查阅《STM32F4xx 中文参考手册》可知，STM32F407IG 引脚内部构造如图 2-1-1 所示。最右侧为芯片引出的 I/O 引脚，其余部件均位于芯片内部。

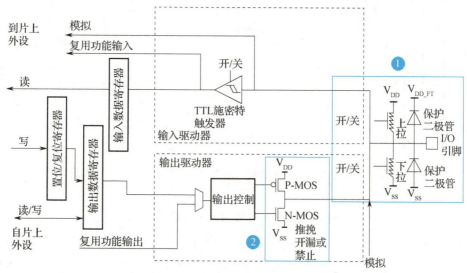

图 2-1-1　STM32F407IG 引脚内部构造

如图中①所示，I/O 引脚并联两个保护二极管，以防止引脚外部过高或过低的电压输入。当引脚电压高于 V_{DD_FT} 时，上方的二极管导通，当引脚电压低于 V_{SS} 时，下方的二极管导通，这样可以防止不正常电压引入芯片导致芯片烧毁。此外，还有两个由开关控制的电阻器，用户可以通过上拉/下拉寄存器 PUPDR 控制开关的状态，从而控制引脚处于上拉、下拉或浮空状态。

处于上拉状态时，引脚通过一个电阻器连接到电源 V_{DD}（高电平），该电阻器称为上拉电阻。当外界没有信号输入时，引脚被上拉电阻固定在高电平。STM32F407 系列微控制器内部的上拉电阻是"弱上拉"，即通过此上拉电阻输出的电流是很弱的，如需要大电流，还要接外部上拉电阻。

处于下拉状态时，引脚通过一个电阻器连接到地 V_{SS}（低电平），该电阻器称为下拉电阻。当外界没有信号输入时，引脚被下拉电阻固定在低电平。

浮空状态时，引脚既不连接上拉电阻也不连接下拉电阻，该状态下引脚的电压为不确定值，称其为浮空状态。

（3）GPIO 的工作模式

GPIO 引脚的具体功能可以通过一系列的寄存器和开关来设置。常用的 GPIO 工作模式有输入模式、模拟模式、通用输出模式和复用功能模式。如果将 GPIO 的常用工作模式与上拉电阻、下拉电阻结合起来，就可以将 GPIO 工作模式进一步细分为上拉输入、下拉输入、浮空输入、模拟输入或模拟输出、具有上拉或下拉功能的推挽输出、具有上拉或下拉功能的开漏输出、具有上拉或下拉功能的复用推挽输出和具有上拉或下拉功能的复用开漏输出。下面详细介绍这 8 种工作模式。

➤ 输入模式

GPIO 被设置为输入模式时，施密特触发器打开，输出被禁止。有信号输入时，信号按图 2-1-2 所示的箭头方向进行传输。I/O 引脚上的输入电平通过施密特触发器后，转换成数字信号（0 或 1）并存放到输入数据寄存器 IDR 中。通过读取输入数据寄存器的值可得到 I/O 的状态。

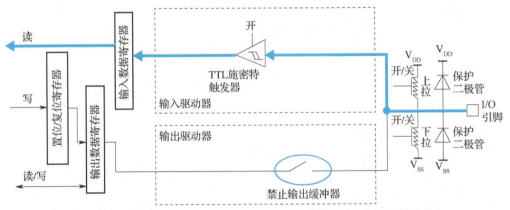

图 2-1-2　上拉输入模式、下拉输入模式和浮空输入模式的信号传输方向

一查到底　查一查施密特触发器的电路结构及工作原理。

用于输入模式时,可以通过上拉/下拉寄存器 PUPDR 将 GPIO 设置为上拉输入模式、下拉输入模式或浮空输入模式。

1)上拉输入模式:引脚处于上拉状态,当外界没有信号输入时,输入寄存器的值为高电平 1。

2)下拉输入模式:引脚处于下拉状态,当外界没有信号输入时,输入寄存器的值为低电平 0。

3)浮空输入模式:引脚处于浮空状态,此时输入寄存器的值完全由外部输入决定,当外界没有信号输入时,读出的值将变得不确定。

> **小试牛刀** 你能说出上拉输入模式、下拉输入模式和浮空输入模式的异同吗?

> ▶ 模拟模式

当 I/O 引脚用于 ADC 采集电压的输入通道时,GPIO 用作模拟输入功能,此时信号传输方向如图 2-1-3 中线路①所示。由于经过施密特触发器后信号只有 0 和 1 两种状态,所以 ADC 外设要采集到原始的模拟信号,信号源输入必须在施密特触发器之前(图中①处)。类似地,当 I/O 引脚用于 DAC 模拟电压输出通道时,GPIO 用作模拟输出功能。DAC 的模拟信号输出时不经过 P-MOSFET 和 N-MOSFET 结构,直接输出到引脚(如图中线路②所示)。

在此模式下,输出缓冲器和施密特触发器输入被禁止,以实现每个模拟 I/O 引脚上的零消耗,且施密特触发器输出值被强制置为 0。弱上拉电阻和下拉电阻被禁止读取,输入数据寄存器的数值为 0。配置时注意:GPIO 在输入模式下不需要设置端口的最大输出速率;在使用任何一种开漏模式时,都需要接上拉电阻。

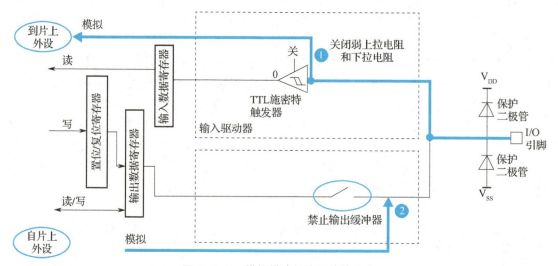

图 2-1-3 模拟模式的信号传输方向

> ▶ 通用输出模式

通用输出模式的信号传输方向如图 2-1-4 所示。输出缓冲器是由 P-MOSFET 和 N-MOSFET 组成的单元电路,这个结构使 GPIO 具有了"推挽输出"和"开漏输出"两种模式。推挽或开漏输出模式是根据其工作方式来命名的。当 GPIO 的配置为输出模式时，输出缓冲器被激活，施密特触发器被激活。在输出信号的同时，也可以通过输入数据寄存器 IDR 读取 I/O 引脚的实际状态。上拉电阻和下拉电阻是否打开取决于上拉 / 下拉寄存器 PUPDR 中的值。

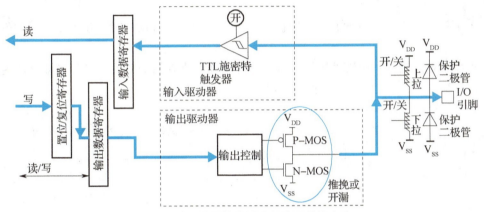

图 2-1-4　通用输出模式的信号传输方向

1）开漏模式。在该模式下，上方的 P-MOSFET 被关闭。只有 N-MOSFET 工作，可以通过输出数据寄存器 ODR 控制 I/O 输出低电平或高阻态。如果将输出数据寄存器 ODR 的相应位设置为 "0"，则 N-MOSFET 导通，使输出接地（I/O 引脚为低电平）；如果将输出数据寄存器 ODR 的相应位设置为 "1"，则 N-MOSFET 关闭，引脚既不输出高电平，也不输出低电平，为高阻态。正常使用时必须在外部接一个上拉电阻，它具有 "线与" 特性，即很多个开漏模式引脚连接在一起时，若其中任一个引脚为低电平，则整条线路都为低电平，否则线路为高电平（由外部上拉电阻接电源提供）。因此，开漏模式一般应用在电平不匹配的场合。例如，若需要输出 5V 的高电平，就需要在外部接一个上拉电阻，电源为 5V，把 GPIO 设置为开漏模式，当输出高阻态时，由上拉电阻和电源向外输出 5V 电压。

2）推挽模式。输出数据寄存器上的 "0" 激活 N-MOSFET，I/O 口输出低电平；而输出数据寄存器上的 "1" 激活 P-MOSFET，I/O 口输出高电平。两个 MOS 轮流导通，一个负责灌电流，另一个负责拉电流，使其负载能力和开关速度都比普通方式有很大提高。推挽模式一般应用在输出电平为 0 和 3.3V，并且需要高速切换开关状态的场合。在 STM32 系列微控制器的应用中，除了必须用开漏输出模式的场合，我们都习惯使用推挽模式。

用于通用输出模式时，可通过上拉 / 下拉寄存器 PUPDR 控制上拉电阻和下拉电阻是否打开。但由于通用输出模式下引脚电平会受输出数据寄存器 ODR 影响，而 ODR 寄存器中对应引脚的复位值为 0，即引脚初始化后默认输出低电平，所以在这种情况下，上拉电阻只起到小幅提高输出电流作用，不会影响引脚的默认状态。

> **小试牛刀**　你能说出在 STM32 系列微控制器的应用中，大部分场合都使用推挽模式的原因吗？

▶ 复用功能模式

复用功能模式中，输出使能，输出速度可配置，GPIO 可工作在开漏模式及推挽模式，但是输出信号源于微控制器内部的其他外设，输出数据寄存器 ODR 无效；输入可用，通过输入数据寄存器可获取 I/O 实际状态，但一般直接用外设的寄存器来获取该数据信号。复用模式的信号传输方向如图 2-1-5 所示。当 GPIO 被配置为复用功能时，输出缓冲器被打开，施密特触发器被激活。至于是复用开漏输出还是复用推挽输出，可根据 GPIO 的复用功能来选择，如果 GPIO 的引脚用作串口输出，则使用复用推挽输出模式；如果用在 I²C、SMBUS 等需要"线与"功能的复用场合，就使用复用开漏输出模式。

用于复用功能时，可通过上拉/下拉寄存器 PUPDR 控制上拉电阻和下拉电阻是否打开。同通用输出模式，在这种情况下，初始化后引脚默认输出低电平，上拉电阻只起到小幅提高输出电流能力作用，但不会影响引脚的默认状态。

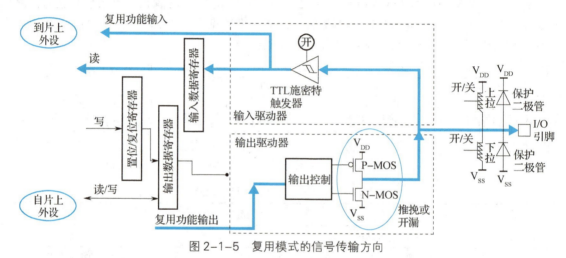

图 2-1-5　复用模式的信号传输方向

2. GPIO 相关寄存器

微控制器寄存器相当于一个变量，只不过这个变量在 CPU 内存单元中具有固定的地址，并有一个特殊的名称，对其赋予不同的数值便能够控制微控制器完成不同的操作。了解微控制器寄存器有助于使用库函数对微控制器进行正确的操作。下面介绍几种常用的 GPIO 相关寄存器，其他寄存器的相关内容可查阅技术手册。

（1）端口模式寄存器（GPIOx_MODER）（x=A~I）

端口模式寄存器（MODER）为 32 位寄存器，端口 A 的复位值为 0xA800 0000，端口 B 的复位值为 0x0000 0280，其他端口的复位值为 0x0000 0000。其位分布如图 2-1-6 所示，其位描述见表 2-1-1。寄存器 MODER 用于配置 GPIO 引脚的工作模式，可选输入模式、通用输出模式、复用功能模式或模拟模式。

31	30	29	28	27	26	25	24	23	22	21	20	19	18	17	16
MODER15 [1:0]		MODER14 [1:0]		MODER13 [1:0]		MODER12 [1:0]		MODER11 [1:0]		MODER10 [1:0]		MODER9 [1:0]		MODER8 [1:0]	
rw	rw	rw	rw	rw	rw	rw	rw	rw	rw	rw	rw	rw	rw	rw	rw
15	14	13	12	11	10	9	8	7	6	5	4	3	2	1	0
MODER7 [1:0]		MODER6 [1:0]		MODER5 [1:0]		MODER4 [1:0]		MODER3 [1:0]		MODER2 [1:0]		MODER1 [1:0]		MODER0 [1:0]	
rw	rw	rw	rw	rw	rw	rw	rw	rw	rw	rw	rw	rw	rw	rw	rw

图 2-1-6　寄存器 MODER 的位分布

表 2-1-1 寄存器 MODER 的位描述

寄存器位	描述
2y:2y+1	MODERy[1:0]：端口 x 配置位（y=0~15）。这些位通过软件写入，用于配置 I/O 工作模式 00：输入模式（复位状态） 01：通用输出模式 10：复用功能模式 11：模拟模式

（2）端口输出类型寄存器（GPIOx_OTYPER）(x= A~I)

端口输出类型寄存器（OTYPER）为 32 位寄存器，位 31：16 保留，其余位可读写，复位值为 0x0000 0000，其位分布如图 2-1-7 所示，其位描述见表 2-1-2，寄存器 OTYPER 用于配置 GPIO 引脚的输出类型，可选推挽输出或开漏输出。

31	30	29	28	27	26	25	24	23	22	21	20	19	18	17	16
							Reserved								
15	14	13	12	11	10	9	8	7	6	5	4	3	2	1	0
OT15	OT14	OT13	OT12	OT11	OT10	OT9	OT8	OT7	OT6	OT5	OT4	OT3	OT2	OT1	OT0
rw	rw	rw	rw	rw	rw	rw	rw	rw	rw	rw	rw	rw	rw	rw	rw

图 2-1-7 寄存器 OTYPER 的位分布

表 2-1-2 寄存器 OTYPER 的位描述

寄存器位	描述
31:16	保留，必须保持复位值
15:0	OTy[1:0]：端口 x 配置位（y=0~15）。这些位通过软件写入，用于配置 I/O 端口的输出类型 0：推挽输出（复位状态） 1：开漏输出

> **小试牛刀** 你能试着分析代码"GPIOF_MODER &=~（0x03<<（2*6））；GPIOF_MODER |=（1<<2*6）；"的意思吗？若要将 GPIOF6 配置成开漏模式，应如何写配置代码？

（3）端口输出速度寄存器（GPIOx_OSPEEDR）

端口输出速度寄存器（OSPEEDR）为 32 位寄存器，端口 B 复位值为 0x0000 00C0，其他端口复位值为 0x0000 0000，其位分布如图 2-1-8 所示，其位描述见表 2-1-3，寄存器 OSPEEDR 用来配置 GPIO 的输出速度，可选 2MHz（低速）、25MHz（中速）、50MHz（快速）、100MHz（高速）。

31	30	29	28	27	26	25	24	23	22	21	20	19	18	17	16
OSPEEDR15[1:0]		OSPEEDR14[1:0]		OSPEEDR13[1:0]		OSPEEDR12[1:0]		OSPEEDR 11[1:0]		OSPEEDR10[1:0]		OSPEEDR 9[1:0]		OSPEEDR 8[1:0]	
rw	rw	rw	rw	rw	rw	rw	rw	rw	rw	rw	rw	rw	rw	rw	rw

图 2-1-8 寄存器 OSPEEDR 的位分布

15	14	13	12	11	10	9	8	7	6	5	4	3	2	1	0
OSPEEDR7[1:0]		OSPEEDR6[1:0]		OSPEEDR5[1:0]		OSPEEDR4[1:0]		OSPEEDR3[1:0]		OSPEEDR2[1:0]		OSPEEDR1[1:0]		OSPEEDR0[1:0]	
rw	rw	rw	rw	rw	rw	rw	rw	rw	rw	rw	rw	rw	rw	rw	rw

图 2-1-8 寄存器 OSPEEDR 的位分布（续）

表 2-1-3 寄存器 OSPEEDR 的位描述

寄存器位	描述
2y:2y+1	OSPEEDRy[1:0]：端口 x 配置位（y = 0~15）。这些位通过软件写入，用于配置 I/O 输出速度 00：2 MHz（低速） 01：25 MHz（中速） 10：50 MHz（快速） 11：30pF 时为 100 MHz（高速）（15 pF 时为 80 MHz 输出（最大速度））

（4）端口上拉/下拉寄存器（GPIOx_PUPDR）

端口上拉/下拉寄存器（PUPDR）为 32 位寄存器，端口 A 复位值为 0x6400 0000，端口 B 复位值为 0x0000 0100，其他端口复位值为 0x0000 0000。其位分布如图 2-1-9 所示，其位描述见表 2-1-4，寄存器 PUPDR 用于配置 GPIO 是否使用上拉电阻或下拉电阻，可选无上拉电阻和下拉电阻、仅有上拉电阻或仅有下拉电阻。

31	30	29	28	27	26	25	24	23	22	21	20	19	18	17	16
PUPDR15[1:0]		PUPDR14[1:0]		PUPDR13[1:0]		PUPDR12[1:0]		PUPDR11[1:0]		PUPDR10[1:0]		PUPDR9[1:0]		PUPDR8[1:0]	
rw	rw	rw	rw	rw	rw	rw	rw	rw	rw	rw	rw	rw	rw	rw	rw
15	14	13	12	11	10	9	8	7	6	5	4	3	2	1	0
PUPDR 7[1:0]		PUPDR 6[1:0]		PUPDR 5[1:0]		PUPDR 4[1:0]		PUPDR 3[1:0]		PUPDR 2[1:0]		PUPDR 1[1:0]		PUPDR 0[1:0]	
rw	rw	rw	rw	rw	rw	rw	rw	rw	rw	rw	rw	rw	rw	rw	rw

图 2-1-9 寄存器 PUPDR 的位分布

表 2-1-4 寄存器 PUPDR 的位描述

寄存器位	描述
2y:2y+1	PUPDRy[1:0]：端口 x 配置位（y = 0~15）。这些位通过软件写入，用于配置 I/O 上拉或下拉 00：无上拉或下拉 01：上拉 10：下拉 11：保留

（5）端口输入数据寄存器（GPIOx_IDR）

端口输入数据寄存器 IDR 为 32 位寄存器，复位值为 0x0000XXXX（其中 X 表示未定义），位 31：16 保留，其余位可读，其位分布如图 2-1-10 所示，其位描述见表 2-1-5，寄存器 IDR 为只读寄存器，对它的操作只有读取操作，没有赋值操作，用于读取 GPIO 的输入，即某个引脚的电平，如果对应的位为 0（IDRy=0），则表示该引脚输入为低电平；如果对应的位为

1（IDRy=1），则表示该引脚输入为高电平。

31	30	29	28	27	26	25	24	23	22	21	20	19	18	17	16
保留																
15	14	13	12	11	10	9	8	7	6	5	4	3	2	1	0
IDR15	IDR14	IDR13	IDR12	IDR11	IDR10	IDR9	IDR8	IDR7	IDR6	IDR5	IDR4	IDR3	IDR2	IDR1	IDR0
r	r	r	r	r	r	r	r	r	r	r	r	r	r	r	r

图 2-1-10　寄存器 IDR 的位分布

表 2-1-5　寄存器 IDR 的位描述

寄存器位	描述
31:16	保留，必须保持复位值
15:0	IDRy[15:0]：端口输入数据位（y=0~15），这些位为只读且只能以 16 位的形式读取，它们包含相应 I/O 端口的输入值

（6）端口输出数据寄存器（GPIOx_ODR）

端口输出数据寄存器 ODR 为 32 位寄存器，复位值为 0x00000000，位 31∶16 保留，其余位可读写，其位分布如图 2-1-11 所示，其位描述见表 2-1-6，寄存器 ODR 用于通过 GPIO 的引脚输出高电平或低电平。

31	30	29	28	27	26	25	24	23	22	21	20	19	18	17	16
保留																
15	14	13	12	11	10	9	8	7	6	5	4	3	2	1	0
ODR15	ODR14	ODR13	ODR12	ODR11	ODR10	ODR9	ODR8	ODR7	ODR6	ODR5	ODR4	ODR3	ODR2	ODR1	ODR0
rw	rw	rw	rw	rw	rw	rw	rw	rw	rw	rw	rw	rw	rw	rw	rw

图 2-1-11　寄存器 ODR 的位分布

表 2-1-6　寄存器 ODR 的位描述

寄存器位	描述
31:16	保留，必须保持复位值
15:0	ODRy[15:0]：端口输出数据位（y=0~15），这些位可通过软件读取和写入。注意：对于原子置位 / 复位，通过写入 PIOx_BSRR 寄存器，可分别对 ODR 位进行置位和复位（x=A..I）

小试牛刀　假设需要在 GPIOC4 输出高电平，你能试着写出实现代码吗？

（7）端口位置位 / 复位寄存器（GPIOx_BSRR）

端口位设置 / 复位寄存器 BSRR 为 32 位寄存器，复位值为 0x00000000，各位可写，其位分布如图 2-1-12 所示，其位描述见表 2-1-7，寄存器 BSRR 可用来置位或复位 GPIO，它和寄存器 ODR 具有相似的作用，它们都可以用来设置 GPIO 的输出位是"1"还是"0"。如果同时设置了 BSy 和 BRy 对应位，则 BSy 位起作用（y=0.15）。

31	30	29	28	27	26	25	24	23	22	21	20	19	18	17	16
BR15	BR14	BR13	BR12	BR11	BR10	BR9	BR8	BR7	BR6	BR5	BR4	BR3	BR2	BR1	BR0
w	w	w	w	w	w	w	w	w	w	w	w	w	w	w	w
15	14	13	12	11	10	9	8	7	6	5	4	3	2	1	0
BS15	BS14	BS13	BS12	BS11	BS10	BS9	BS8	BS7	BS6	BS5	BS4	BS3	BS2	BS1	BS0
w	w	w	w	w	w	w	w	w	w	w	w	w	w	w	w

图 2-1-12 寄存器 BSRR 的位分布

表 2-1-7 寄存器 BSRR 的位描述

寄存器位	描述
31:16	BRy：清除端口的位（y=0~15），这些位只能写入且只能以 16 位的形式操作 0：对对应的 ODRy 位不产生影响 1：对对应的 ODRy 进行复位 注：如果同时设置了 BSy 和 BRy 的对应位，则 BSy 位起作用
15:0	BSy：设置端口的位（y=0~15），这些位只能写入且只能以 16 位的形式操作 0：对对应的 ODRy 位不产生影响 1：对对应的 ODRy 位进行置位

3. 利用库函数配置 GPIO

调用库函数来配置寄存器，可以脱离底层寄存器操作，使开发效率提高，同时使代码易于阅读和维护。HAL 库的 stm32f407xx.h 文件中定义了 GPIO 配置寄存器相对应的结构体 GPIO_TypeDef，其他有关 GPIO 的定义和申明都放在了 stm32f407xx_hal_gpio.h 文件中。使用 GPIO 输出高低电平，控制外围设备。

（1）初始化端口

使用 GPIO 之前要先进行初始化，在 STM32CubeMX 中完成 GPIO 配置后，将自动生成 GPIO 初始化函数 HAL_GPIO_Init（GPIO_TypeDef* GPIOx, GPIO_InitTypeDef* GPIO_Init）。该函数有两个参数：第一个参数用来指定需要初始化的 GPIO 组，取值为 GPIOA、GPIOB、GPIOC 等；第二个参数为初始化参数结构体指针，结构体的类型为 GPIO_InitTypeDef。结构体的定义如下：

```
typedef struct
{
uint32_t Pin;              // 需要配置的 GPIO 引脚列表
uint32_t Mode;             //GPIO 的工作模式
uint32_t Pull;             //GPIO 的上拉和下拉参数
uint32_t Speed;            //GPIO 的输出速度
uint32_t Alternate;        // GPIO 的复用功能选择
}GPIO_InitTypeDef;
```

这个结构体中包含了初始化 GPIO 所需要的信息，包括引脚号、工作模式、上拉/下拉电阻选择、输出速度和复用功能等设置。设计这个结构体的思路是：在初始化 GPIO 前，先定义一个结构体变量，再根据需要配置 GPIO 的模式，对这个结构体的各个成员进行赋值，然后把这个结构体变量作为 HAL_GPIO_Init（）函数的输入参数。该函数能根据这个变量值中的内容配置寄存器，从而实现 GPIO 的初始化。

其中，第一个成员变量 Pin 用来设置要初始化哪个或哪些引脚。HAL 库预先提供了各种参数定义的宏，例如 GPIO 组中的 16 个引脚，依次用 GPIO_PIN_0、GPIO_PIN_1、……、GPIO_PIN_15 等宏常量来表示。GPIO_InitTypeDef 成员变量 Pin 的取值范围见表 2-1-8。

表 2-1-8　GPIO_InitTypeDef 成员变量 Pin 的取值范围

宏常量定义	含义	宏常量定义	含义
GPIO_Pin_0	选中引脚 0	GPIO_Pin_8	选中引脚 8
GPIO_Pin_1	选中引脚 1	GPIO_Pin_9	选中引脚 9
GPIO_Pin_2	选中引脚 2	GPIO_Pin_10	选中引脚 10
GPIO_Pin_3	选中引脚 3	GPIO_Pin_11	选中引脚 11
GPIO_Pin_4	选中引脚 4	GPIO_Pin_12	选中引脚 12
GPIO_Pin_5	选中引脚 5	GPIO_Pin_13	选中引脚 13
GPIO_Pin_6	选中引脚 6	GPIO_Pin_14	选中引脚 14
GPIO_Pin_7	选中引脚 7	GPIO_Pin_15	选中引脚 15
GPIO_Pin_All	选中引脚 All		

第二个成员变量 Mode 用来设置 GPIO 的工作模式，其取值范围同样定义成宏，其取值范围见表 2-1-9。

表 2-1-9　GPIO_InitTypeDef 成员变量 Mode 的取值范围

宏常量定义	含义
GPIO_MODE_INPUT	浮空输入模式
GPIO_MODE_OUTPUT_PP	推挽输出模式
GPIO_MODE_OUTPUT_OD	开漏输出模式
GPIO_MODE_AF_PP	复用功能下的推挽模式
GPIO_MODE_AF_OD	复用功能下的开漏模式
GPIO_MODE_ANALOG	模拟模式

第三个成员变量 Pull 用来设置 GPIO 的上拉和下拉参数，其取值范围见表 2-1-10。

表 2-1-10　GPIO_InitTypeDef 成员变量 Pull 的取值范围

宏常量定义	含义
GPIO_NOPULL	关闭上拉和下拉电阻
GPIO_PULLUP	开启上拉电阻
GPIO_PULLDOWN	开启下拉电阻

第四个成员变量 Speed 用来设置 GPIO 的输出速度，其取值范围见表 2-1-11。

表 2-1-11　GPIO_InitTypeDef 成员变量 Speed 的取值范围

宏常量定义	含义
GPIO_SPEED_FREQ_LOW	引脚输出速度 2MHz
GPIO_SPEED_FREQ_MEDIUM	引脚输出速度 12.5MHz~50MHz
GPIO_SPEED_FREQ_HIGH	引脚输出速度 25MHz~100MHz
GPIO_SPEED_FREQ_VERY_HIGH	引脚输出速度 50MHz~200MHz

第五个成员变量 Alternate 用来设置 GPIO 的复用功能,该成员变量的取值一般通过 STM32CubeMX 软件分配,不需要用户手动设置。由于不同型号的微控制器片内集成的外设不同,因此该成员变量的取值范围由芯片型号决定。通过查阅 stm32f4xx_hal_gpio_ex.h 文件可以了解 STM32F4 系列微控制器 Alternate 的取值范围。

GPIO 引脚电平状态定义为 GPIO_PinState。GPIO_PinState 是枚举类型数据,其中的 GPIO_PIN_RESET 代表低电平,GPIO_PIN_SET 代表高电平。使用枚举类型即提高了程序的可读性,也可以通过限定变量的取值范围,来确保变量的合法性,其定义如下:

```
typedef enum
{
GPIO_PIN_RESET=0;               // 引脚置为低电平 0
GPIO_PIN_SET;                   // 引脚置为高电平 1
}GPIO_PinState;
```

(2)初始化时钟

由于 STM32 的外设很多,每个外设都对应着一个时钟。为了降低功耗,在芯片刚上电的时候,这些时钟都是被关闭的,如果想要外设工作,必须把与之相应的时钟打开。

STM32 的所有外设的时钟都由 RCC 来管理,默认处于关闭状态,因此初始化 GPIO 后,还需要使能外设时钟。所有的 GPIO 都挂载到 AHB1 总线上,具体的时钟由 AHB1 外设时钟使能寄存器(RCC_AHB1ENR)来控制,调用库函数 __HAL_RCC_GPIOX_CLK_ENABLE 可以打开外设时钟,该函数由 STM32CubeMX 软件自动生成。

(3)GPIO 控制

基于 HAL 库方式控制 GPIO 时,在 STM32CubeMX 生成的代码中,GPIO 的配置是在 MX_GPIO_Init()函数中完成的。MX_GPIO_Init 函数通过调用 HAL_GPIO_WritePin 函数将相应 I/O 引脚设置为高电平或低电平,或调用 HAL_GPIO_TogglePin 函数翻转 I/O 引脚的电平状态,也可以调用 HAL_GPIO_ReadPin 函数读取 I/O 引脚的状态。这三个函数的具体描述见表 2-1-12~表 2-1-14。

表 2-1-12　写入引脚函数 HAL_GPIO_WritePin

接口函数:HAL_GPIO_WritePin	
函数原型	void HAL_GPIO_WritePin(GPIO_TypeDef* GPIOx,uint16_t GPIO_Pin, GPIO_PinState PinState)
功能描述	设置引脚输出高电平或低电平
入口参数 1	GPIOx:引脚端口号,取值范围是 GPIOA~GPIOI
入口参数 2	GPIO_Pin:引脚号,取值范围是 GPIO_PIN_0~GPIO_PIN_15
入口参数 3	PinState:表示引脚电平状态的枚举类型变量,其取值为: GPIO_PIN_SET:表示输出高电平 GPIO_PIN_RESET:表示输出低电平
返回值	无
注意事项	该函数需要用户调用

表 2-1-13 翻转引脚函数 HAL_GPIO_TogglePin

接口函数：HAL_GPIO_TogglePin	
函数原型	void HAL_GPIO_TogglePin（GPIO_TypeDef* GPIOx, uint16_t GPIO_Pin）
功能描述	翻转引脚状态
入口参数 1	GPIOx：引脚端口号，取值范围是 GPIOA~GPIOI
入口参数 2	GPIO_Pin：引脚号，取值范围是 GPIO_PIN_0~GPIO_PIN_15
返回值	无
注意事项	该函数需要用户调用

表 2-1-14 读取引脚函数 HAL_GPIO_ReadPin

接口函数：HAL_GPIO_ReadPin	
函数原型	GPIO_PinState HAL_GPIO_ReadPin（GPIO_TypeDef* GPIOx,uint16_t GPIO_Pin）
功能描述	读取引脚的电平状态
入口参数 1	GPIOx：引脚端口号，取值范围是 GPIOA~GPIOI
入口参数 2	GPIO_Pin：引脚号，取值范围是 GPIO_PIN_0~GPIO_PIN_15
返回值	GPIO_PinState：表示引脚电平状态的枚举类型变量，其取值为： GPIO_PIN_SET：表示读到高电平 GPIO_PIN_RESET：表示读到低电平
注意事项	该函数需要用户调用

当应用 GPIO 输出时，在系统的软硬件设计上应注意以下问题：

输出电平信号的转换和匹配。一般 STM32 的工作电源电压为 3.3V，它的 I/O 输出电平为 3.3V。当连接的外围元器件采用电压为 5V、9V、12V、15V 等与 3.3V 不等的电源时，应考虑使用可转换输出电平信号的电路。

输出电流的驱动能力。当 STM32 的 GPIO 输出为 1 时，可提供约 10mA 的驱动电流；当输出为 0 时，可吸收约 20mA 的灌电流；当连接的外围元器件和电路需要大电流或有大电流灌入时，应考虑使用驱动功率驱动电路。

输出电平信号转换延时。STM32 是一款高速的微控制器，当系统时钟频率为 50MHz 时，执行一条指令的时间为 0.02μs，这意味着将一个 I/O 引脚先置 1、再清 0 仅需要 0.02μs，即输出一个脉宽为 0.02μs 的高电平脉冲信号。在一些应用中，往往需要脉宽较大的高电平脉冲信号驱动，如动态 LED 数码显示器的扫描驱动等，因此在软件设计中要考虑转换延时。

4. LED

LED 是日常生活中非常常见的能够发光的半导体二极管。它与普通二极管一样，是由半导体材料制成，具有单向导电的性质。在极性接对的情况下，可以发出红色、绿色、黄色和蓝色等颜色的光。LED 的实物及电气图形符号如图 2-1-13 所示。

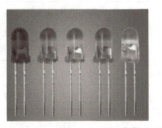
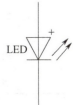

图 2-1-13 LED 的实物及电气图形符号

> **小试牛刀** 两个 LED 控制电路如图 2-1-14 所示,你能说出分别点亮这两个电路图中 LED 需要什么信号吗?
>
> _____
>
> _____

图 2-1-14　发光二极管控制电路

图 2-1-14 中的两种方式都可以点亮 LED,但它们也存在很大的差异。有些微控制器在复位的瞬间,GPIO 默认输出高电平信号,如果采用高电平信号点亮 LED,就产生了没有受控的状态。瞬间不受控可能会对于其他元器件造成安全隐患。因此,一般的情况下采用"灌电流"的方式控制,即将相应的引脚设置为输出端口,当端口输出为"0"时,LED 点亮。

为了防止电流过大而损坏 LED 和 GPIO,通常要在 LED 与微控制器之间接限流电阻。限流电阻的阻值与 LED 的特性和微控制器的端口特性有关。一般情况下 LED 的压降约为 1.7V,而 STM32 的 GPIO 电流为 4mA,因此,限流电阻一般选取阻值为 470Ω~1kΩ 的电阻。

在本书配套资源的"实验箱配套原理图"文件夹中,打开"智能车核心控制模块 .pdf",本任务采用 4 个 LED 模拟迎宾灯,LED 与 STM32 的引脚连接如图 2-1-15 所示,引脚 PF9、PF10、PH14 和 PH15 控制 LED3~LED6,网络标号为 LED1~LED4。图 2-1-15 LED 驱动电路中的 AO3400 是一个 N-MOSFET,此处相当于一个开关。其状态受 I/O 引脚的输出电平控制,当 AO3400 所接的微控制器引脚输出高电平时,AO3400 导通,LED 被点亮;当微控制器引脚输出低电平时,AO3400 断开,LED 熄灭。

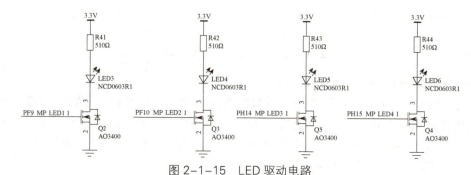

图 2-1-15　LED 驱动电路

任务实施

1. 硬件组装

(1) 板间连接

本任务使用智能车核心控制模块即可满足使用需求,不需要与其他模块连接。

（2）硬件连接

请结合知识储备，编制任务 1 中流水灯硬件连接线（见表 2-1-15）。

表 2-1-15　流水灯硬件连接线

接口名称	STM32F407 IGT6 引脚	功能说明
LED1	PF9	模拟迎宾灯 LED1
LED2	PF10	模拟迎宾灯 LED2
LED3	PH14	模拟迎宾灯 LED3
LED4	PH15	模拟迎宾灯 LED4

2. 软件编程

（1）配置 STM32CubeMX

1）基础配置。

为了建立有序的项目工程文件保存机制，在 C 盘中的"STM32F407"文件夹下建立"TASK2-1"文件夹。打开 STM32CubeMX 软件，依据项目 1 的任务 2 中介绍的搭建基础配置工程的步骤，建立项目 2 任务 1 的基础配置工程，在相应文件夹生成如图 2-1-16 所示的文件。在"TEST.ioc"继续完善 STM32CubeMX 的其他配置。

智能车迎宾灯的 STM32CubeMX 配置方法

图 2-1-16　项目 2 任务 1 的工程文件夹

2）GPIO_Output 配置。

在软件界面右下角的搜索框中填写需要配置的引脚，进行搜索，分别将引脚 PF9、PF10、PH14 和 PH15 配置为 GPIO_Output 模式，并将引脚分别命名为 LED1、LED2、LED3 和 LED4，输出电平（GPIO output level）为低电平，GPIO 工作模式（GPIO mode）为推挽输出，使用内部下拉电阻，输出速度为低速。具体配置如图 2-1-17 所示。

完成上述所有配置后，单击软件右上角的【GENERATE CODE】生成初始代码，如图 2-1-18 所示。STM32CubeMX 自动生成 main.c、gpio.c、stm32f4xx_it.c、stm32f4xx_hal_msp.c 文件，其中 gpio.c、stm32f4xx_it.c、stm32f4xx_hal_msp.c 已经满足系统时钟及 GPIO 的配置需求，它们的代码无需改动，但需要知道自动生成的 GPIO 宏定义，以备后面代码调用。

main.h 中的宏定义了图 2-1-17 中 GPIO，如图 2-1-19 所示。

（2）代码流程

流水灯代码中主要实现 GPIO 的初始化，以及 LED1、LED2、LED3 和 LED4 的亮灭控制。代码流程如图 2-1-20 所示。

项目 2　智能车灯光控制系统的设计与实现

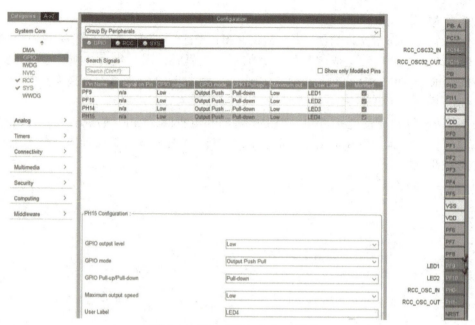

图 2-1-17　GPIO_Output 配置

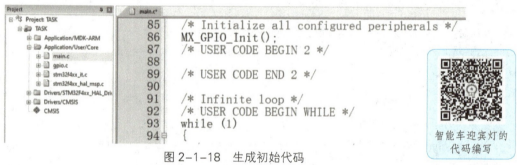

图 2-1-18　生成初始代码

智能车迎宾灯的代码编写

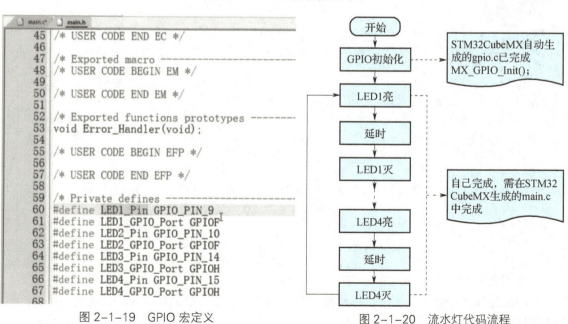

图 2-1-19　GPIO 宏定义　　　　　　　图 2-1-20　流水灯代码流程

065

（3）编写 MDK 代码

初始化操作中 init.c 等文件的创建及代码编写不再赘述，下面主要介绍任务逻辑的编写。

在 STM32CubeMX 自动生成的文件中添加用户代码时，用户代码必须写在 USER CODE BEGIN 和 USER CODE END 之间，否则下次更新 STM32CubeMX 配置时会丢失。

➤ main.c 编写

由图 2-1-15 LED 驱动电路可知，当引脚输出高电平时，LED 被点亮；当引脚输出低电平时，LED 熄灭。本程序调用 HAL 库函数 HAL_GPIO_WritePin 将引脚置为高电平或低电平，从而点亮或关闭 LED。

在 main.c 中完善代码：

```
/* Includes ------------------------------------------------------------------*/
#include "main.h"
#include "gpio.h"
int main(void)
{
  /* Reset of all peripherals, Initializes the Flash interface and the Systick. */
  HAL_Init();

  /* Configure the system clock */
  SystemClock_Config();
  /* Initialize all configured peripherals */
  MX_GPIO_Init();
   /* USER CODE BEGIN WHILE */
  while(1)
  {
    /* USER CODE END WHILE */
    /* USER CODE BEGIN 3 */
HAL_GPIO_WritePin(LED1_GPIO_Port,LED1_Pin,GPIO_PIN_SET);        // 点亮 LED1
HAL_Delay(100);
HAL_GPIO_WritePin(LED1_GPIO_Port,LED1_Pin,GPIO_PIN_RESET);     // 关闭 LED1
HAL_GPIO_WritePin(LED2_GPIO_Port,LED2_Pin,GPIO_PIN_SET);        // 点亮 LED2
HAL_Delay(100);
HAL_GPIO_WritePin(LED2_GPIO_Port,LED2_Pin,GPIO_PIN_RESET);     // 关闭 LED2
HAL_GPIO_WritePin(LED3_GPIO_Port,LED3_Pin,GPIO_PIN_SET);        // 点亮 LED3
HAL_Delay(100);
HAL_GPIO_WritePin(LED3_GPIO_Port,LED3_Pin,GPIO_PIN_RESET);     // 关闭 LED3
HAL_GPIO_WritePin(LED4_GPIO_Port,LED4_Pin,GPIO_PIN_SET);        // 点亮 LED4
HAL_Delay(100);
HAL_GPIO_WritePin(LED4_GPIO_Port,LED4_Pin,GPIO_PIN_RESET);     // 关闭 LED4
  }
  /* USER CODE END 3 */
}
```

3. 软硬件联调

程序设计好后，编译并生成目标代码，并将其下载到核心控制模块中，实现任务功能。流水灯实物如图 2-1-21 所示。

项目 2　智能车灯光控制系统的设计与实现

智能车迎宾灯的实验运行结果

图 2-1-21　流水灯实物

小试牛刀　观察实验结果，并描述实验现象。
_____
_____

学后思
请大家根据问题完成复盘。

任务复盘表

回顾目标	评价结果	分析原因	总结经验
是否完成了任务？和你做的计划一致吗？	完成任务的过程中你做得好的地方有哪些？存在哪些问题？	完成任务的关键因素有哪些？出现问题的原因是什么？	如果让你再做一遍，你会如何改进？写下你的创意想法。

任务拓展

车辆氛围灯中应用最广泛的是迎宾灯，而迎宾灯通常采用流水灯，即一排小灯依次点亮并熄灭，在视觉上形成流水效果。本任务用 4 个 LED 模拟了汽车流水灯的亮灭情况。此外，在初始化引脚之后，4 个 LED 的亮灭可以任意组合。只要使用 HAL 库函数 HAL_GPIO_WritePin 或 HAL_GPIO_TogglePin，就可在延时函数的配合下得到任何想要的变化，你也来实现你想要的变化吧。

拓中思
根据本任务所学内容分析流水灯以不同频率进行闪烁的实现方法。
_____
_____

任务 2　智能车前照灯、转向灯及雾灯的控制

智能车前照灯、
转向灯及后雾灯

任务导引

汽车照明系统和汽车信号系统都是汽车安全行驶的必备系统。汽车照明系统主要包括前照灯、雾灯、牌照灯、顶灯等。汽车信号系统一般包括转向信号灯、危险警示灯、示宽灯、制动灯、倒车灯等。

前照灯又分为远光灯和近光灯，雾灯又分为前雾灯和后雾灯。远光灯一般用于车辆前方远距离照明，近光灯可用于车辆前方道路照明，并且不会对来车驾驶员和其他道路使用者造成炫目或不适感。会车时，为避免发生交通事故，需要将远光灯切换为近光灯。前雾灯用于改善在雾天或其他低能见度情况下的车辆前方道路照明；后雾灯能够在雾天或其他低能见度情况下，使车辆更为易见，便于后车驾驶员和行人识别。

近光灯由近光灯开关控制，打开近光灯开关即可点亮近光灯。远光灯的开启分为临时闪烁和长亮两种情况。如需让远光灯临时闪烁，可向上拨动远光灯开关，远光灯点亮，松开开关后，开关回位，远光灯灭。如需让远光灯长亮，则需要先开启近光灯开关，再向下拨动远光灯开关，松开开关后，开关保持闭合状态，远光灯长亮。会车时，将远光灯开关拨回原位，远光灯熄灭。

前雾灯由前雾灯开关控制，开启前雾灯开关即可点亮前雾灯（也有部分车型需要先开启示宽灯才能打开前雾灯）。前雾灯为选装件，可根据车辆情况选择安装或不安装。如需开启后雾灯，须在开启远光灯、近光灯或前雾灯时，打开后雾灯开关。

转向信号灯是车辆在转向时提示周围车辆及行人注意避让的警示灯，分为左转向灯和右转向灯。在车辆同一侧的所有转向信号灯，应由一个开关控制打开或关闭，并同步闪烁。打开开关后，转向信号灯在不大于 1s 内发光，在 1~1.5s 内首次熄灭，之后按照 60~120 次 /min 的频率闪烁。

在本任务中，智能车上使用 LED 模拟汽车远光灯、近光灯、后雾灯和转向信号灯；设置了 4 个弹性按键，分别模拟近光灯开关、远光灯长亮开关、远光灯临时闪烁开关和后雾灯开关，设置了一个 2 位拨码开关模拟转向灯开关。

知识准备

学前思

回顾本项目任务 1 中 GPIO 的配置方式，思考与弹性按键连接的 GPIO 应配置为哪种工作模式？

_____

_____

下面带着问题一起来进行知识探索。

1. 认识按键

按键是仪器仪表中普遍采用的人机输入接口电路。本节任务中采用的弹性按键为机械触点式弹性按键，又称为轻触开关，实物如图 2-2-1 所示。每个按键有 4 个引脚，设为 a、b、c、d。引脚 a 和引脚 d 为一组已经连通的引脚，引脚 c 和引脚 b 为一组已经连通的引脚，只要使用两组引脚中的任何一个作为开关的两端即可，如引脚 a 和引脚 b。

按键

图 2-2-1 弹性按键实物

2. 按键控制电路设计

（1）独立按键设计

在本书配套资源的"实验箱配套原理图"文件夹中，打开"智能车核心控制模块.pdf"。如图 2-2-2 所示，按键 S1 一端接地，另一端与 GPIO 的 PE4 引脚连接，同时通过上拉电阻与电源连接。当 S1 没有按下时，GPIO 的 PE4 引脚保持高电平；当 S1 按下时，PE4 引脚接地。因此，只要检测按键对应引脚（这里是 PE4）的输入电平状态，即可判断按键是否被按下。

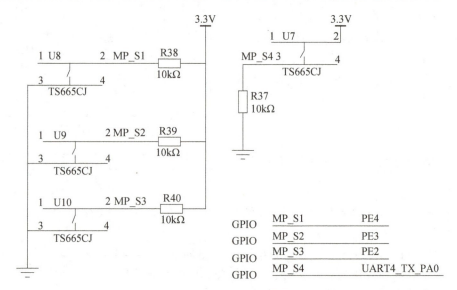

图 2-2-2 按键连接原理图

图 2-2-2 中，直接用 STM32F407 的 GPIO 检测按键，每个按键单独占用一根 I/O 口线，每个按键的工作不会影响其他 I/O 口的状态，这种连接方式称为独立式按键结构。独立式按键电路配置灵活，软件结构简单，但每个按键必须占用一个 I/O 口线，因此，在按键较多时，I/O 口线浪费较大，不宜采用。

（2）ADC 分压键盘

当 GPIO 资源不足时，可以使用 ADC 分压键盘扩展按键。ADC 是 Analog-to-DigitalConverter 的缩写，是指模数转换器。ADC 可将连续的模拟信号转换为离散的数字信号。利用电阻分压的原理可以实现一个 ADC 引脚检测多个按键。ADC 分压键盘有两种设计方式，方式一是并联式（见图 2-2-3），方式二是串联式（见图 2-2-4）。按键被按下之后，与 ADC 引脚相连处的电压会随着分压电阻的变化而变化，只要让每个按键按下之后的电压处于不同的区间，理论上就能够将各个按键区分开。方式一中并联的电阻阻值各不相同，当按下不同按键时，进入 ADC 的模拟量是不一样的，通过 ADC，就可以判断出按下的是哪个按键。方式一还可以同时识别多个按键，即可以设置组合键，只要阻值取得合适。方式二中各个按键具有优先级之分。假设按下了按键 S1，此时再按下 S2~S5 中的任何一个都是不起作用的，即 S1 的优先级最高，S2 次之，以此类推。为了避免 ADC 精度、电阻的误差或者温漂等因素造成的按键检测失效，提高按键检测的可靠性，可以减少按键数量，适当放宽各个按键检测的电压范围。

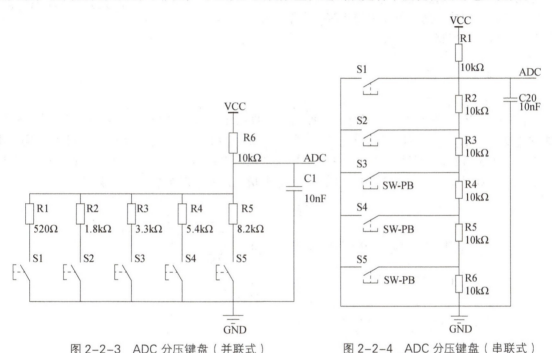

图 2-2-3 ADC 分压键盘（并联式）　　图 2-2-4 ADC 分压键盘（串联式）

（3）矩阵键盘

在需要使用的按键较多时，如电子密码锁、电话机键盘等，一般都至少有 12~16 个按键，通常采用矩阵键盘。

矩阵键盘又称行列键盘，最常见的矩阵键盘布局如图 2-2-5 所示。它是用 4 条 I/O 口线作为行线，4 条 I/O 口线作为列线组成的键盘。行线和列线的每个交叉点上都设置了一个按键。这样，键盘上按键的个数就为 4×4 个。在 STM32 系列微控制器中利用 8 个 GPIO 引脚，可以实现 16 个按键功能。这种行列式键盘结构能有效地提高微控制器系统中 I/O 口的利用率，是 STM32 微控制器系统中最常用的形式。4×4 矩阵键盘的内部电路如图 2-2-6 所示。

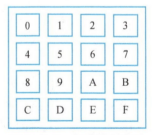

图 2-2-5 矩阵键盘布局

图 2-2-6 中，第一行接到 PI7，第二行接到 PI6，第三行接到 PI5，第四行接到 PI4；第一列接到 PI3，第二列接到 PI2，第三列接到 PI1，第四列接到 PI0。矩阵键盘上按键的位置由行号和列号唯一确定，因此可以先分别对行号和列号进行二进制编码，然后将两个值合成一个字节，高 4 位是行号，低 4 位是列号。当无按键闭合时，PI0~PI3 与 PI4~PI7 之间开路。当有键闭合时，与闭合键相连的两条 I/O 口线之间短路。CPU 要知道按键的状态，需要两步：第一步，置列线 PI0~PI3 为输入状态，从行线 PI4~PI7 输出低电平，读入列

线数据，若某一列线为低电平，则该列线上有键闭合。第二步，行线轮流输出低电平，从列线 PI0~PI3 读入数据，若有某一列为低电平，则对应行线上有键按下。综合这两步的结果，可确定按键编号。但是，按键闭合一次只能进行一次键功能操作，因此须等到按键释放后，再进行键功能操作，否则按一次键，有可能会连续多次进行同样的键操作。

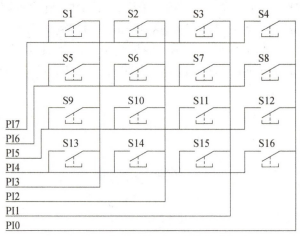

图 2-2-6　4×4 矩阵键盘的内部电路

思考

图 2-2-3 中，VCC 为 3.3V，R1 为 520Ω，R6 为 10kΩ，当按键 S1 按下时，输入 ADC 的电压是多少？

_____

_____

3. 按键消抖

按下和松开按键时，按键金属片之间的贴合、分离有一个过程。因此，给 STM32F407 系列微控制器输入的信号并不是理想的 0 和 1 切换的过程，而会在按下和松开的这一小段时间内出现抖动（见图 2-2-7），这种现象称为按键抖动。抖动时间的长短由按键的机械特性决定，一般为 5~10ms。按键稳定闭合时间的长短则是由操作人员的按键动作决定的，一般为零点几秒至数秒。由于按键的抖动会导致一次按键动作被当成多次按键，为确保微控制器对按键的一次闭合仅做一次处理，必须消除按键的抖动，在按键处于稳定状态时读取按键的状态，这称为按键消抖。常见的按键消抖方式有硬件消抖和软件消抖两种。

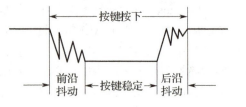

图 2-2-7　按键触点的机械抖动

（1）硬件消抖

硬件消抖经常采用电容滤波消抖电路。电容滤波消抖电路采用电阻和电容组成低通滤波器，具有电路结构简单、可靠的优点，该消抖电路如图 2-2-8 所示。由于电容的充放电延时，电容两端电压不能突变，使得按键两端的电压平缓变化，直至电容充放电到达一定电压阈值时，STM32 才读取到电压变化。

（2）软件消抖

在检测到有按键按下时，先执行约 10ms 的延时程序，让前沿抖动消失后再一次检测按键的状态，如果仍保持闭合状态电平（此处为低电平），则确认有键按下。当检测到按键释放后，也要执行约 10ms 的延时程序，待后沿抖动消失后才转入该按键的处理程序，如图 2-2-9 所示。

编写延时程序一般有 3 种方式：第一种是采用延时函数，让微控制器执行空指令，缺点是延时不准确；第二种是用定时器实现延时，这种方式延时准确，但是需要占用定时器资源；第三种是用系统定时器（SysTick Timer，STK，简称 SysTick）实现延时。第三种方式能够实现精确延时，而且不需要占用额外的定时器资源，因此实际应用较多。本任务就采用 SysTick 系统定时器实现延时。

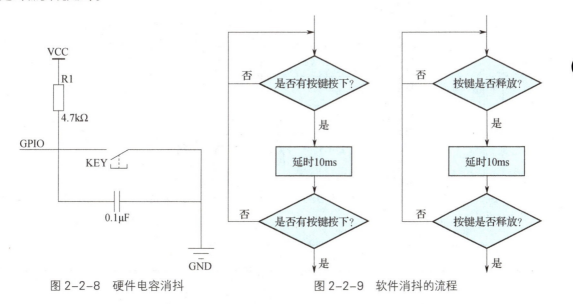

图 2-2-8　硬件电容消抖　　　　　　图 2-2-9　软件消抖的流程

4. SysTick 的原理与配置

（1）SysTick 概述

SysTick 又称系统滴答定时器，是 Cortex-M 内核中的外设，内嵌在嵌套向量中断控制器（NVIC）中。使用了 ARM Cortex-M0/M3/M4/M7 内核的微控制器都包含这个定时器，并且在这些芯片中，SysTick 的处理方式（寄存器映射地址及作用）都是相同的，若使用 SysTick 产生时间"滴答"，可以简化嵌入式软件在 Cortex-M 内核芯片间的移植。

查询《STM32F4xx 中文参考手册》可知，复位和时钟控制（Reset and Clock Control，RCC）模块向 SysTick 馈送 8 分频的 AHB 时钟（HCLK），如图 2-2-10 所示。SysTick 可使用此时钟作为时钟源，或直接使用 HCLK 作为时钟源。时钟源配置可在 STM32CubeMX 中完成，具体方法可参考本书项目 1 任务 3 的任务实施部分。本任务直接使用 HCLK 作为时钟源。

（2）SysTick 寄存器

SysTick 由 4 个寄存器控制，分别为：控制和状态寄存器（SysTick Control and Status Register，STK_CTRL）、重载值寄存器（SysTick Reload Value Register，STK_LOAD）、当前值寄存器（SysTick Current Value Register，STK_VAL）和校准值寄存器（SysTick Calibration Value Register，STK_CALIB）。前 3 个寄存器的位段定义与功能描述分别见表 2-2-1、表 2-2-2 和表 2-2-3。校准数值寄存器不常用，此处不再赘述。

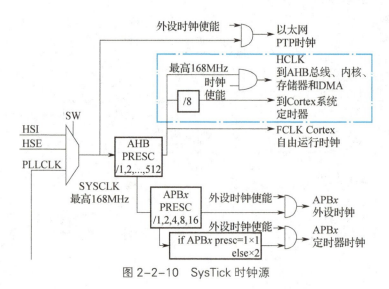

图 2-2-10 SysTick 时钟源

表 2-2-1 STK_CTRL 的位段定义与功能描述

位段	名称	类型	复位值	描述
16	COUNTFLAG	R/W	0	如果在上次读取本寄存器后，SysTick 已经计到了 0，则该位为 1；如果读取该位，则该位将自动清零
2	CLKSOURCE	R/W	0	时钟源选择位，0=AHB/8，1= 处理器时钟 AHB
1	TICKINT	R/W	0	1=SysTick 倒数计数到 0 时产生 SysTick 异常请求，0= 数到 0 时无动作。也可以通过读取 COUNTFLAG 标志位来确定计数器是否递减到 0
0	ENABLE	R/W	0	SysTick 定时器的使能位

表 2-2-2 STK_LOAD 的位段定义与功能描述

位段	名称	类型	复位值	描述
23:0	RELOAD	R/W	0	当倒数计数至零时，将被重装载的值

表 2-2-3 STK_VAL 的位段定义与功能描述

位段	名称	类型	复位值	描述
23:0	CURRENT	R/W	0	读取时返回当前倒计数的值，写它则使之清零，同时还会将 STK_CTRL 中 COUNTFLAG 位段的值置 0

SysTick 属于内核的外设，有关的寄存器定义和库函数都在内核相关的库文件 core_cm4.h 中。SysTick 模块内的计数器是一个 24 位的向下递减的计数器。SysTick 的功能框图如图 2-2-11 所示，通过 STK_CTRL 使能 SysTick，并选择时钟源，将 STK_LOAD 内的重载值作为初值加载到计数器，计数器从初值开始递减计数，计数器的当前值可以通过 STK_VAL 读取，当计数器递减到 0 时，重新加载初值进行下一轮计数，并将 STK_CTRL 的 COUNTFLAG 置 1。只要不将 SysTick 的 STK_CTRL 中的 ENABLE 清除，它就可以持续运行。

用户有两种方式可以确定计数器是否完成一轮计数：①将 STK_CTRL 的 TICKINT 置 1，则每当计数器递减到 0 时就会产生中断请求（关于中断的具体介绍参见本书项目 3 的任务 1）；②用软件查询 COUNTFLAG 是否置 1。

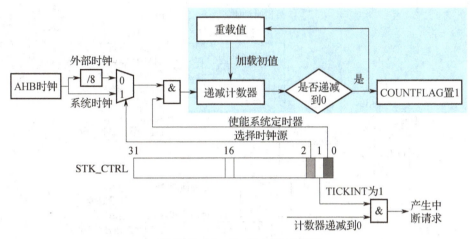

图 2-2-11 SysTick 功能框图

思考

查询《STM32F4xx 中文参考手册》中关于时钟的介绍，假设 SysTick 配置为 HCLK 的时钟频率（168MHz），直接使用此频率作为 SysTick 时钟源，则 SysTick 递减计数器每计数一次的时间为多久？如果想要 SysTick 实现每轮 1ms 计时，SysTick 的重载值应设置为多少？

任务实施

1. 硬件组装

（1）板间连接

本任务使用智能车核心模块即可满足设计需求，不需要与其他模块连接。本任务利用智能车核心板上的按键 S1、S2、S3、S4 分别模拟近光灯开关、远光灯长亮开关、后雾灯开关和远光灯临时闪烁开关，按键连接原理图如图 2-2-2 所示；利用 2 位拨码开关模拟转向灯开关，转向灯开关连接原理图如图 2-2-12 所示；灯光驱动原理如图 2-2-13 所示，利用 STM32F407IGT6 的 PH12、PH13、PH8、PH9 和 PH6 分别控制左转灯、右转灯、近光灯、远光灯和后雾灯。

当检测到 S1 被按下时，PH8 引脚输出高电平，AO3400 导通，近光灯长亮。只有当近光灯长亮时 S2 和 S3 才起作用，此时如果检测到 S2 被按下，远光灯长亮，S2 再次被按下时，远光灯熄灭；如果检测到 S3 被按下，后雾灯长亮，S3 再次被按下时，后雾灯熄灭。S1 再次被按下时，PH8 引脚输出低电平，AO3400 截止，近光灯熄灭，此时如果远光灯或后雾灯处于长亮状态，将同时被熄灭。此外，S4 可单独控制远光灯闪烁，当检测到 S4 被长按时，远光灯被点亮，S4 松开时，远光灯熄灭。转向灯的开启和关闭由转向灯开关控制，当检测到某一侧转向灯开关打开时，相应侧转向信号灯闪烁，同时另一侧转向信号灯熄灭。当双闪开关开启时，左右转向信号灯同时闪烁，即双闪。此时如果打开转向灯开关，则相应侧转向信号灯闪烁，另一侧转向信号灯熄灭，关闭转向灯开关后，继续双闪，直到双闪开关关闭。

任务 2-2 的 ST-M32CubeMX 配置方法

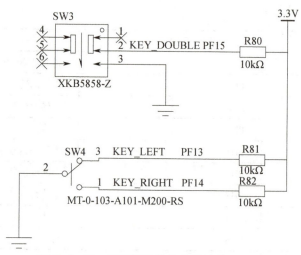

图 2-2-12 双闪及转向灯开关连接原理图

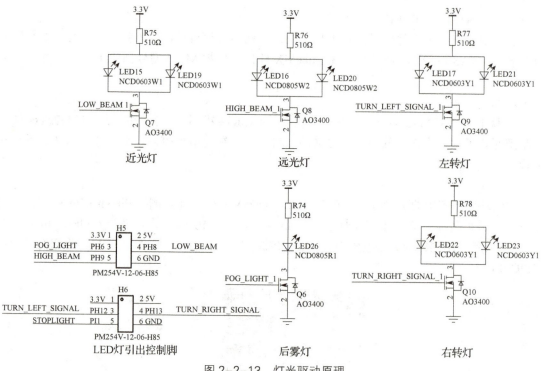

图 2-2-13 灯光驱动原理

(2) 硬件连接

本任务的硬件连接见表 2-2-4。

表 2-2-4 硬件连接

接口名称	STM32F407IGT6 引脚	功能说明
S1 按键	PE4	近光灯开关
S2 按键	PE3	远光灯长亮开关
S3 按键	PE2	后雾灯开关

（续）

接口名称	STM32F407IGT6 引脚	功能说明
S4 按键	PA0	远光灯临时闪烁开关
KEY_LEFT	PF13	左转向灯开关
KEY_RIGHT	PF14	右转向灯开关
KEY_DOUBLE	PF15	警告灯开关
Turn_Left	PH12	左转向信号灯
Turn_Right	PH13	右转向信号灯
LowBeam	PH8	近光灯
HighBeam	PH9	远光灯
Foglight	PH6	后雾灯

2. 软件编程

（1）配置 STM32CubeMX

在硬盘中新建一个文件夹以保存工程文件，文件夹名称与具体的工程应用相关，如本任务可以命名为"TASK2-2"。打开 STM32CubeMX 软件，根据 MCU 型号创建工程，并进行以下配置。

➢ 基础配置

在 C 盘下的"STM32F407"文件夹下建立"TASK2-2"文件夹，并打开 STM32CubeMX。建立基础配置工程的操作步骤与本书之前的项目一样，在此不再赘述。下面介绍本任务所需其他配置。

➢ GPIO_Input 配置

查阅电路原理图中的引脚分配，在 STM32CubeMX 软件界面右侧的 Pinout view 搜索框中输入要分配的引脚名称 PA0，对应引脚将会闪烁。单击闪烁的引脚，将其设置为 GPIO_Input，如图 2-2-14 所示。用同样的方法搜索引脚 PE2、PE3、PE4、PF13、PF14 和 PF15，将它们都设置为 GPIO_Input。

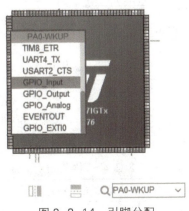

图 2-2-14　引脚分配

在软件界面左侧的类别栏中单击【System Core】，选中 GPIO 配置引脚的参数，如图 2-2-15 所示。在出现的引脚列表中选择引脚，进行详细配置。其中，【GPIO mode】表示

GPIO 的工作模式，此处配置为输入模式（Input mode）。【GPIO Pull-up/Pull-down】表示是否需要上拉电阻、下拉电阻，此处查阅本任务的电路图可知，此处 PA0 引脚所接的 S4 按键为下拉式按键，选择下拉电阻"Pull-down"，其他引脚均为上拉式按键，选择上拉电阻"Pull-up"。【User Label】表示用户标签，应对照表 2-2-4 进行设置。

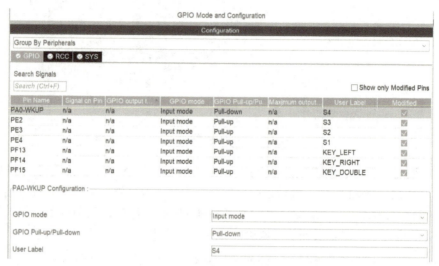

图 2-2-15　GPIO_Input 配置

➢ GPIO_Output 配置

搜索引脚 PH6、PH8、PH9、PH12、PH13，将它们全部配置为 GPIO_Output 模式。如图 2-2-16 所示，配置输出电平为低电平，GPIO 模式为推挽输出，使用下拉电阻，输出速度为低速，引脚名称按照 LED 的功能命名。

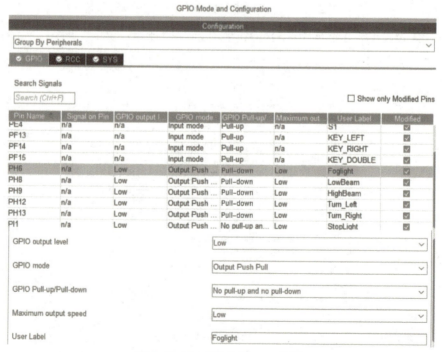

图 2-2-16　GPIO_Output 配置

➢ SysTick 配置

在软件界面左侧的类别栏中单击【System Core】，选中【SYS】，在【Pinout & Configuration】界面中进行 SysTick 的详细配置。将【Debug】设置为 "Serial Wire"。在【Timebase Source】下拉列表中设置 SysTick 作为时基，如图 2-2-17 所示。

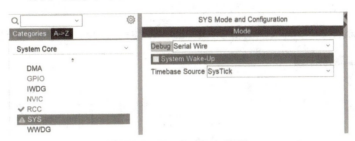

图 2-2-17　SysTick 配置

完成以上所有配置后，单击软件右上角【GENERATE CODE】，生成代码。如图 2-2-18 所示，STM32CubeMX 自动生成 main.c、gpio.c、stm32f4xx_it.c 和 stm32f4xx_hal_msp.c 等文件，其中 gpio.c 和 stm32f4xx_hal_msp.c 已经满足了 GPIO 的配置需求，无须改动，但需要知道自动生成的 GPIO 的宏定义，以备后面代码调用。

图 2-2-18　STM32CubeMX 自动生成的代码

main.h 中宏定义了表 2-2-4 中的 GPIO，如图 2-2-19 所示。

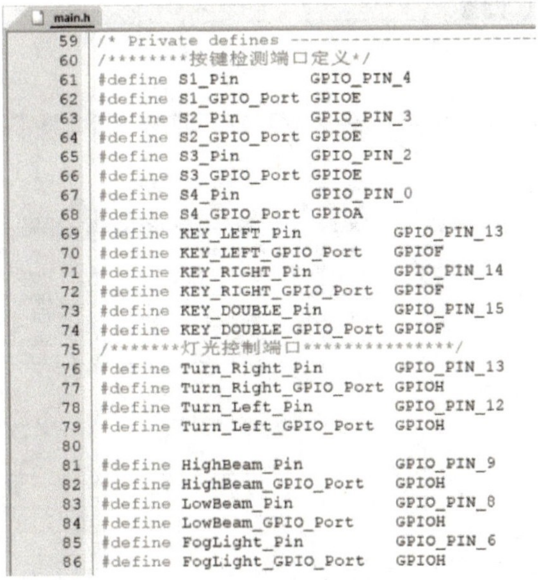

图 2-2-19　main.h 中的宏定义

（2）代码流程

在 STM32CubeMX 生成代码的基础上，整体代码流程如图 2-2-20 所示。

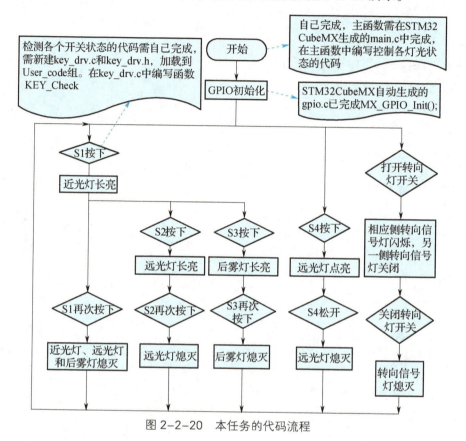

图 2-2-20　本任务的代码流程

（3）MDK 代码编写

在工程"TEST"下，右击"TEST"选择"Add Group"新建群组，将新群组命名为"User_Code"，新建 C 文件"key_drv.c"及其头文件"key_drv.h"。新建 C 文件"led_drv.c"及其头文件"led_drv.h"。将它们加入"User_Code"群组，并配置头文件包含路径。然后在"key_drv.c"文件中编写按键检测代码，在"led_drv.c"中编写 LED 驱动代码。由图 2-2-2 按键连接原理图可知，当按键被按下时，对应引脚电平为 0。本程序调用 HAL 库函数 HAL_GPIO_ReadPin 用于读取引脚电平状态，为了便于后续程序的实现，每个按键按下时返回不同的返回值。调用 HAL_Delay 用于延时。调用 HAL_GPIO_WritePin 用于设置引脚电平状态。

➢ key_drv.c 编写

在头文件"key_drv.h"中输入以下代码：

```
#ifndef __KEY_DRV_H
#define __KEY_DRV_H
#include "main.h"
#define S1         HAL_GPIO_ReadPin(S1_GPIO_Port,S1_Pin)
#define S2         HAL_GPIO_ReadPin(S2_GPIO_Port,S2_Pin)
#define S3         HAL_GPIO_ReadPin(S3_GPIO_Port,S3_Pin)
#define S4         HAL_GPIO_ReadPin(S4_GPIO_Port,S4_Pin)
#define Double_KEY   HAL_GPIO_ReadPin(KEY_DOUBLE_GPIO_Port,KEY_DOUBLE_Pin)
```

```c
#define LEFT_KEY      HAL_GPIO_ReadPin(KEY_LEFT_GPIO_Port ,KEY_LEFT_Pin)
#define RIGHT_KEY     HAL_GPIO_ReadPin(KEY_RIGHT_GPIO_Port ,KEY_RIGHT_Pin)
extern uint8_t KeyBoard;
uint8_t KEY_Check(void);
#endif /* __MAIN_H */
```

在文件"key_drv.c"中输入以下代码:

```c
#include"key_drv.h"
uint8_t KeyBoard=0;
uint8_t KEY_Check(void)
{
  if(S1 == 0)
  {
    HAL_Delay(10);//延时消除抖动
    if(S1 == 0)
    {
     while(!S1); //等待按键抬起
     return 1;
    }
  }
  if(S2 == 0)
  {
    HAL_Delay(10);//延时消除抖动
    if(S2 == 0)
    {
     while(!S2);//等待按键抬起
     return 2;
    }
  }
  if(S3 == 0)
  {
    HAL_Delay(10);//延时消除抖动
    if(S3 == 0)
    {
     while(!S3);//等待按键抬起
      return 3;
    }
  }
return 0;
}
```

➤ led_drv.c 编写

在头文件"led_drv.h"中输入以下代码:

```c
#ifndef__LED_DRV_H
#define__LED_DRV_H
#include "stm32f4xx_hal.h"
#define LowBeam_OUT(X)   HAL_GPIO_WritePin(LowBeam_GPIO_Port,LowBeam_Pin,(GPIO_PinState)X)
  #define HighBeam_OUT(X) HAL_GPIO_WritePin(HighBeam_GPIO_Port,HighBeam_Pin,(GPIO_
```

```
PinState)X)
    #define FogLight_OUT(X)   HAL_GPIO_WritePin(FogLight_GPIO_Port,FogLight_Pin,(GPIO_
PinState)X)
    #define StopLight_OUT(X) HAL_GPIO_WritePin(StopLight_GPIO_Port,StopLight_Pin,(GPIO_
PinState)X)
    #define Turn_Right(X)   HAL_GPIO_WritePin(Turn_Right_GPIO_Port,Turn_Right_Pin,(GPIO_
PinState)X)
    #define Turn_Left(X)   HAL_GPIO_WritePin(Turn_Left_GPIO_Port,Turn_Left_Pin,(GPIO_
PinState)X)
    #define BEEP(X) HAL_GPIO_WritePin(BEEP_GPIO_Port,BEEP_Pin,(GPIO_PinState)X)
    #define Light_OFF    0
    #define Light_ON     1
    #endif /* __MAIN_H */
```

在"led_drv.c"中输入以下代码：

```
#include "led_drv.h"
```

➤ main.c 编写

"main.c"文件由 STM32CubeMX 自动生成，用户自定义添加的代码必须写在相应的位置。一般在 USER CODE BEGIN Includes 和 USER CODE END Includes 之间写入用户增加的头文件；在 USER CODE BEGIN PM 和 USER CODE END PM 之间写入用户定义的宏；在 USER CODE BEGIN PFP 和 USER CODE END PFP 之间写入用户定义的函数原型；在 USER CODE BEGIN 和 USER CODE END 之间写入功能代码。

在 main.c 中完善代码：

```
/* Includes ------------------------------------------------------------------*/
#include "main.h"
#include "gpio.h"
/* Private includes (用户增加的头文件) ----------------------------------------*/
/* USER CODE BEGIN Includes */
#include "stm32f4xx_it.h"
#include "key_drv.h"
#include "led_drv.h"
/* USER CODE END Includes */
/* Private macro 用户宏定义区域 ----------------------------------------------*/
/* USER CODE BEGIN PM */
uint8_t    LED_state = 0x00;               // 车灯状态控制变量
uint8_t    _500ms_flag=0;                  //0.5s 钟标志位，用作转向灯闪烁控制
uint8_t    HighBeam_flag=0;                // 远光灯点亮标志位
uint8_t    FogLight_flag=0;                // 后雾灯点亮标志位
uint8_t    LeftLight_flash_flag=0;         // 左转向闪烁控制位
uint8_t    Rightlight_flash_flag=0;        // 右转向闪烁控制位
/* USER CODE END PM */
/* Private function prototypes 用于声明仅在本源文件使用的函数 ----------*/
/* USER CODE BEGIN PFP */
void SystemClock_Config(void);
void  HighBeam_LowBeam_FogLight_control(void);  // 远光、近光、雾灯控制
void  light_flash_control(void);                // 转向灯控制
void  Turn_signal_switch_Check(void);           // 转向灯开关检测
```

```c
/* USER CODE END PFP */

int main(void)
{
  /* Reset of all peripherals, Initializes the Flash interface and the Systick. */
  HAL_Init();
  /* Configure the system clock */
  SystemClock_Config();
  /* Initialize all configured peripherals */
  MX_GPIO_Init();
  /* USER CODE BEGIN 2 */
LowBeam_OUT(Light_OFF)              /* 近光灯熄灭 */
    HighBeam_OUT(Light_OFF);        /* 远光灯熄灭 */
    FogLight_OUT(Light_OFF);        /* 雾灯熄灭 */
    Turn_Left(Light_OFF);           /* 左转向灯控制 */
    Turn_Right(Light_OFF);          /* 右转向灯控制 */
    /* USER CODE END 2 */

  /* Infinite loop */
  /* USER CODE BEGIN WHILE */
    HAL_InitTick(TICK_INT_PRIORITY);      // 启用滴答定时器
    while (1)
    {
    /* USER CODE END WHILE */
    /* USER CODE BEGIN 3 */
if(S4==1)
{ HighBeam_OUT(Light_ON);       }// 远光控制按键闭合,远光灯亮
else   { if(HighBeam_flag!=1) HighBeam_OUT(Light_OFF);} // 远光灯控制
        KeyBoard = KEY_Check();              // 按键检测,返回按键值
            if(KeyBoard!=0)          // 按键值不为0时执行按键操作
            {
                HighBeam_LowBeam_FogLight_control();// 远光,近光,雾灯控制
                KeyBoard =0;
            }
            Turn_signal_switch_Check();// 转向灯开关检测
            if(_500ms_flag==1 )//0.5s 时间标志到
            {
                _500ms_flag=0;
                light_flash_control();
            }
    }
  /* USER CODE END 3 */
}
/* USER CODE BEGIN 4 */
/**********************************************************************
** 转向灯开关检测
** 转向灯优先于双闪灯
** 左右转向控制开关都闭合时,后动作开关有效
**********************************************************************/
void Turn_signal_switch_Check(void)
```

```c
    {
     static uint8_t   L_flag =0 ,R_flag =0 ;// 转向闭合标志位
    if((Double_KEY==1)&&(LEFT_KEY==1)&&(RIGHT_KEY==1))// 转向开关都断开
    {
        LeftLight_flash_flag =0;
        Rightlight_flash_flag=0;
    }
      else     if ((Double_KEY==0)&&(LEFT_KEY==1)&&(RIGHT_KEY==1))/* 双闪开关闭合, 左转开关及右转开关断开 */
        {
        LeftLight_flash_flag =1;
        Rightlight_flash_flag=1;// 双闪
         }
      else
      {
      if(LEFT_KEY ==1){L_flag =0;LeftLight_flash_flag =0;}// 左转开关断开
      if(RIGHT_KEY==1){R_flag =0;Rightlight_flash_flag=0;}// 右转开关断开
      if(LEFT_KEY ==0)// 左转开关闭合
         {
          if(RIGHT_KEY==1)   LeftLight_flash_flag =1;// 右转开关断开, 左转灯闪
           else if(L_flag==0)/* 右转开关已经闭合, 右转灯闪时。左转开关后闭合, 左转灯优先闪烁 */
              {LeftLight_flash_flag =1;Rightlight_flash_flag=0;// 左转灯闪, 右转灯熄灭
              }
              L_flag =1;
         }
         if(RIGHT_KEY==0)// 右转开关闭合
         {
          if(LEFT_KEY==1) Rightlight_flash_flag=1;// 左转开关断开, 右转灯闪
          else if(R_flag ==0)/* 左转开关已经闭合, 左转灯闪时, 右转开关后闭合, 右转灯优先闪烁 */
              {Rightlight_flash_flag=1;LeftLight_flash_flag =0;// 右转灯闪, 左转灯熄灭
               }
              R_flag =1;
             }
            }
    }
/******************************************************************
** 转向灯控制
**LeftLight_flash_flag=0; // 左转向闪烁控制位
**Rightlight_flash_flag=0;// 右转向闪烁控制位
******************************************************************/
void  light_flash_control(void)
{
 static uint8_t  con = 0;
 if(con==0)
    {
HAL_GPIO_WritePin(Turn_Left_GPIO_Port,Turn_Left_Pin,GPIO_PIN_RESET);/* 熄灭左转向灯 */
```

```c
        HAL_GPIO_WritePin(Turn_Right_GPIO_Port,Turn_Right_Pin,GPIO_PIN_RESET);/*熄灭右转
向灯*/
        }
        else
        {
if(LeftLight_flash_flag==1)
HAL_GPIO_WritePin(Turn_Left_GPIO_Port,Turn_Left_Pin,GPIO_PIN_SET);/*左转向灯点亮*/
if(Rightlight_flash_flag==1)
HAL_GPIO_WritePin(Turn_Right_GPIO_Port,Turn_Right_Pin, GPIO_PIN_SET);/*右转向灯
点亮*/
        }
        con++;
        if( con>=2) con = 0;
        }
/************************************************************************
** 当按键 S1、S2、S3 动作时调整近光、远光和后雾灯状态
*************************************************************************/
void HighBeam_LowBeam_FogLight_control(void)
{
switch(LED_state)// 有按键动作时，根据当前车灯状态改变车灯状态
{
    case 0x00:         // 近光熄灭时
                if(KeyBoard == 1)// 只有按键 1 起作用；近光熄灭时按键 2、3 无反应
                {
                LowBeam_OUT(Light_ON);  // 近光灯点亮
                LED_state=0x01;         // 近光灯点亮标志置位
                }
                break;
    case 0x01:         // 近光点亮时
                if(KeyBoard == 1)
                {
                    LowBeam_OUT(Light_OFF);              // 近光灯熄灭
                    if(HighBeam_flag==1)
{HighBeam_OUT(Light_OFF);HighBeam_flag=0;}           // 远光灯熄灭
if(FogLight_flag==1)
{ FogLight_OUT(Light_OFF);FogLight_flag=0;}          // 后雾灯熄灭
LED_state = 0x00;            // 近光灯点亮标志清除
}
                else if(KeyBoard == 2)
                {
                        if(HighBeam_flag==0)
{ HighBeam_OUT(Light_ON);HighBeam_flag=1;}           // 远光灯点亮
                    else
{HighBeam_OUT(Light_OFF);HighBeam_flag=0;}           // 远光灯熄灭
                }
                else if(KeyBoard == 3)
                {
                    if(FogLight_flag==0)
```

```
      {FogLight_OUT(Light_ON);FogLight_flag=1;}                // 后雾灯点亮
   else
      {FogLight_OUT(Light_OFF);FogLight_flag=0;}               // 后雾灯熄灭
                  }
                   break;
                  }
}
/************************************************************************
** SYSTICK 中断服务程序
**1ms 中断
************************************************************************/
void HAL_SYSTICK_Callback(void)
{
    static uint32_t counter=0;
         counter++;
         if(counter>=500)
         {
                 _500ms_flag=1;
                 counter = 0;
         }
}
/* USER CODE END 4 */
```

3. 软硬件联调

程序设计完成后，编译并生成目标代码，下载到核心控制模块中，实现任务功能。硬件连接如图 2-2-21 所示。

图 2-2-21 硬件连接

任务 2-2 的实验运行结果

学后思

请大家根据问题完成复盘。

任务复盘表

回顾目标	评价结果	分析原因	总结经验
是否完成了任务？和你做的计划一致吗？	完成任务的过程中你做得好的地方有哪些？存在哪些问题？	完成任务的关键因素有哪些？出现问题的原因是什么？	如果让你再做一遍，你会如何改进？写下你的创意想法。

任务拓展

通常一个独立按键需要使用一个 I/O 口，如果项目需要按键实现多个功能，往往需要用到多个按键，也就需要使用多个 I/O 口。在 I/O 口资源紧张或不希望使用太多按键时，可以通过编程使一个按键在短按、双击或长按时实现不同的功能，从而减少独立按键的使用。例如在本任务中，在不改变硬件电路的情况下，我们可以通过双击按键，增加"回家照明"功能。汽车的"回家照明"功能一般在光线较弱的情况下使用。打开"回家照明"功能时，当驾驶人关闭车灯并锁车后，近光灯会长亮一定时间，为驾驶人提供环境照明。假设按下按键的时长在 20~100ms 内为短按，大于 100ms 为长按，在 500ms 内多次按下按键为双击。可在当本任务中所有的车灯都熄灭时，双击远光灯按键，点亮近光灯，并延时 30s，模拟汽车的"回家照明"功能。

拓中思

你能利用所学知识完成"回家照明"功能的程序设计吗？试着写出自己的思路。

项目 3

智能车行车显示系统的设计与实现

智能车行车显示系
统的设计与实现

汽车行车显示系统一般位于驾驶人前方，由各种仪表、指示灯和警示灯等组成，也称为汽车仪表板。汽车行车显示系统通常用于显示当前车速、车辆行驶里程、当前时间、车内温度等基本信息，还可以通过各种指示灯显示车辆档位状态、车门状态、灯光状态等车况信息。当车辆某些功能出现故障时，行车显示系统还会点亮相应的故障指示灯，向驾驶人发出车辆故障报警。它能为驾驶人提供必要的汽车运行参数信息，方便驾驶人了解车辆的运行状态，确保行车安全。本项目利用 STM32 微控制器和数码管实现智能车行车显示系统的部分功能，通过智能车档位显示器的设计与应用、智能车时间显示器的设计与应用两个具体任务，学习 STM32 微控制器中断系统和定时器的应用。

素质目标：（1）培养学生不怕困难、坚持完成任务的敬业精神。
（2）养成分析任务需求，并根据需求查阅技术手册的职业习惯。

能力目标：（1）能够在项目实施前分析、调研实现智能车行车显示系统的具体功能需求。
（2）能够实现智能车行车显示系硬件电路的分析与搭建。
（3）能够配置并编写利用 STM32F407 的中断系统控制外部中断的程序。
（4）能够配置并编写利用 STM32F407 的定时器实现定时的程序。
（5）能够实现软硬件联调，能够排除硬件和程序的一般故障。

知识目标：（1）理解单片机中断的概念和作用。
（2）能够设计汽车档位显示功能控制程序。
（3）理解定时/计数器的概念和作用。
（4）能够设计汽车时间显示功能控制程序。
（5）学会 STM32 定时/计数器的中断应用方法。

建议学时：8 学时

知识地图：

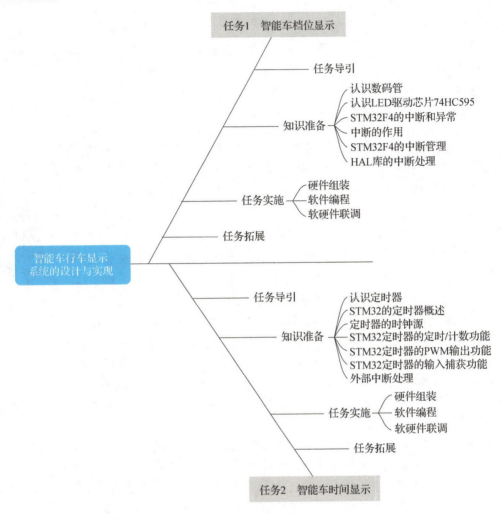

 智能车档位显示

智能车档位显示

任务导引

汽车在行驶过程中处于合适的档位可以让汽车动力更强劲、油耗更低。汽车正常起步或爬很陡的坡时一般使用1档，此时车速一般是0~15km/h；起步后的加速过渡阶段、低速前进或爬陡坡时一般使用2档，当车速高于15km/h时即可切换到2档行驶；当车速为40~60km/h时，一般使用3档；车速为60~75km/h时，通常使用4档。为了方便驾驶人了解车辆当前所处的档位，及时调整车辆行驶状况，越来越多的汽车在车辆显示系统中增加了车辆档位显示功能。本任务使用4个按键模拟汽车前进档的换档键，用数码管作为换档显示器。当按下相应按键后，屏幕显示汽车在前进档下的4个不同档位。

知识准备

学前思
你在生活中的哪些地方见过数字信息显示器？你觉得它们是怎样实现的呢？

_____

_____

下面带着问题一起来进行知识探索。

1. 认识数码管

数码管也称为 LED 数码管（LED Segment Display），在各种数码产品、家电、工业数字仪器仪表等领域具有广泛应用。

（1）数码管的结构

数码管的外形如图 3-1-1 所示，通过多个 LED 的巧妙布局，形成了一个 8 字形的数字，且每个可显示的段对应一个发光二极管。数码管结构如图 3-1-2 所示，可分为共阳极和共阴极两种结构。

共阳极数码管是将 8 个发光二极管的阳极连接在一起，作为公共控制端（com，简称公共端），该引脚需要外接高电平，阴极作为段控制端，其内部电路连接如图 3-1-3a 所示。当某个段控制端为低电平时，该端对应的 LED 导通并点亮。通过点亮不同的段，可显示出不同的数字或字符。例如，显示数字"2"时，a、b、g、e、d 端接低电平，其他各端接高电平。

共阴极数码管是将 8 个 LED 的阴极连接在一起，作为公共端（com），该阴极需要接低电平（接地），阳极作为段控制端，其内部电路连接如图 3-1-3b 所示。当某个段控制端为高电平时，该端对应的 LED 导通并点亮。

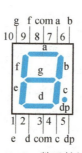
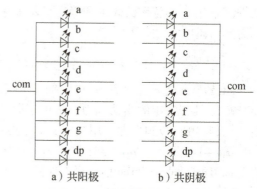

图 3-1-1　数码管的外形　　图 3-1-2　数码管结构　　图 3-1-3　数码管内部电路连接

按能显示多少个"8"，数码管可分为一位、两位、三位、四位或 N 位。例如，四位数码管，表示可以显示 4 个"8"字的显示组件（显示屏）。

思考
如何测试数码管的结构是共阳极还是共阴极？

_____

_____

（2）数码管的字形编码

为了控制方便，我们对数码管所要显示的每个数字和字母进行编码。以共阳极数码管为例，若要显示字符"E"，对照图 3-1-2，公共端（com）接高电平，a、f、g、e、d 这 5 个段点亮，为低电平，b、c 两个段熄灭，为高电平。对应的字形编码见表 3-1-1，字形编码为 10000110B（0x86）。编程时，查询数码管字形编码表，将相应的字形码写入程序即可。

表 3-1-1 共阳极数码管显示字符"E"的字形编码

段控制端	dp	g	f	e	d	c	b	a
字符"E"编码	1	0	0	0	0	1	1	0

共阳极数码管和共阴极数码管的字形码是不同的，查阅数码管字形编码表可知各个显示字符的字形码。

（3）数码管的驱动方式

数码管要正常显示，需要用驱动电路驱动各个码段，从而显示出需要的数字或符号。根据数码管的驱动方式不同，可以分为静态驱动和动态驱动两类。

静态驱动是指每个数码管的每一个段码都由一个微控制器的 I/O 口驱动。静态驱动的优点是编程简单、显示亮度高，缺点是占用 I/O 口多。

动态驱动是将电路中所有数码管的 8 个段"a、b、c、d、e、f、g、dp"的同名端连在一起，另外为每个数码管的公共端（com）设计位选通控制电路，位选通由各自独立的 I/O 线控制。当数据线上输出字形码时，所有数码管都会接收到相同的字形码，但是哪个数码管会显示，取决于系统对位选通的控制。只要将需要显示的数码管的位选通打开，该位就显示出字形，没有选通的就不会显示。通过分时轮流控制，各个数码管轮流受控显示，这就是动态驱动。

在轮流显示过程中，每位数码管的点亮时间为 1~2ms，尽管各位数码管不是同时点亮，但只要扫描的速度足够快，由于视觉暂留现象和 LED 的余辉效应，人们看到的就是一组稳定的显示数据。采用动态显示的效果和静态显示效果是一样的，这样做的好处是能够节省大量 I/O 口，而且功耗会大大降低。

2. 认识 LED 驱动芯片 74HC595

74HC595 是嵌入式系统中常用的芯片之一，它能将串行信号输入转为并行信号输出。74HC595 还具有一定的驱动能力，常用于驱动各种数码管及 LED 点阵屏。使用 74HC595 可以节约微控制器的 I/O 口资源，用 3 个 I/O 口就可以控制数码管的 8 个引脚。

如图 3-1-4 所示，74HC595 共有 16 个引脚，引脚具体功能见表 3-1-2。芯片厂家不同，其引脚名称可能不同，但相同引脚号对应的功能相同。

表 3-1-2 74HC595 的引脚说明

引脚编号	引脚名称	引脚功能
15、1~7	Q0~Q7	并行数据输出
8	GND	接地（0V）
9	QH'	串行数据输出
10	$\overline{\text{SCLR}}$	移位寄存器清零（低电平有效）
11	SCK	移位寄存器时钟

(续)

引脚编号	引脚名称	引脚功能
12	RCK	存储寄存器时钟输入
13	$\overline{OE}$	输出使能控制（低电平有效）
14	SI	串行数据输入
16	VCC	电源

74HC595 是一个 8 位串行输入、并行输出的位移缓存器。74HC595 内部有一个 8 位移位寄存器和一个 8 位存储寄存器。串行数据从 14 号引脚 SI 输入到内部的 8 位移位寄存器。11 号引脚 SCK 为移位寄存器时钟引脚，当 SCK 的信号出现上升沿时，移位寄存器中的数据整体后移，并接收新的数据（从 SI 输入）。74HC595 的数据来源只有 SI 一个引脚，一次只能输入一位（bit）数据，连续输入 8 次为一个字节（Byte）。例如，将二进制数据 10111100 输入到 74HC595 的移位寄存器中，如图 3-1-5 所示，最高位最先输入并向下移，最低位最后输入并在最上面。12 号引脚 RCK 为存储寄存器时钟输入引脚，当 RCK 的信号出现上升沿时，数据从移位寄存器转存到存储寄存器。1 号至 7 号引脚，外加 15 号引脚构成了芯片的 8 个并行输出引脚。13 号引脚 $\overline{OE}$ 为输出使能控制脚，当 $\overline{OE}$ 的信号为低电平时，存储寄存器内的数据通过并行输出引脚输出。

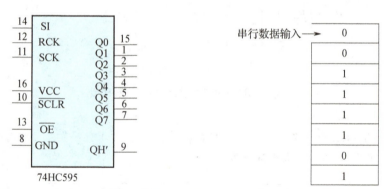

图 3-1-4　74HC595 引脚示意图　　图 3-1-5　串行数据 10111100 的输入过程

9 号引脚 QH′ 为串行数据输出引脚。当移位寄存器中的数据多于 8bit 时，会把已有的 bit 从 QH′ 中"挤出去"。将 9 号引脚串联到另一个 74HC595 的 14 号脚，将它们的移位时钟引脚 SCK 并联，它们的存储寄存器时钟输入引脚 RCK 也并联，即可实现 74HC595 的级联。两个 74HC595 级联后，可以通过 3 个 GPIO 控制 16 个引脚，通过这种方式可以驱动多位数码管工作。

本项目采用一个 74HC595 驱动共阴极四位数码管，原理图如图 3-1-6 所示。74HC595 向数码管发送字形码，STM32F407 微控制器的 I/O 引脚 PI2、PI7、PA1 和 PF8 分别控制数码管的 4 个位选端。当引脚输出高电平时，相应位选通，该位显示字符。在任务 1 中只需显示 1 位数字，所以采用静态驱动方式，选通 1 位即可。任务 2 中需显示 4 位数字，应采用动态驱动方式，轮流选通每一位。

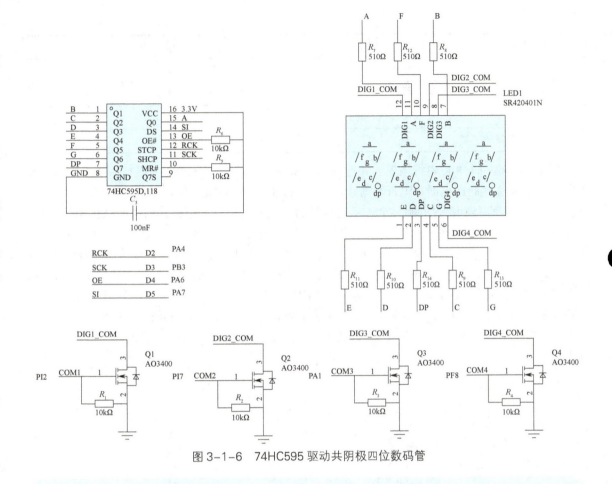

图 3-1-6　74HC595 驱动共阴极四位数码管

> **小试牛刀**　用 74HC595 驱动一个共阴极数码管，如果想让数码管显示数字"5"，应如何设计程序？请试着写一写。
>
> _____
>
> _____

3. STM32F4 的中断和异常

异常主要是指来自 CPU 内部的意外事件，如执行了未定义指令、算术溢出、除零运算等。当异常产生时，处理器会暂停当前正在执行的任务，转而执行一段被称作异常处理的程序。中断一般来自硬件（如片上外设、外部 I/O 输入等）发生的事件，当这些硬件产生中断信号时，CPU 会暂停当前运行的程序，转而去处理相关硬件的中断服务程序。待处理结束后，再回来继续执行被打断的原程序，这一过程称为"中断"。无论是异常还是中断，都会引起程序执行偏离正常的流程，转而去执行异常/中断的处理函数。

对于 Cortex-M 内核，中断是由内核外部产生的，一般由硬件引起，如外设中断和外部中断等。异常通常是内核自身产生的，大多是由软件引起的。如图 3-1-7 所示，Cortex-M 内核具有不可屏蔽中断（NMI）、中断（IRQ）、SysTick 定时器、内核等多个中断/异常源。NMI 通常由看门狗定时器或掉电检测器等外设产生，通常用于故障处理，通过 NMI 线输入中断请求。

SysTick 定时器及系统异常均来自内核。嵌套向量中断控制器 NVIC 属于 Cortex-M 内核的组件，管理所有的中断和异常。有些场合如果没有明确指出是异常还是中断，就统称为中断。

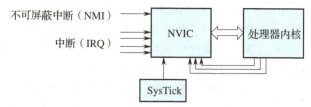

图 3-1-7　各种中断/异常源

4. 中断的作用

微控制器中的 CPU 与外设之间交换信息主要有查询和中断两种方式。

使用查询方式时，在程序运行过程中，CPU 要不断地查询外设状态，这种方式会一直占用 CPU 的资源。使用中断方式时，CPU 可以正常运行程序，当出现需要 CPU 立即响应并迅速处理的事件时，再中断当前的程序处理紧急事件。中断系统具有以下作用。

（1）速度匹配

在 CPU 与外设交换信息时，存在着高速 CPU 与慢速外设（如打印机、定时器、键盘、ADC 等）之间的矛盾。中断系统可以很好地协调快速 CPU 与慢速外设高效地工作。CPU 在启动外设工作后（初始化外设后），执行预先设定的主程序，即 CPU 和外设同时工作。每当外设做完一件事（如 ADC 结束或有按键按下等），就向 CPU 发出中断请求，请求 CPU 中断正在执行的主程序，转去执行中断服务程序（读取转换结果或键值等）。中断处理完成后，CPU 返回继续执行主程序。外设在得到服务后，也继续执行自己的工作。

（2）分时操作

中断的使用能够使微控制器具有处理多任务的能力。例如，微控制器在进行按键检测时，如果采用软件查询的方式，CPU 要不断检测按键是否被按下，一直占用 CPU 资源。如果采用中断系统，则不需要 CPU 去检测按键是否被按下，一旦按键被按下，中断会向 CPU 发送中断请求信号。这样，CPU 可命令多个外设同时工作，并在发生中断时及时为各外设提供服务，大大提高了 CPU 的利用效率，实现了 MCU 能够处理多任务的功能。

（3）实时响应

CPU 能够及时处理应用系统的随机事件，增强系统的实时性。在实时控制系统中，系统中的各个参数、信息是不断变化的，要求控制对象总是保持在最佳工作状态以达到预定的控制精度，这就要求微控制器对外部情况的变化随时做出响应和调整。中断系统能实现外界随时发出的中断请求，使得 CPU 能快速做出响应并处理，真正地做到实时控制。

（4）提高系统可靠性

微控制器在工作中难免会出现一些设备故障及掉电等突发事件，有了中断技术，CPU 就能及时发现并自行处理这些故障，提高系统可靠性。

5. STM32F4 的中断管理

（1）STM32F4 的中断向量和中断通道

中断服务程序在存储器中的入口地址称为中断向量，把系统中所有的中断向量集中起来放到存储器的某一区域内，这个存储区域称为中断向量表。STM32F407 的中断向量表存放在启动文件 startup_stm32f407xx.s 中。微控制器对每一个中断源进行编号,该编号称为中断类型号。当 CPU 响应中断请求时,会根据中断类型号查找中断向量表,找到对应的表项后取出表项内容,即该中断源对应的中断服务程序地址,进入该程序执行相应的操作。

微控制器片内集成了很多外设,单个外设通常具备若干个可以引起中断的中断源,而外设的所有中断源只能通过指定的中断通道向内核申请中断。由于中断源的数量较多,而中断通道有限,会出现多个中断源共用同一个中断通道的情况。STM32F407 支持 82 个可屏蔽中断通道,已经分配给相应的片内外设。下面只列出部分可屏蔽中断通道对应的中断向量,见表 3-1-3。

表 3-1-3 部分可屏蔽中断通道对应的中断向量表

位置	优先级	优先级类型	名称	说明	地址
0	7	可设置	WWDG	窗口看门狗中断	0x0000 0040
1	8	可设置	PVD	连接到 EXTI 线的可编程电压检测(PVD)中断	0x0000 0044
2	9	可设置	TAMP_STAMP	连接到 EXTI 线的入侵和时间戳中断	0x0000 0048
3	10	可设置	RTC_WKUP	连接到 EXTI 线的 RTC 唤醒中断	0x0000 004C
4	11	可设置	FLASH	Flash 全局中断	0x0000 0050
5	12	可设置	RCC	RCC 全局中断	0x0000 0054
6	13	可设置	EXTI0	EXTI 线 0 中断	0x0000 0058
7	14	可设置	EXTI1	EXTI 线 1 中断	0x0000 005C
8	15	可设置	EXTI2	EXTI 线 2 中断	0x0000 0060
9	16	可设置	EXTI3	EXTI 线 3 中断	0x0000 0064
10	17	可设置	EXTI4	EXTI 线 4 中断	0x0000 0068
11	18	可设置	DMA1_Stream0	DMA1 流 0 全局中断	0x0000 006C
12	19	可设置	DMA1_Stream1	DMA1 流 1 全局中断	0x0000 0070
13	20	可设置	DMA1_Stream2	DMA1 流 2 全局中断	0x0000 0074
…	…	…	…	…	…
23	30	可设置	EXTI9_5	EXTI 线 [9:5] 中断	0x0000 009C
…	…	…	…	…	…
40	47	可设置	EXTI15_10	EXTI 线 [15:10] 中断	0x0000 00E0

(2)嵌套向量中断控制器 NVIC

嵌套向量中断控制器 NVIC 是可编程的,用于处理异常和中断配置、设置优先级和中断屏蔽。NVIC 具有多个用于中断控制的寄存器,在配置中断时一般只用中断使能 NVIC_ISER、中断清除使能寄存器 NVIC_ICER 和中断优先级寄存器 NVIC_IP 这 3 个寄存器,它们分别用来使能中断、失能中断及设置中断优先级。

微控制器系统通常都有多个中断源,因此会出现两个或更多中断源同时提出中断请求的情况。这就要求微控制器既能识别出各中断源的请求,又能确定应先响应哪个中断请求。因此,需要根据不同中断的重要程度设置不同的优先等级,即优先权(Priority)。当多个中断源同时发出中断请求时,CPU 首先响应优先权最高的中断源,执行该中断服务程序,在执行完毕返回主程序后,再响应优先权较低的中断源。微控制器按中断源级别的高低依次响应中断请求的过程称为优先权排队。不同优先级中断的处理原则是：高优先级中断可以打断低优先级中断，低优先级中断不能打断高优先级中断。

STM32 的中断优先级可通过中断优先级寄存器 NVIC_IP 设置。NVIC_IP 具有 8 位，STM32 只使用了其中的高 4 位，并分为两类，分别是抢占优先级和响应优先级（也称为子优先级）。从高位开始，前面定义抢占优先级，后面定义响应优先级。当多个中断源同时发出中断请求时，先比较抢占优先级，抢占优先级高的中断先执行。如果抢占优先级相同，则比较响应优先级。二者都相同时，比较中断编号，中断编号越小，中断优先级越高。

STM32 的中断优先级分组见表 3-1-4。设置优先级时，可以设置为 5 个分组中的一种。第 0 组的所有 4 位都用于指定响应优先级，无抢占优先级，有 16 个响应优先级（0~15），数值越小，优先级越高。同时发生中断时，响应优先级高的中断先响应，但不能互相打断。第 1 组有 1 位抢占优先级和 3 位响应优先级。在这种情况下，抢占优先级高的中断先响应。对于抢占优先级相同的中断，响应优先级高的中断先响应。并且，抢占优先级高的中断可以打断正在运行的抢占优先级低的中断，执行抢占。但是，有相同抢占优先级的任务不能互相打断。第 2 组抢占优先级有 2 位，响应优先级也有 2 位。HAL 库初始化函数 HAL_Init 将优先级分组设置为第 4 组，即有 0~15，共 16 级抢占优先级，没有响应优先级。

表 3-1-4 STM32 的中断优先级分组

优先级分组	抢占优先级	响应优先级
NVIC PriorityGroup_0	无	4 位，有 16 级（0~15）
NVIC PriorityGroup_1	1 位 /2 级（0~1）	3 位 /8 级（0~7）
NVIC PriorityGroup_2	2 位 /4 级（0~3）	2 位 /4 级（0~3）
NVICPriorityGroup_3	3 位 /8 级（0~7）	1 位 /2 级（0~1）
NVIC PriorityGroup_4	4 位 /16 级（0~15）	无

当微控制器正在执行某个中断服务程序时，若有优先级更高的中断源发出中断请求，CPU 中断正在进行的中断服务程序转去响应高级中断。在高优先级中断处理完成后，再继续执行被中断的低级中断服务程序。这个过程称为中断嵌套，其示意图如图 3-1-8 所示。

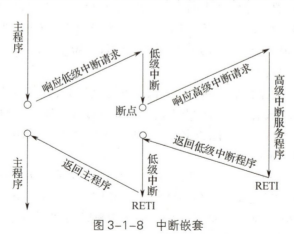

图 3-1-8 中断嵌套

如果新中断请求的优先级与正在处理的中断是同级别或低一级别，则 CPU 暂时不响应这个新中断申请，直到正在处理的中断服务程序执行完毕，才会予以响应。

（3）STM32F407 微控制器的外部中断

STM32F407 有 23 个外部中断，即 23 个外部中断线，从 EXTI 线 0 到 EXTI 线 22。查询《STM32F4xx 中文参考手册》可知，外部中断控制器 EXTI 管理了 23 个外部中断/事件线（EXTI Line）。其中，0~15 号外部中断线用于 GPIO 触发的外部中断，16~22 号外部中断线用于 PVD 输出、RTC 闹钟事件、以太网唤醒事件和 USB 唤醒事件等。

只有当对应 GPIO 与外部中断线连接后，GPIO 才具备外部中断的功能。由于 STM32F4 供 GPIO 使用的中断线只有 16 个，而 STM32F4xx 系列的 GPIO 多达上百个，因此需要将 GPIO 与中断线之间建立映射关系。由于 GPIO 数量多于中断线数量，因此，这种映射是多对一的，多个 GPIO 对应一个中断线。

STM32F4 根据 GPIO 的引脚序号不同，将 140 个 GPIO 引脚按照序号分组。不同 GPIO 端口，同一个序号的引脚为一组，接入一个外部中断线 EXTIx（x：0~15），如图 3-1-9 所示。每个中断线 EXTIx 对应了最多 9 个 GPIO 的引脚，而中断线每次只能连接到一个 GPIO 上，通过配置来决定对应的中断线连接到哪个 GPIO 引脚。以 EXTI0 为例，可以通过 SYSCFG 外部中断配置寄存器 1（SYSCFG_EXTICR1）的 EXTI0[3:0]位选择配置为 PA0、PB0、PC0、PD0、PE0、PF0、PG0、PH0 或 PI0 中的任一个。

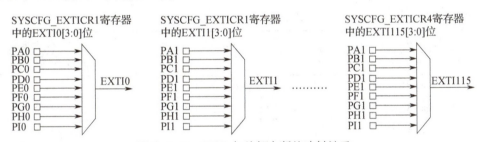

图 3-1-9　GPIO 与外部中断的映射关系

STM32F407 系列微控制器中共有 7 个外部中断向量，分别为 EXTI0_IRQn、EXTI1_IRQn、EXTI2_IRQn、EXTI3_IRQn、EXTI4_IRQn、EXTI9_5_IRQn、EXTI15_10_IRQn。

从表 3-1-5 中可以看出，外部中断线 0、1、2、3、4 分别具有独立的中断通道 EXTI0~EXTI4，它们分别对应外部中断向量 EXTI0_IRQn 至 EXTI4_IRQn。而外部中断线 5~9 共用一个中断通道 EXTI9_5，其对应的中断向量为 EXTI9_5_IRQn。外部中断线 10~15 也共用一个中断通道 EXTI15_10，其对应的中断向量为 EXTI15_10_IRQn。

（4）外部中断控制器 EXTI

STM32F407 系列微控制器的中断线由外部中断控制器 EXTI 统一管理。每个中断线都对应一个边沿检测器，可以实现输入信号的上升沿检测和下降沿检测。EXTI 可以实现对每个中断线进行单独配置，可以单独配置为中断或事件，以及触发事件的属性。EXTI 挂接在 APB2 总线上，其结构框图如图 3-1-10 所示。

EXTI 的其中一个重要功能是产生中断，图 3-1-10 中虚线指示的是产生中断的路径，最终信号进入 NVIC 分配的中断通道。产生中断的方式有两种：一种是由片上外设或外部中断通过输入线输入中断信号产生，即通过硬件产生，另一种是通过软件产生。

通过硬件产生中断需要如下 3 个步骤。

第一步，配置并使能中断线。EXTI 控制器有 23 个中断/事件输入线，这些输入线可以通过寄存器配置和任意一个 GPIO 相连。

项目 3 智能车行车显示系统的设计与实现

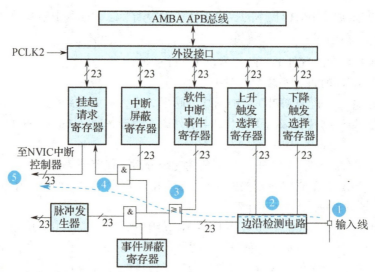

图 3-1-10 外部中断控制器 EXTI 的结构框图

第二步,配置信号触发方式。根据需要的边沿检测设置两个触发寄存器,这两个触发寄存器分别为上升沿触发选择寄存器(EXTI_RTSR)和下降沿触发选择寄存器(EXTI_FTSR),它们用于控制信号触发方式。当边沿检测电路检测到有效的边沿变化时,边沿检测电路输出信号"1",否则输出信号"0"。STM32 的 GPIO 的外部中断触发方式有上升沿触发、下降沿触发及双边沿触发 3 种方式。

第三步,使能中断请求。在中断屏蔽寄存器(EXTI_IMR)的相应位写"1"即可使能中断请求。当外部中断线上出现选定信号沿时,便会产生中断请求,对应的挂起位也会置 1。在挂起寄存器对应的位写"1"将清除该中断请求。图 3-1-10 中标号④处是一个与门电路,它的其中一个输入来自标号③处的或门电路,另外一个输入来自中断屏蔽寄存器(EXTI_IMR)。与门电路只有输入都为"1"时,输出才为"1"。如果将 EXTI_IMR 设置为"0",则无论标号③处电路的输出信号为"1"还是为"0",标号④处的电路输出的信号都为"0";只有将 EXTI_IMR 设置为"1"时,标号④处电路的输出信号才由标号③处电路的输出信号决定。因此,用户可以通过控制 EXTI_IMR 来控制是否产生中断。标号④处电路输出的信号会被保存到挂起寄存器(EXTI_PR)内。如果确定标号④处电路的输出为"1",就会把 EXTI_PR 对应位置 1。

通过软件产生中断只需如下两个步骤。

第一步,在中断屏蔽寄存器(EXTI_IMR)的相应位写"1",使能中断请求。

第二步,在软件中对中断事件寄存器(EXTI_SWIER)设置相应的请求位。图 3-1-10 中标号③处是一个或门电路,它的其中一个输入来自边沿检测电路,另一个输入来自软件中断事件寄存器(EXTI_SWIER),这两个输入信号中任意一个信号为"1"就可以输出"1"。EXTI_SWIER 允许用户通过程序控制启动中断/事件线。

产生中断的目的是把输入信号输入 NVIC,运行中断服务程序,实现相应功能。图 3-1-10 中,标号⑤处电路将 EXTI_PR 中的内容输出到 NVIC 内,从而实现系统中断事件控制。

6. HAL 库的中断处理

中断程序的编程步骤可分为以下两步:①在 STM32CubeMX 中设置中断触发条件、中断优先级并使能外设中断；②利用 HAL 库的接口函数清除中断标志，编写中断服务程序。

（1）STM32CubeMX 的外部中断配置

在 STM32CubeMX 中配置外部中断包含以下 3 个步骤。

第一步：开启 GPIO 时钟、系统配置时钟。

第二步：配置 GPIO。配置 GPIO 与中断线的映射关系，初始化线上中断，配置 GPIO 的工作模式、中断模式、信号触发方式。STM32F4 系列微控制器的每个 GPIO 都可以作为外部中断引脚。

第三步：配置 NVIC。在 NVIC 中配置中断优先级分组、使能或失能中断。

在 STM32CubeMX 中完成中断相关配置后，MDK 工程中将生成两个与中断相关的编程文件。这两个文件分别为启动文件和中断文件。

启动文件 startup_stm32fxxx.s 存放在 MDK-ARM 组中。在该文件中，预先为每个中断编写了一个中断服务程序，这些中断服务程序都是死循环，目的只是初始化中断向量表。这些中断服务程序的属性定义为"weak"。weak 属性是指如果该函数没有在其他文件中定义，则使用该函数；如果用户在其他地方定义了该函数，则使用用户定义的函数。用户需要编写同名的回调函数，以免编译器警告。

中断服务程序文件 stm32fxxx_it.c 存放在 User 组中，用于存放各个中断的中断服务程序。在使用 STM32CubeMX 软件进行初始化配置时，如果使能了某一个外设的中断功能，那么在生成代码时，相对应的外设中断服务程序 HAL_PPP_IRQHandler 会自动添加到该文件中，用户只需要在该函数中添加相应的中断处理代码即可。外部中断所对应的中断服务程序见表 3-1-5。

表 3-1-5　外部中断所对应的中断服务程序

外部中断线	中断服务程序的函数名称
外部中断线 0（EXTI Line 0）	EXTI0_IRQHandler
外部中断线 1（EXTI Line 1）	EXTI1_IRQHandler
外部中断线 2（EXTI Line 2）	EXTI2_IRQHandler
外部中断线 3（EXTI Line 3）	EXTI3_IRQHandler
外部中断线 4（EXTI Line 4）	EXTI4_IRQHandler
外部中断线 5~9（EXTI Line[9:5]）	EXTI9_5_IRQHandler
外部中断线 10~15（EXTI Line[15:10]）	EXTI15_10_IRQHandler

（2）外部中断的数据类型及接口函数

HAL 库对中断进行了以下封装处理：首先，HAL 库统一规定了处理各个外设的中断服务程序 HAL_PPP_IRQHandler，其中 PPP 代表外设名称；其次，在中断服务程序 HAL_PPP_IRQHandler 中完成中断标志的判断和清除；最后，将中断中需要执行的操作以回调函数的形式提供给用户。回调函数指由外设初始化、中断、处理完成或处理出错触发的函数。

外部中断主要利用 GPIO 实现，因此外部中断数据类型的定义在 stm32f4xx_hal_gpio.h 文件中，外部中断接口函数的实现在 stm32f4xx_hal_gpio.c 文件中。

根据前文的介绍，引脚初始化结构体 GPIO_InitTypeDef 包含 Pin、Mode、Pull、Speed、Alternate 这 5 个成员变量。其中，Mode 用于指定引脚的工作模式，当引脚具备外部中断功能后，成员变量 Mode 增加了针对外部中断功能的取值范围，具体见表 3-1-6。

表 3-1-6　GPIO_InitTypeDef 成员变量 Mode 关于中断功能的取值范围

宏常量定义	含义
GPIO_MODE_IT_RISING	上升沿触发
GPIO_MODE_IT_FALLING	下降沿触发
GPIO_MODE_IT_RISING_FALLING	双边沿触发（上升沿、下降沿都可触发中断）

外部中断接口函数包括外部中断通用处理函数 HAL_GPIO_EXTI_IRQHandler 和外部中断回调函数 HAL_GPIO_EXTI_Callback。这两个函数的具体描述见表 3-1-7 和表 3-1-8。

表 3-1-7　外部中断通用处理函数

函数原型	void HAL_GPIO_EXTI_IRQHandler（uint16_t GPIO_Pin）
功能描述	作为所有外部中断发生后的通用处理函数
入口参数	GPIO_Pin：连接到对应外部中断线的引脚，范围是 GPIO_PIN_0~GPIO_PIN_15
返回值	无
注意事项	1. 所有外部中断服务程序均调用该函数完成中断处理 2. 函数内部根据 GPIO_Pin 的取值判断中断源，并清除对应外部中断线的中断标志 3. 函数内部调用外部中断回调函数 HAL_GPIO_EXTI_Callback 完成实际的处理任务 4. 该函数由 STM32CubeMX 自动生成

表 3-1-8　外部中断回调函数

函数原型	void HAL_GPIO_EXTI_Callback（uint16_t GPIO_Pin）
功能描述	外部中断回调函数，用于处理具体的中断任务
入口参数	GPIO_Pin：连接到对应外部中断线的引脚，范围是 GPIO_PIN_0~GPIO_PIN_15
返回值	无
注意事项	1. 该函数由外部中断通用处理函数 HAL_GPIO_EXTI_IRQHandler 调用，完成所有外部中断的任务处理 2. 函数内部先根据 GPIO_Pin 的取值来判断中断源，然后执行对应的中断任务 3. 该函数由用户根据实际需求编写

（3）HAL 库外部中断处理流程

以外部中断为例分析 HAL 库的中断处理流程，将本任务中按键 S1 对应的引脚 PE4 设置为外部中断功能，下降沿触发。其中断处理流程如图 3-1-11 所示，主要分为 4 个步骤。

第一步，中断跳转。当引脚 PE4 的输入信号出现下降沿时，将触发外部中断。程序跳转到该中断所对应的中断服务程序。

第二步，执行中断服务程序。执行 stm32f4xx_it.c 文件中对应的中断服务程序，调用外部中断通用处理函数。

第三步，执行外部中断通用处理函数。用外部中断通用处理函数检测中断标志并清除，调用外部中断回调函数。

第四步，执行用户编写的外部中断回调函数。在回调函数中完成具体的中断处理任务。

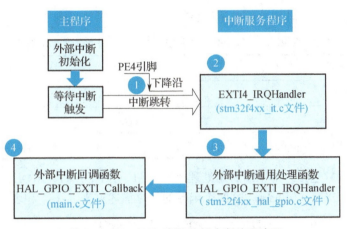

图 3-1-11　HAL 库的外部中断处理流程

小试牛刀　在本任务中，当按下按键 S1 时，数码管显示数字"1"，应如何编写程序实现该操作？

_____

_____

任务实施

1. 硬件组装

（1）板间连接

本节任务涉及智能车核心控制模块上的 STM32F407IGT6 微控制器和按键，以及四位数码管模块。智能车核心控制模块和四位数码管模块之间的连接示意图如图 3-1-12 所示。

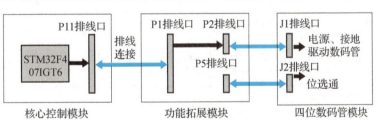

图 3-1-12　板间连接示意图

在本书配套资源中的"实验箱配套原理图"文件夹中打开"核心控制模块.pdf""功能拓展模块.pdf"和"四位数码管模块.pdf"。结合图 3-1-12 综合分析可知，智能车核心控制模块的 P11 排线口是 STM32F407IGT6 预留的接口，智能车核心控制模块和四位数码管模块之间通过功能拓展模块转接，智能车核心控制模块的 P11 排线口与功能拓展模块的 P1 排线口相连，功能拓展模块的 P2、P5 排线口与四位数码管模块的 J1、J2 排线口用杜邦线连接，从而达到用 STM32F407IGT6 的 PA4、PA6、PB3、PA7、PI2、PI7、PA1、PF8 控制四位数码管模块，并为数码管供电。

（2）硬件连接

请结合知识储备，查阅本书配套的原理图"四位数码管"，编制表 3-1-9，并将实验箱中的智能车核心控制模块和四位数码管模块相连。

表 3-1-9　核心控制模块 STM32F407IGT6 硬件连接

接口名称	STM32F407IGT6 引脚	数码管显示模块	功能说明
74HC595 驱动	PA4	RCK	存储寄存器时钟输入
	PB3	SCK	移位寄存器时钟
	PA7	SI	串行数据输入
	PA6	$\overline{OE}$	
数码管位选通	PI2	COM1	选通数码管第一位
	PI7	COM2	选通数码管第二位
	PA1	COM3	选通数码管第三位
	PF8	COM4	选通数码管第四位
S1 按键	PE4		1 档
S2 按键	PE3		2 档
S3 按键	PE2		3 档
S4 按键	PA0		4 档

2. 软件编程

（1）配置 STM32CubeMX

➢ 基础配置

在 C 盘下的"STM32F407"文件夹中建立"TASK3-1"文件夹。打开 STM32CubeMX 软件，依据项目 1 任务 2 中搭建基础配置工程的步骤，建立本任务的基础配置工程，操作步骤不再赘述。在"TEST.ioc"中继续完善 STM32CubeMX 配置的其他配置。

智能车档位显示器的 STM32CubeMX 配置方法

➢ GPIO_EXTI 配置

在 STM32CubeMX 软件右侧 Pinoutview 的搜索框中输入要分配的引脚名称 PA0，对应引脚将会闪烁，单击闪烁的引脚，将其设置为外部中断功能，与外部中断线 GPIO_EXTI0 连接。用同样的方法搜索引脚 PE2、PE3、PE4，将它们都设置为外部中断功能，分别与外部中断线 GPIO_EXTI2、GPIO_EXTI3、GPIO_EXTI4 连接。

GPIO_EXTI 配置如图 3-1-13 所示，在软件界面左侧的类别栏中单击【System Core】并选中【GPIO】，配置引脚的参数。在出现的引脚列表中单击选中引脚，进行详细配置。其中，【GPIO mode】表示需要配置的边沿触发方式，有上升沿、下降沿和双边沿触发 3 个选择。此处根据具体情况进行选择，本任务中将 PE2、PE3、PE4 都配置为下降沿触发（External Interrupt Mode with Falling edge trigger detection）。【GPIO Pull-up/Pull-down】表示需要配置的上拉、下拉电阻，此处选择上拉电阻（Pull-up）。最后一个选项【User Label】表示用户标签，分别标注 S3、S2、S1，配置 PA0 为上升沿触发（External Interrupt Mode with raising edge detection），上下拉电阻设置为下拉（Pull-down），用户标签标注为 S4。

➢ NVIC 配置

配置好外部中断的触发方式后，还需要配置 NVIC（嵌套矢量中断控制器），如图 3-1-14 所示。在【System Core】中单击【NVIC】，即可进行 NVIC 详细配置。首先，在【Priority Group】选项下设置优先级分组，此处选择第 4 组（16 级抢占优先级，没有响应优先级）。然后，勾选【EXTI line0 interrupt】【EXTI line2 interrupt】【EXTI line3 interrupt】和【EXTI line4 interrupt】对应的【Enabled】复选框，不设置抢占优先级（Preemption Priority）。

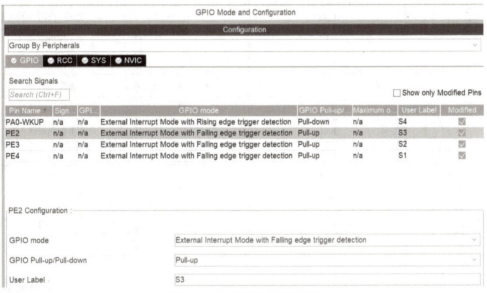

图 3-1-13　GPIO_EXTI 配置

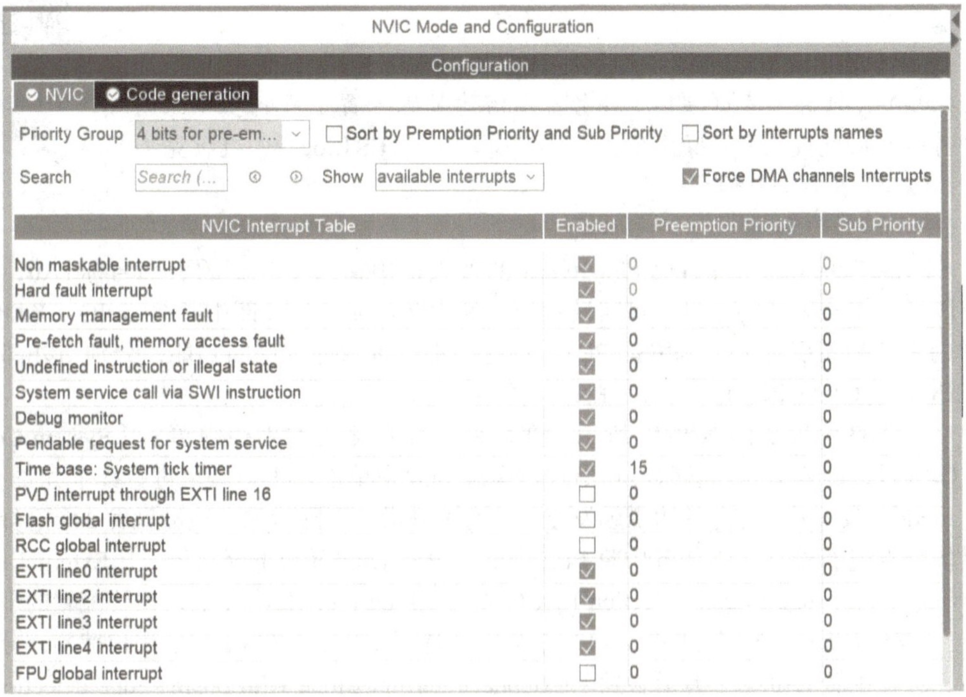

图 3-1-14　NVIC 配置

> GPIO_Output 配置

搜索引脚 PA4、PA6、PB3、PA7、PI2、PI7、PA1、PF8，将它们全部配置为 GPIO_Output 模式。如图 3-1-15 所示，配置输出电平为低电平，GPIO 模式为推挽输出（Output Push Pull），不使用上拉、下拉电阻，输出速度为低速，引脚名称按照表 3-1-9 中的名称命名。

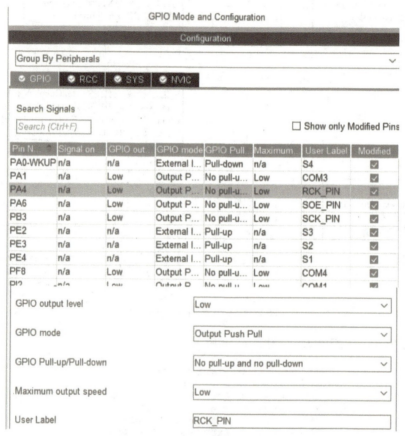

图 3-1-15　GPIO_Output 配置

完成以上所有配置后，单击软件界面右上角的【GENERATE CODE】。如图 3-1-16 所示，STM32CubeMX 自动生成 main.c、gpio.c、stm32f4xx_it.c 和 stm32f4xx_hal_msp.c 文件，其中，gpio.c 和 stm32f4xx_hal_msp.c 已经满足了 GPIO 的配置需求，无须对其改动，但需要知道自动生成的 GPIO 的宏定义，以备后面代码调用。

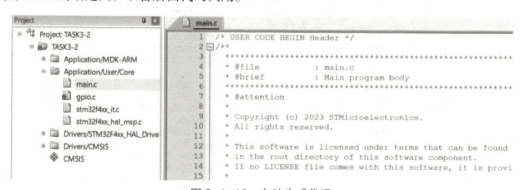

图 3-1-16　自动生成代码

（2）代码流程

在 STM32CubeMX 生成代码的基础上，整体代码流程如图 3-1-17 所示。

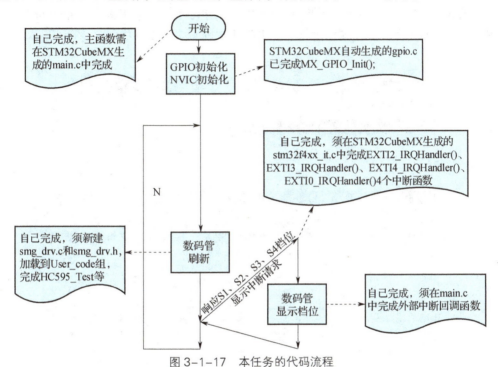

图 3-1-17 本任务的代码流程

main.h 中宏定义了 GPIO，如图 3-1-18 所示。

```
67  #define S1_Pin GPIO_PIN_4
68  #define S1_GPIO_Port GPIOE
69  #define S1_EXTI_IRQn EXTI4_IRQn
70  #define S2_Pin GPIO_PIN_3
71  #define S2_GPIO_Port GPIOE
72  #define S2_EXTI_IRQn EXTI3_IRQn
73  #define S3_Pin GPIO_PIN_2
74  #define S3_GPIO_Port GPIOE
75  #define S3_EXTI_IRQn EXTI2_IRQn
76  #define S4_Pin GPIO_PIN_0
77  #define S4_GPIO_Port GPIOA
78
79  #define RCK_PIN_Pin           GPIO_PIN_4
80  #define RCK_PIN_GPIO_Port GPIOA
81  #define SOE_PIN_Pin           GPIO_PIN_6
82  #define SOE_PIN_GPIO_Port GPIOA
83  #define SI_PIN_Pin            GPIO_PIN_7
84  #define SI_PIN_GPIO_Port  GPIOA
85  #define SCK_PIN_Pin           GPIO_PIN_3
86  #define SCK_PIN_GPIO_Port GPIOB
87
88  #define COM1_Pin              GPIO_PIN_2
89  #define COM1_PIN_GPIO_Port GPIOI
90  #define COM2_Pin              GPIO_PIN_7
91  #define COM2_PIN_GPIO_Port GPIOI
92  #define COM3_Pin              GPIO_PIN_1
93  #define COM3_PIN_GPIO_Port GPIOA
94  #define COM4_Pin              GPIO_PIN_8
95  #define COM4_PIN_GPIO_Port GPIOF
```

图 3-1-18 main.h 中的宏定义

（3）MDK 代码编写

在工程 TASK3_1 下 Add Group 命名为"User_Code"，新建数码管初始化代码"smg_drv.c"、数码管头文件"smg_drv.h"、延时函数"delay.c"和延时函数头文件"delay.h"。将它们加入"User_Code"组，并配置头文件包含路径。

➢ smg_drv.c 编写

在"smg_drv.h"中输入以下代码：

```c
#ifndef _SMG_DRV_H
#define _SMG_DRV_H
#include <stdio.h>
void SMG_Init(void);
void HC595_Send(unsigned char dat);
void display(unsigned char dat);
#endif // _SMG_DRV_H
```

在"smg_drv.c"中输入以下代码：

```c
#include"smg_drv.h"
#include"main.h"
#include"gpio.h"
#include"delay.h"
//74HC595 驱动引脚
#define HC595_SI(val)    HAL_GPIO_WritePin(SI_PIN_GPIO_Port, SI_PIN_Pin, val)
#define HC595_RCK(val)   HAL_GPIO_WritePin(RCK_PIN_GPIO_Port,RCK_PIN_Pin,val)
#define HC595_SCK(val)   HAL_GPIO_WritePin(SCK_PIN_GPIO_Port,SCK_PIN_Pin,val)
#define HC595_OE(val)    HAL_GPIO_WritePin(SOE_PIN_GPIO_Port,SCK_PIN_Pin,val)
#define COM1(val)  HAL_GPIO_WritePin(COM1_PIN_GPIO_Port,COM1_Pin,val)
#define COM2(val)  HAL_GPIO_WritePin(COM2_PIN_GPIO_Port,COM2_Pin,val)
#define COM3(val)  HAL_GPIO_WritePin(COM3_PIN_GPIO_Port,COM3_Pin,val)
#define COM4(val)  HAL_GPIO_WritePin(COM4_PIN_GPIO_Port,COM4_Pin,val)
// 共阴极数码管段码对应表 0、1、2、3、4、5、6、7、8、9、A、B、C、D、E、F
const uint8_t LED[]={0x3f,0x06,0x5b,0x4f,0x66,0x6d,0x7d,0x07,0x7f,0x6f,0x77,0x7c,0x39,0x5e,0x79,0x71};   // 不带小数点 0~F
/********************************
功能：HC595 发送数据
参数：dat    数据
返回值：无
********************************/
void HC595_Send(unsigned char dat)
{
    unsigned char i;
    for(i=0; i<8; i++)
    {   //先发高位
        if(dat&0x80)      HC595_SI(GPIO_PIN_SET);    //写数据 1
        else              HC595_SI(GPIO_PIN_RESET);  //写数据 0
        dat<<=1;         //数据左移一位
            HC595_SCK(GPIO_PIN_RESET);  //移位脉冲清零
            HC595_SCK(GPIO_PIN_SET);    //移位脉冲置位，上升沿写入数据
    }
    HC595_RCK(GPIO_PIN_RESET);//输出脉冲清零
```

```
        HC595_RCK(GPIO_PIN_SET);//输出脉冲置位,上升沿输出数据
}
/****************************************************************
 * 功    能:数码管显示程序
 * 参    数:无
 * 返回值: 无
 * 使用四位数码管中的一位输出数据,直接静态显示
 ****************************************************************/
void display( unsigned char   number  )
{
    HC595_OE(GPIO_PIN_RESET);//OE 低电平允许输出数据
    COM2(GPIO_PIN_SET );      // 第二个数码管输出
    HC595_Send( LED[number%10] );    // 显示数值 number
}
```

> delay.c 编写

本任务中数码管采用动态驱动方式,在"smg_drv.c"中需要调用延时函数 Delay_ms( ),本任务使用 Systick 实现延时功能。为增加程序的可读性和可移植性,建立专门的文件定义该延时函数。

在"delay.h"中输入以下代码:

```
#ifndef _DELAY_H
#define _DELAY_H
#include <main.h>
void Delay_Init(uint8_t SYSCLK);
void Delay_ms(uint16_t nms);
void Delay_us(uint32_t nus);
#endif
```

在"delay.c"中输入以下代码:

```
#include "delay.h"
#include "main.h"
static uint32_t fac_us=0;                          //μs 延时倍乘数
// 初始化延时函数
// 当使用 ucos 时,此函数会初始化 ucos 的时钟节拍
//SYSTICK 的时钟固定为 AHB 时钟
//SYSCLK:系统时钟频率
void Delay_Init(uint8_t SYSCLK)
{
    HAL_SYSTICK_CLKSourceConfig(SYSTICK_CLKSOURCE_HCLK);//SysTick 频率为 HCLK
    fac_us=SYSCLK;                        // 无论是否使用 OS,fac_us 都需要使用
}
// 延时 nμs
//nμs 为要延时的 μs 数
//nμs:0~190887435(最大值即 2^32/fac_us@fac_us=22.5)
void Delay_us(uint32_t nus)
{
    uint32_t ticks;
```

```
        uint32_t told,tnow,tcnt=0;
        uint32_t reload=SysTick->LOAD;              //LOAD 的值
        ticks=nus*fac_us;                           // 需要的节拍数
        told=SysTick->VAL;                          // 刚进入时的计数器值
        while(1)
        {
            tnow=SysTick->VAL;
            if(tnow!=told)
            {
              if(tnow<told) tcnt+=told-tnow;        // 注意：SYSTICK 是一个递减计数器
                else tcnt+=reload-tnow+told;
                told=tnow;
                if(tcnt>=ticks)break;               // 时间超过或等于要延迟的时间，则退出
            }
        };
}
// 延时 nms
//nms: 要延时的 ms 数
void Delay_ms(uint16_t nms)
{
    uint32_t i;
    for(i=0; i<nms; i++)
        Delay_us(1000);
}
```

➤ **main.c 编写**

在 main.c 中的相应位置完善代码：

```
/* Includes ------------------------------------------------------------------*/
#include "main.h"
#include "gpio.h"
/* Private includes ----------------------------------------------------------*/
/* USER CODE BEGIN Includes */
#include "led_drv.h"
#include "delay.h"
#include "smg_drv.h"
/* USER CODE END Includes */
/* Private typedef -----------------------------------------------------------*/
/* USER CODE BEGIN PTD */
uint8_t gear                = 0; // 当前的档位
uint8_t Previous_gear = 10;// 上次的档位，当前和上次的档位不一致时显示改变
/* USER CODE END PTD */

/* Private define ------------------------------------------------------------*/
/* USER CODE BEGIN PD */
#define S1    HAL_GPIO_ReadPin(S1_GPIO_Port,S1_Pin)
#define S2    HAL_GPIO_ReadPin(S2_GPIO_Port,S2_Pin)
#define S3    HAL_GPIO_ReadPin(S3_GPIO_Port,S3_Pin)
#define S4    HAL_GPIO_ReadPin(S4_GPIO_Port,S4_Pin)
```

```
/* USER CODE END PD */
/* Private function prototypes -----------------------------------------------*/
void SystemClock_Config(void);
int main(void)
{
  /* MCU Configuration--------------------------------------------------------*/
  /* Reset of all peripherals, Initializes the Flash interface and the Systick. */
  HAL_Init();
  /* Configure the system clock */
  SystemClock_Config();
  /* USER CODE BEGIN SysInit */
   Delay_Init(168);
  /* USER CODE END SysInit */
  /* Initialize all configured peripherals */
  MX_GPIO_Init();
  /* Infinite loop */
  /* USER CODE BEGIN WHILE */
   while(1)
   {
   /* USER CODE END WHILE */
   /* USER CODE BEGIN 3 */
   if(0==S1)  gear =1;
   if(0==S2)  gear =2;
   if(0==S3)  gear =3;
   if(1==S4)  gear =4;
   if(Previous_gear!= gear)     // 数码管刷新
   {
       Previous_gear = gear ;   // 更新上次值
       display( gear );         // 显示当前档位
       }
   }
  /* USER CODE END 3 */
}
```

3. 软硬件联调

程序设计好后，编译并生成目标代码，下载到核心控制模块中，实现任务功能。本任务实验运行效果如图 3-1-19 所示。

图 3-1-19 本任务实验运行效果

实验运行效果

学后思

请大家根据问题完成复盘。

任务复盘表

回顾目标	评价结果	分析原因	总结经验
是否完成了任务？和你做的计划一致吗？	完成任务的过程中你做得好的地方有哪些？存在哪些问题？	完成任务的关键因素有哪些？出现问题的原因是什么？	如果让你再做一遍，你会如何改进？写下你的创意想法。

任务拓展

流水线上的工件计数在工业生产中非常重要。例如，在长轴工件加工、物流运输等场合，一批工件在流水线上连续运行，需要对它们进行一一计数，以统计数量、合格率等信息。利用接近开关可以检测工件的数量。接近开关是一种无须与运动部件进行机械直接接触就可以操作的位置开关，当物体接近开关的感应区域时，不需要机械接触及施加任何压力就可使开关动作，发出指令。

拓中思
你能利用按键模拟接近开关设计一个工件计数器吗？试着写出自己的思路。

_____
_____

任务 2　智能车时间显示

智能车时间显示器

任务导引

车辆时间显示器为驾驶人提供基本的时间信息，驾驶人可根据当前时间调整时间显示器显示的时间。本任务利用 STM32F407 系列微控制器的定时器功能，使四位数码管实时显示时间，并用两个按键实现时间的设置和调整。当按下按键 1 时，数码管显示小时的两位闪烁，此时按下按键 2，可以循环调整小时，按一次加一小时；再次按下按键 1 时，数码管的分钟位闪烁，此时按下按键 2，可以调整分钟，每按一次加一分钟。

知识准备

学前思
你在生活中的哪些地方见过时间显示器？你觉得它们是怎样实现时间显示的呢？

下面带着问题一起来进行知识探索。

1. 认识定时器

为了准确地显示时间，微控制器需要精确的时间基准，这项功能由定时器实现。定时器的核心是内部的计数器（Counter）。计数器是能够对脉冲信号进行加计数或减计数的部件。如果计数器是对周期固定的脉冲进行计数，如微控制器内部的外设时钟（APB），则通过计数值可以得到时间，从而实现定时器功能；如果计数器是对周期不确定的脉冲信号进行计数，如 MCU 的 I/O 引脚所引入的外部脉冲信号，则通过记录一定时间内的脉冲，可以实现该脉冲的频率测量，即计数器功能。

定时器

2. STM32 的定时器概述

按照定时器的位置，STM32 系列微控制器的定时器可分为两大类：一类是内核中的系统定时器 SysTick，该内容在项目 2 中已有介绍；另一类是外设定时器。如图 3-2-1 所示，外设定时器包括常规定时器和专用定时器。常规定时器包括高级控制定时器（Advanced-control Timers）、通用定时器（General-purpose Timers）和基本定时器（Basic Timers）3 种。专用定时器包括看门狗定时器、实时时钟 RTC（Real Time Clock）和低功耗定时器，其中，低功耗定时器只有部分型号配备，本书介绍的 STM32F407 系列没有该功能。除特别说明外，后文提到的定时器均指常规定时器。查阅《STM32F4xx 中文参考手册》可知，STM32F4xx 系列微控制器有两个高级控制定时器、10 个通用定时器和两个基本定时器。这些定时器彼此完全独立，不共享任何资源。

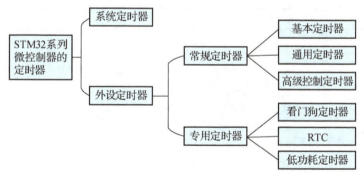

图 3-2-1 STM32 系列微控制器的定时器

（1）定时器的时钟频率

STM32F407 微控制器的定时器挂接在低速外设总线 APB1 或高速外设总线 APB2 下，定时器的时钟频率（TIMxCLK）由所挂接的外设总线时钟 PCLKx 决定（x 表示定时器的编号）。如图 3-2-2 中方框①所示，系统时钟（SYSCLK）经 AHB 预分频器分频后得到 CPU 时钟（HCLK）。如图 3-2-2 中方框②所示，HCLK 提供给高速总线 AHB、内核、存储器和 DMA。

HCLK 的最大频率为 168MHz，高速外设总线 APB2 的最大允许频率为 84MHz，低速外设总线 APB1 的最大允许频率为 42MHz。

TIM*x*CLK 由硬件自动设置。如图 3-2-2 中方框③所示，如果 APB 预分频器为 1，则 TIM*x*CLK 等于外设时钟 PCLK*x* 的频率。否则，等于外设时钟 PCLK*x* 频率的两倍，即 TIM*x*CLK=2×PCLK*x*。

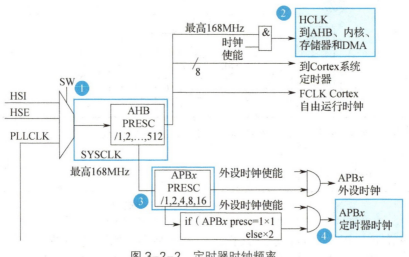

图 3-2-2　定时器时钟频率

（2）基本定时器

STM32F407 的两个基本定时器 TIM6 和 TIM7 各自包含一个 16 位自动重载计数器，这两个计数器都由可编程预分频器（PSC）驱动。基本定时器不仅可以为通用定时器提供时间基准，还可以为数/模转换器（Digital to Analog Converter，DAC）提供时钟。实际上，基本定时器在芯片内部直接连接到 DAC，并能够通过触发输出驱动 DAC。

基本定时器包括时钟源、控制器和计数器，其结构框图如图 3-2-3 所示。图中指向右下角的图标表示一个事件，指向右上角的图标表示中断和 DMA 输出；自动重载寄存器和 PSC 预分频器带有阴影标志，表示该寄存器自带影子寄存器。也就是说，自动重载寄存器和 PSC 预分频器在硬件结构上分别有源寄存器和影子寄存器两个寄存器，用户可以对源寄存器进行读写操作，影子寄存器由内部硬件使用，当有特定事件发生时，源寄存器内的值会被复制给它的影子寄存器。

图 3-2-3 中的方框①表示时钟源。定时器要实现计数必须有时钟源，基本定时器的时钟只能来自内部时钟 CK_INT，即 TIM*x*CLK 来自于外设总线 APB 提供的时钟频率。通用定时器和高级控制定时器的时钟还可以选择外部时钟或直接来自其他定时器。

图 3-2-3 中的方框②表示控制器。定时器的控制器用于控制定时器的复位、使能、计数等功能，基本定时器还可专门用于触发 DAC。当 TIM6 和 TIM7 控制寄存器 1（TIM*x*_CR1）的 CEN 位置 1 时，启动基本定时器。

图 3-2-3 中的方框③表示时基单元。基本定时器的时基单元包括预分频模块、自动重载模块和计数模块。

预分频器（PrescalerPSC）将来自定时器时钟源的预分频时钟 CK_PSC 进行分频并输出，提供给计数器。预分频器的作用主要有两个：一个是可以扩大定时器的定时范围，另一个是可以获取精确的计数时钟。预分频器寄存器带有影子寄存器，可以实时对预分频器进行更改。新的

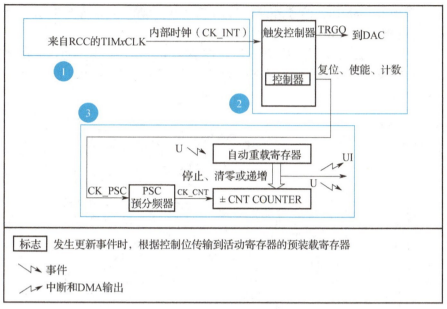

图 3-2-3 基本定时器结构框图

预分频系数将在下一个更新事件发生时被采用。该分频器可以通过 16 位预分频寄存器（TIMx_PSC）控制 16 位预分频计数器。如图 3-2-4 所示，假定预分频系数 PSC 设为 3，当启动定时器后，预分频计数器的初值为 0，预分频器时钟 CK_PSC 每来一个时钟，预分频计数器的值就加 1。当计数值等于预分频寄存器所设定的预分频系数 PSC 时，预分频计数器的值将清零，开始下一轮计数。从 0 计数到 PSC 实际计数值为 PSC+1，CK_CNT 的时钟频率与 CK_PSC 的时钟频率关系如下：$f_{CK\_CNT}=f_{CK\_PSC}/(TIMx\_PSC+1)$。

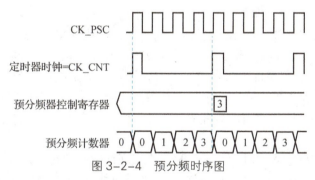

图 3-2-4 预分频时序图

计数模块由核心计数器 COUNTER 和计数器寄存器 TIMx_CNT 组成。在 TIM6 和 TIM7 控制寄存器 1（TIMx_CR1）的 CEN 位置 1 时，定时器使能，核心计数器 COUNTER 对计数时钟 CK_CNT 进行二次计数，TIMx_CNT 用来存放核心计数器运行时的当前计数值。

自动重载模块由自动重载寄存器 TIMx_ARR 组成，自动重载寄存器是预装载的。每次尝试对自动重载寄存器执行读写操作时，都会访问预装载寄存器。预装载寄存器的内容既可以直接传送到影子寄存器，也可以在每次发生更新事件 UEV 时传送到影子寄存器，这取决于 TIMx_CR1 寄存器中的自动重载预装载使能位（ARPE）。

核心计数器的计数模式有递增计数、递减计数，以及递增/递减计数（又称中心对齐计数）3 种。

在递增计数模式中，每来一个 CK_CNT 脉冲，TIMx_CNT 值就加 1。当 TIMx_CNT 值与自动重载值 ARR（TIMx_ARR 的值）相等时，称为定时器上溢，自动生成计数器上溢事件并将 TIMx_CNT 自动清零，然后自动重新开始计数，如此重复以上过程。因此，用户只要设置 CK_PSC 和 TIMx_ARR 这两个寄存器的值就可以控制上溢事件生成的时间，而一般的应用程序就是在事件生成的回调函数中运行的。基本定时器采用递增计数模式。

在递减计数模式中，计数器先从自动重载值 ARR 开始向下计数到 0，然后从自动重载值 ARR 重新开始计数并且产生一个计数器下溢事件。

在递增/递减计数模式（中心对齐模式）中，计数器先从 0 计数到自动加载值 ARR 减 1，产生一个计数器上溢事件，然后递减计数到 1 并且产生一个计数器下溢事件。最后，再从 0 开始重新计数。

（3）通用定时器

通用定时器由一个通过可编程预分频器驱动的 16 位或 32 位自动重载计数器构成，具备多路独立的捕获和比较通道，可以完成定时/计数、测量输入信号的脉冲宽度（输入捕获），以及生成输出波形（输出比较和 PWM）等功能。STM32F407 中通用定时器 TIMx（TIM2~TIM5 和 TIM9~TIM14）的功能包括：

1）16 位或 32 位（仅 TIM2 和 TIM5）支持递增、递减和递增/递减的自动重载计数器（TIMx_CNT），其中 TIM9~TIM14 只支持递增计数方式。

2）16 位可编程预分频器（TIM_PSC），用于对计数器时钟频率进行分配，分频系数可以实时修改。

3）多个独立通道，TIM2~TIM5 有 4 个独立通道（CH1~CH4），TIM9~TIM14 最多两个通道（CH1、CH2），这些通道可以用作输入捕获、输出比较、PWM 生成及单脉冲输出模式。在生成 PWM 时，TIM2~TIM5 支持边沿对齐或中心对齐模式，TIM9~TIM14 仅支持边沿对齐模式。

4）可使用外界信号（TIMx_ETR）控制定时器和定时器互连的同步电路。

5）发生以下事件时，可产生中断/DMA（TIM9~TIM14 不支持 DMA）：计数器向上溢出、向下溢出和计数器初始化等更新事件；计数器启动、停止、初始化或通过内部/外部触发计数等触发事件；输入捕获事件；输出比较事件。此外，TIM2~TIM5 还支持针对定位的增量（正交）编码器和霍尔传感器电路，以及外部时钟触发输入或逐周期的电流管理。

（4）高级控制定时器

TIM1 和 TIM8 是可编程高级控制定时器，主要部分是一个 16 位自动重载计数器和与其相关的自动装载寄存器。高级控制定时器除具备通用定时器的功能外，还具备带死区控制的互补信号输出、紧急刹车关断输入等功能，可用于电机控制和数字电源设计。

高级控制定时器具备通用定时器的所有功能，通用定时器具备基本定时器的所有功能。表 3-2-1 对各定时器的功能特性进行了总结。

表 3-2-1　STM32F4xx 中定时器的功能特性

定时器类型	Timer	计数器分辨率	计数器类型	预分频系数	DMA请求生成	捕获/比较通道	互补输出	挂接总线/接口时钟/MHz	最大定时器时钟/MHz
高级控制	TIM1、TIM8	16 位	递增、递减、递增/递减	1~65536（整数）	有	4	有	84（APB2）	168

（续）

定时器类型	Timer	计数器分辨率	计数器类型	预分频系数	DMA请求生成	捕获/比较通道	互补输出	挂接总线/接口时钟/MHz	最大定时器时钟/MHz
通用	TIM2、TIM5	32位	递增、递减、递增/递减	1~65536（整数）	有	4	无	42（APB1）	84/168
通用	TIM3、TIM4	16位	递增、递减、递增/递减	1~65536（整数）	有	4	无	42（APB1）	84/168
通用	TIM9	16位	递增	1~65536（整数）	无	2	无	84（APB2）	168
通用	TIM10、TIM11	16位	递增	1~65536（整数）	无	1	无	84（APB2）	168
通用	TIM12	16位	递增	1~65536（整数）	无	2	无	42（APB1）	84/168
通用	TIM13、TIM14	16位	递增	1~65536（整数）	无	1	无	42（APB1）	84/168
基本	TIM6、TIM7	16位	递增	1~65536（整数）	有	0	无	42（APB1）	84/168

小试牛刀 请查阅 TIM1 的外设总线频率，根据 PWM 频率计算规则，如果要使用 TIM1 输出 1kHz 的 PWM 频率，则外设总线频率为_____，预分频器 PSC 为_____，计数值 CNT 为_____。

（5）实时时钟 RTC

本任务使用的基本定时器 TIM6 在微控制器停机状态下会停止工作，再次开机运行时需要重新调整时间。如果想要获得实时时间显示，则需要系统一直处于运行状态，在实际使用中，这种设计无法满足低功耗设计的需求。

低功耗设计也称为低耗能设计，已经成为嵌入式系统设计最受关注的重点之一，不仅受到嵌入式系统应用设计人员的关注，同时受到集成电路设计人员和系统算法研究人员的关注。如今，嵌入式系统应用越来越深入到国防、工业、民生等各个国民经济领域。以汽车为例，随着汽车智能化和电动化水平的提高，车上的用电设备越来越多，而车载电池的容量是有限的，低功耗设计可以延长电池使用时间、减少充电次数和时间。低功耗的另一个作用是保护环境，大量的废旧电池对环境的污染是巨大而持久的，目前仍无有效的方法处理废旧电池，低功耗设计受到重视是必然的。为满足低功耗设计需求，可以在实际车辆上使用 RTC 时钟替代 TIM6 为时间显示器提供时基。

RTC 是一种独立的 BCD 定时器/计数器，主要包含日历、闹钟和自动唤醒 3 种功能。查阅《STM32F4xx 中文参考手册》可知，RTC 提供一个日历时钟、两个可编程闹钟中断，以及一个具有中断功能的周期性可编程唤醒标志。RTC 还包含用于管理低功耗模式的自动唤醒单元。

在默认情况下，系统复位或上电复位后，微控制器进入运行模式。在运行模式下，CPU 通过 HCLK 提供时钟，并执行程序代码。有些情况下并不需要一直运行 CPU，例如，等待外部事件时。为了节省功耗，STM32F407 提供了多个低功耗模式，由用户根据应用选择具体的低功耗模式，以在低功耗、短启动时间和可用唤醒源之间寻求最佳平衡。

STM32F407 有 3 个低功耗模式：①睡眠模式，在该模式下，Cortex™-M4F 内核停止，外设保持运行；②停止模式，在该模式下，所有时钟都停止；③待机模式，在该模式下，1.2V 区域断电。此外，还可通过以下两种方法降低运行模式的功耗：①在运行模式下，可通过对预分频寄存器编程来降低系统时钟（SYSCLK、HCLK、PCLK1 和 PCLK2）速度。进入睡眠模式之前，也可以使用这些预分频器降低外设速度。②在运行模式下，可随时停止各外设和存储器的 HCLKx 和 PCLKx。低功耗模式对 RTC 的作用见表 3-2-2。

表 3-2-2　低功耗模式对 RTC 的作用

模式	说明
睡眠	无影响。RTC 中断可使器件退出睡眠模式
停止	当 RTC 时钟源为 LSE 或 LSI 时，RTC 保持工作状态。RTC 闹钟、RTC 入侵事件、RTC 时间戳事件和 RTC 唤醒会使器件退出停机模式
待机	当 RTC 时钟源为 LSE 或 LSI 时，RTC 保持工作状态。RTC 闹钟、RTC 入侵事件、RTC 时间戳事件和 RTC 唤醒会使器件退出待机模式

RTC 模块和时钟配置系统（RCC_BDCR 寄存器）处于后备区域，即在系统复位或从待机模式唤醒后，RTC 的设置和时间维持不变。系统复位后，所有 RTC 寄存器都会受到保护，以防止可能的非正常写访问。无论微控制器状态如何（运行模式、低功耗模式或处于复位状态），只要电源电压保持在工作范围内，RTC 便不会停止工作。

RTC 时钟源（RTCCLK）通过时钟控制器从 LSE 时钟、LSI 振荡器时钟及 HSE 时钟三者中选择。对预分频器编程可生成 1Hz 的时钟，用于更新日历。例如，选择频率为 32.768kHz 的 LSE 作为 RTC 时钟源时，将异步预分频系数设置为 128，并将同步预分频系数设置为 256。即可获得频率为 1Hz 的内部时钟（ck_spre）。

RTC 包含多个 32 位寄存器，其中有两个寄存器包含二进码十进数格式（BCD）的秒、分钟、小时（12 小时制或 24 小时制）、星期几、日期、月份和年份。此外，还可提供二进制格式的亚秒值。系统不仅可以自动将月份的天数补偿为 28 天、29 天（闰年）、30 天和 31 天，还可以进行夏令时补偿。其他 32 位寄存器还包含可编程的闹钟亚秒、秒、分钟、小时、星期几和日期。此外，还可以使用数字校准功能对晶体振荡器精度的偏差进行补偿。

3. 定时器的时钟源

STM32F407 系列微控制器的通用定时器和高级定时器有内部时钟、外部时钟模式 1、外部时钟模式 2、内部触发输入 4 个时钟源可选，它们分别来自内部时钟 CK_INT、外部输入引脚 CHx、外部触发输入 ETR 和内部触发信号 ITRx，如图 3-2-5 所示。内部时钟来自外设总线

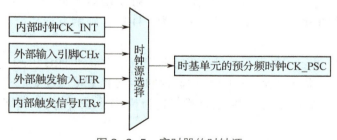

图 3-2-5　定时器的时钟源

APB 提供的时钟频率，前文已有描述，此处不再赘述。各定时器的内部时钟频率参考表 3-2-1，下面具体介绍另外 3 个时钟源。

（1）外部时钟模式 1

如图 3-2-6 所示，设置外部时钟模式 1 需要以下 6 个步骤。

1）选择外部输入通道。外部时钟模式 1 的时钟源由外部输入引脚 CHx 提供，CHx 表示各定时器的外部输入通道，定时器的输入通道最多有 4 个，分别为 TI1、TI2、TI3、TI4，即 TIMxCH1、TIMxCH2、TIMxCH3、TIMxCH4。具体使用哪一路信号，由 TIMx 捕获/比较模式寄存器 TIM_CCMRx 的位 CCxS[1:0] 配置，其中，CCMR1 控制 TI1、TI2，CCMR2 控制 TI3、TI4。如图 3-2-6 中的方框①所示，此处以 TI2 为例，则将 TIM_CCMR1 的 CC2S 位配置为 "01"。

2）滤波。如果来自外部的时钟信号频率过高或混杂有高频干扰信号，就需要使用滤波器对 ETRP 信号重新采样，来达到降频或去除高频干扰的目的。如图 3-2-6 中的方框②所示，通过在 TIMx_CCMR1 寄存器中写入 IC2F[3:0] 位来配置输入滤波时间。如果不需要任何滤波，则保持 IC2F=0000。

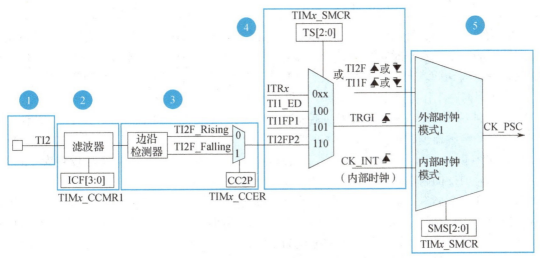

图 3-2-6　TI2 外部时钟模式 1 连接示例

3）边沿选择。滤波器输出的信号成为触发信号之前需要进行边沿检测，决定是上升沿有效还是下降沿有效。如图 3-2-6 中的方框③所示，具体由 TIMx 捕获/比较使能寄存器 TIMx_CCER 的 CCxP 位和 CCxNP 位配置。例如，将 TI2 输入设置为上升沿有效，则在 TIMx_CCER 寄存器中写入 CC2P=0 和 CC2NP=0。

4）触发选择。当使用外部时钟模式 1 时，触发源有两个：滤波后的定时器输入 1（TI1FP1）和滤波后的定时器输入 2（TI2FP2），具体用哪个触发源由 TIMx 从模式控制寄存器 TIMx_SMCR 的触发选择位 TS[2:0] 配置，设置 TS 位为 "110"，则触发选择滤波后的定时器输入 2（TI2FP2）。

5）从模式选择。选定了触发源信号后，需要把信号连接到 TRG 引脚，让触发信号成为外部时钟模式 1 的输入，最终作为时基单元的预分频时钟 CK_PSC，经 PSC 预分频器分频后驱动计数器 CNT 计数。配置 TIMx_SMCR 的从模式选择位 SMS[2:0] 为 111，即可选择外部时钟模式 1。

6）使能计数器。经过以上 5 个步骤之后，只须在 TIMx_CR1 寄存器中写入 CEN=1 来使能计数器，外部时钟模式 1 的配置就完成了。

（2）外部时钟模式 2

外部时钟模式 2 的时钟源由外部触发引脚 ETR 提供，该模式仅适用于基本定时器 TIM2、TIM3、TIM4 和高级定时器 TIM1、TIM8。

如图 3-2-7 所示，设置外部时钟模式 2 需要以下 5 个步骤。

1）边沿选择。来自 ETR 引脚输入的信号可以选择为上升沿有效或下降沿有效，可以通过 TIM*x*_SMCR 寄存器的 ETP 位配置。

2）分频。外部触发信号 ETRP 频率不得超过 CK_INT 频率的 1/4。根据外部触发信号的频率选择是否需要分频，如果触发信号的频率很高，可以通过使用预分频器来降低 ETRP 的频率，可以通过 TIM*x*_SMCR 寄存器的 ETPS[1:0] 位来设置预分频器。

3）滤波。是否需要滤波取决于输入信号的干净程度，如需滤波，可通过 TIM*x*_SMCR 寄存器的 ETF 位配置。

4）从模式选择。配置 TIM*x*_SMCR 的外部时钟使能位 ECE，即可选择外部时钟模式 2。

5）使能计数器。

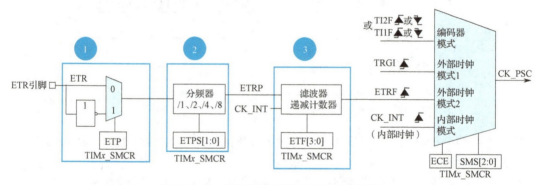

图 3-2-7　外部触发引脚 ETR 的内部结构

（3）内部触发输入

内部触发输入（ITR*x*）是使用一个定时器作为另一个定时器的预分频器，硬件上高级控制定时器和通用定时器在内部连接在一起，可以实现定时器同步或级联。主模式的定时器可以对从模式定时器执行复位、启动、停止或提供时钟。高级控制定时器和部分通用定时器（TIM2~TIM5）可以设置为主模式或从模式，TIM9 和 TIM10 可设置为从模式。

例如，可以将定时器 1 配置为定时器 2 的预分频器，主模式定时器（TIM1）为从模式定时器（TIM2）提供时钟，即 TIM1 用作 TIM2 的预分频器，如图 3-2-8 所示。

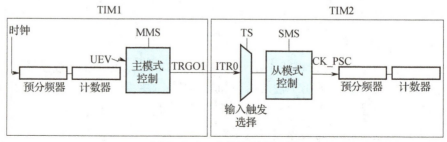

图 3-2-8　主从定时器示例

4. STM32 定时器的定时 / 计数功能

（1）定时器周期计算

本任务使用基本定时器 TIM6 实现定时功能。定时器工作在定时模式时，内部时钟 CK_INT 作为 PSC 预分频器的时钟源，内部时钟 CK_INT 由外设总线 APB 提供的时钟频率（TIM6_CLK）。查询表 3-2-1 可知，TIM6_CLK 最大为 84MHz。

配置 PSC 为 1，ARR 为 36，递增计数，CNT 为 0。如图 3-2-9 中方框①所示，CK_CNT 的频率为 $f_{CK\_INT}=f_{CK\_PSC}/(TIMx\_PSC+1)=f_{CK\_PSC}/2$，即对 CK_PSC 2 分频。计数器从 0 计数到 ARR，实际计数值为 ARR+1。当计数到 ARR 时，计数器上溢，发生上溢事件，如图 3-2-9 中②所示。同时，更新中断标志，如图 3-2-9 中③所示。

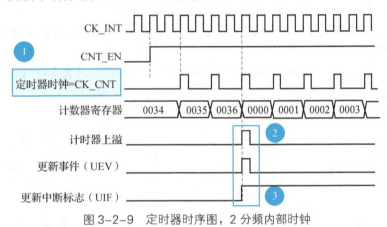

图 3-2-9　定时器时序图，2 分频内部时钟

经过上面的分析可知，定时器周期即定时事件生成时间，主要由 TIM6_PSC 和 TIM6_ARR 这两个寄存器的值决定。

定时时间 = 计数值 × 计数周期 = 计数值 / 时钟频率。其中，时钟频率为计数时钟 CK_CNT，CK_CNT=TIM_CLK/（PSC+1）。定时器时钟 TIM_CLK 等于预分频时钟 CK_PSC，计数值等于 ARR+1。因此，定时器的定时时间公式如下：

$$T=\frac{(ARR+1)(PSC+1)}{TIM\_CLK}$$

> **小试牛刀**　如果要设置 TIM6_PSC 寄存器的值，使 CK_CNT 输出周期为 100μs（10,000Hz）的时钟，则预分频器的输入时钟 CK_PSC 为_____，分频器值 PSC 为_____。如果要为定时器设置 1s 定时，则自动重载值寄存器的值 ARR 应为_____。

（2）定时器的计数功能

定时器时钟源选择外部时钟模式 1 或外部时钟模式 2 时，工作在计数模式。由于外部时钟模式 1 中的捕获 / 比较通道常用于输入捕获和输出比较的功能，因此一般使用外部触发引脚 ETR 进行计数。具体配置步骤参考前文"时钟模式 2"的配置。

（3）定时 / 计数功能的数据类型和接口函数

定时器定时 / 计数功能的数据类型只涉及时基单元初始化类型，类型名为 TIM_Base_

InitTypeDef，采用结构体类型实现，包括 6 个成员变量。

```
typedef struct
{
uint32_t Prescaler;              //表示预分频系数 PSC，即 TIMx_PSC 寄存器的内容
uint32_t CounterMode;            //设置计数模式
uint32_t Period;                 //表示自动重载值 ARR，即 TIMx_ARR 寄存器的内容
uint32_t ClockDivision;          //设置定时器时钟 TIMx_CLK 分频值，用于输入信号的滤波
uint32_t RepetitionCounter;      //表示重复定时器的值，只针对高级定时器
uint32_t AutoReloadPreload;      //设置自动重载值寄存器 TIMx_ARR 内容的生效时刻
} TIM_Base_InitTypeDef;
```

TIM_Base_InitTypeDef 结构体的各成员变量的作用和取值范围如下。

成员变量 Prescaler 用于配置预分频器分频系数，16 位预分频器可配置的范围为 0~65,535，对应 1~65,536 分频。

成员变量 CounterMode 用于配置定时器计数方式，取值范围见表 3-2-3。

表 3-2-3　成员变量 CounterMode 的取值范围

宏常量定义	含义
TIM_CounterMode_UP	递增计数模式
TIM_CounterMode_DOWN	递减计数模式
TIM_CounterMode_CENTERALIGNED1	中心对齐计数模式 1
TIM_CounterMode_CENTERALIGNED2	中心对齐计数模式 2
TIM_CounterMode_CENTERALIGNED3	中心对齐计数模式 3

3 种中心对齐计数模式的区别主要是输出比较中断标志位的设置方式。大多数情况使用递增计数模式。

成员变量 Period 用于配置定时器周期，即自动重载寄存器的值 ARR。Period 的值不能设置为 0，否则定时器将不会启动。

成员变量 ClockDivision 主要用于输入信号的滤波，一般使用默认值 1 分频。ClockDivision 的取值范围见表 3-2-4。

表 3-2-4　成员变量 ClockDivision 的取值范围

宏常量定义	含义
TIM_ClockDivision_DIV1	对定时器时钟 TIMx_CLK 进行 1 分频
TIM_ClockDivision_DIV2	对定时器时钟 TIMx_CLK 进行 2 分频
TIM_ClockDivision_DIV4	对定时器时钟 TIMx_CLK 进行 4 分频

成员变量 RepetitionCounter 用于重复计数器配置。该成员变量为高级定时器专用，基本定时器可不进行该配置。

成员变量 AutoReloadPreload 用于设置自动重载寄存器 TIMx_ARR 的预装载功能，即自动重装寄存器的内容是更新事件产生时写入有效，还是立即写入有效。预装载功能在多个定时器同时输出信号时，可以确保多个定时器的输出信号在同一个时刻变化，实现同步输出。单个定时器输出时，一般不开启预装载功能。AutoReloadPreload 的取值范围见表 3-2-5。

表 3-2-5　成员变量 AutoReloadPreload 的取值范围

宏常量定义	含义
TIM_AUTORELOAD_PRELOAD_DISABLE	预装载功能关闭
TIM_AUTORELOAD_PRELOAD_ENABLE	预装载功能开启

　　HAL 为外设设计了 4 种类型的通用接口函数和扩展接口函数,通用接口函数包括初始化函数、I/O 操作函数、控制函数、状态函数。初始化函数根据用户配置参数完成外设的初始化操作;I/O 操作函数与外设进行数据交互,包括轮询、中断和 DMA 3 种编程模型;控制函数用于动态配置外设参数;状态函数用于获取外设的运行状态及出错信息。为了兼顾 STM32 各产品系列的特有功能和扩展性能,以及同一个产品系列中不同芯片的特有功能,HAL 库单独定义了后缀为 ex 的扩展接口函数,如定时器扩展接口函数 stm32f4xx_hal_tim_ex.c。

　　定时 / 计数功能的接口函数包括时基单元初始化函数(见表 3-2-6)、轮询模式启动函数(见表 3-2-7)、中断模式启动函数(见表 3-2-8)、定时器中断通用处理函数(见表 3-2-9)、定时器更新中断回调函数(见表 3-2-10)、计数值读取函数、定时器中断标志清除函数等。其中,时基单元初始化函数和定时器中断通用处理函数由 STM32CubeMX 自动生成。

表 3-2-6　时基单元初始化函数 HAL_TIM_Base_Init

函数原型	HAL_StatusTypeDef HAL_TIM_Base_Init (TIM_HandleTypeDef *htim)
功能描述	按照定时器句柄中指定的参数初始化定时器时基单元
入口参数	*htim:定时器句柄的地址
返回值	HAL 状态值,当返回值为 HAL_OK 表示初始化成功,HAL_ERROR 表示初始化失败
注意事项	1. 该函数将调用 MCU 底层初始化函数 HAL_TIM_Base_MspInit 完成引脚、时钟和中断的设置 2. 该函数由 STM32CubeMX 自动生成

表 3-2-7　轮询模式启动函数 HAL_TIM_Base_Start

函数原型	HAL_StatusTypeDef HAL_TIM_Base_Start (TIM_HandleTypeDef *htim)
功能描述	在轮询方式下启动定时器
入口参数	*htim:定时器句柄的地址
返回值	HAL 状态值,固定返回 HAL_OK 表示启动成功
注意事项	1. 该函数在定时器初始化完成之后调用 2. 函数需要由用户调用,用于轮询方式下启动定时器

表 3-2-8　中断模式启动函数 HAL_TIM_Base_Start_IT

函数原型	HAL_StatusTypeDef HAL_TIM_Base_Start_IT (TIM_HandleTypeDef *htim)
功能描述	使能定时器的更新中断,并启动定时器
入口参数	*htim:定时器句柄的地址
返回值	HAL 状态值,固定返回 HAL_OK 表示启动成功
注意事项	1. 该函数在定时器初始化完成之后调用 2. 函数需要由用户调用,用于使能定时器的更新中断,并启动定时器 3. 启动前需要调用宏函数 __HAL_TIM_CLEAR_IT 来清除更新中断标志

表 3-2-9　定时器中断通用处理函数 HAL_TIM_IRQHandler

函数原型	void HAL_TIM_IRQHandler（TIM_HandleTypeDef *htim）;
功能描述	作为所有定时器中断发生后的通用处理函数
入口参数	*htim：定时器句柄的地址
返回值	无
注意事项	1. 函数内部先判断中断类型，并清除对应的中断标志，最后调用回调函数来完成中断处理 2. 该函数由 STM32CubeMX 自动生成

表 3-2-10　定时器更新中断回调函数 HAL_TIM_PeriodElapsedCallback

函数原型	void HAL_TIM_PeriodElapsedCallback（TIM_HandleTypeDef *htim）
功能描述	回调函数，用于处理所有定时器的更新中断，用户在该函数内编写实际的任务处理程序
入口参数	htim：定时器句柄的地址
返回值	无
注意事项	1. 该函数由定时器中断通用处理函数 HAL_TIM_IRQHandler 调用，完成所有定时器的更新中断的任务处理 2. 函数内部需要根据定时器句柄实例来判断是哪一个定时器产生的本次更新中断 3. 函数由用户根据具体的处理任务编写

计数值读取函数 __HAL_TIM_GET_COUNTER 是一个带参数的宏，定义如下：

```
#define __HAL_TIM_GET_COUNTER(__HANDLE__)((__HANDLE__)->Instance->CNT)
```

入口参数 HANDLE 表示定时器句柄的地址。该函数通过直接访问计数器寄存器 TIMx_CNT 来获取计数器的当前计数值。

定时器中断标志清除函数 __HAL_TIM_CLEAR_IT 也是一个带参数的宏，定义如下：

```
#define __HAL_TIM_CLEAR_IT(__HANDLE__, __INTERRUPT__)
((__HANDLE__)->Instance->SR = ~(__INTERRUPT__))
```

入口参数有两个：HANDLE 表示定时器句柄的地址，INTERRUPT 表示定时器中断标志。该函数用于清除定时器相应的中断标志位。

__INTERRUPT__ 定义定时器中断标志，常用中断标志见表 3-2-11。

表 3-2-11　常用中断标志

宏常量定义	含义
TIM_IT_UPDATE	更新中断标志
TIM_IT_CC1	通道 1 的捕获 / 比较中断标志
TIM_IT_CC2	通道 2 的捕获 / 比较中断标志
TIM_IT_CC3	通道 3 的捕获 / 比较中断标志
TIM_IT_CC4	通道 4 的捕获 / 比较中断标志

5. STM32 定时器的 PWM 输出功能

（1）PWM 的工作原理

脉冲宽度调制（Pulse Width Modulation，PWM）是一种对模拟信号电平进行数法。对规定时间间隔的输入信号进行计数，根据设定的周期和占空比从 I/O 口输出控制信号，广泛应用于电机控制、灯光的亮度调节、功率控制等领域。一般用来控制 LED 的亮度或电机转速。

PWM 脉宽调制信号是数字信号，一个完整 PWM 波形所持续的时间称为周期，其中高电平持续时间（Ton）与周期时间（Period）的比值称为占空比（Duty）。电压是以一种重复脉冲序列被加到模拟负载上去的，接通时是高电平 1，断开时是低电平 0。接通时直流供电输出，断开时直流供电断开。不同占空比的 PWM 信号等效于不同的平均电压，平均电压等于峰值电压和占空比的乘积。通过对接通和断开时间的控制，理论上可以输出任意不大于最大电压值的模拟电压。

例如，峰值电压为 5V，占空比为 50%，即高电平时间占一半、低电平时间占一半。在一定的频率下，可以得到 2.5V 的平均电压。占空比为 75% 时，得到的平均电压就是 3.75V，如图 3-2-10 所示。

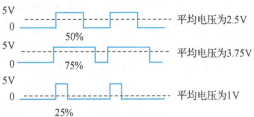

图 3-2-10　PWM 信号的电压调节原理

（2）定时器通道结构

除基本定时器外，每个定时器具备 1~4 个独立的通道，各个通道具有独立的输入捕获单元、捕获/比较寄存器和输出比较单元，但是共享同一个时基单元。定时器的通道结构如图 3-2-11 所示。

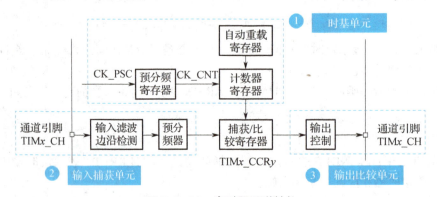

图 3-2-11　定时器通道结构

图 3-2-11 中的虚线框①为定时器时基单元，虚线框②为输入捕获单元，虚线框③为输出比较单元。每个通道可以选择作为输入捕获通道或输出比较通道，但只能选择其中一种。图中的 x 为定时器编号，取值范围为 1~14；y 为捕获/比较通道号，取值范围为 1~4。例如，TIM1_CCR3 表示定时器 1 的捕获/比较通道 3。具体的通道引脚号可查阅数据手册。

时基单元工作于定时器模式，预分频器时钟 CK_PSC 等于定时器时钟 TIMx_CLK。

输入捕获单元用于捕获外部触发信号，捕获方式为上升沿、下降沿或双边沿捕获。发生捕获事件时，将当前计数器的值锁存到捕获/比较寄存器（TIMx_CCRy）中，供用户读取，同时可以产生捕获中断。捕获/比较寄存器（TIMx_CCRy）在输入捕获模式下用于存放发生捕获事件时的当前计数值，在输出比较模式下用于存放预设的比较值。该寄存器具备预装载功能。

输出比较单元用于信号输出。定时器通过将预设的比较值与计数器的值进行匹配比较，以见各类输出，如 PWM 输出、单脉冲输出等。预设的比较值存放在捕获/比较寄存器中。

（3）PWM 输出的工作原理

图 3-2-12 为 STM32F407 生成 PWM 信号的示意图。

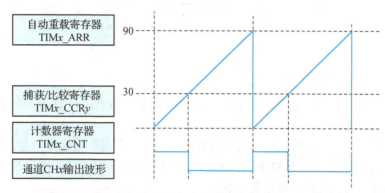

图 3-2-12　PWM 信号生成过程示意图（PWM1 模式）

如图 3-2-12 所示，设置自动重载寄存器 TIMx_ARR 的值为 90，捕获/比较寄存器 TIMx_CCRy 的值为 30。设置定时器为递增模式，TIMx_CNT 从 0 开始计数。当 TIMx_CNT<TIMx_CCRy 时，通道 CHx 输出有效电平（高电平）；当 TIMx_CCRy≤TIMx_CNT<TIMx_ARR 时，通道 CHx 输出无效电平（低电平）；当 TIMx_CNT=TIMx_ARR 时，TIMx_CNT 又从 0 开始计数。通道 CHx 即可不断输出 PWM 信号。

由此可知，自动重载寄存器 TIMx_ARR 的值控制 PWM 信号的周期，捕获/比较寄存器 TIMx_CCRy 的值控制 PWM 信号的占空比，计算公式如下：

$$Period = \frac{(ARR+1)(PSC+1)}{TIM\_CLK}$$

$$Duty = [CRR/(ARR+1)] \times 100\%$$

有效电平和无效电平的高低取决于捕获/比较使能寄存器 TIMx_CCER 的 CCxP 位。如果 CCxP 位配置为 0，则高电平为有效电平；如果 CCxP 位配置为 1，则低电平为有效电平。

定时器的每个通道都可以输出 PWM 信号，对于同一个定时器而言，它的多个通道共享同一个自动重载寄存器，因此可以输出占空比不同，但周期相同的 PWM 信号。

（4）PWM 输出模式

高级控制定时器的 PWM 输出模式有 PWM1 和 PWM2 两种，可通过捕获/比较使能寄存器 TIMx_CCER 的 CCxP 位进行配置。当 CCxP 位配置为 0 时，PWM1 模式和 PWM2 模式见表 3-2-12。

表 3-2-12　PWM1 与 PWM2 的区别

模式	计数器计数模式	PWM 输出说明
PWM1	递增	TIMx_CNT<TIMx_CCRy 时，通道 CHy 输出有效电平（高电平）
	递减	TIMx_CNT>TIMx_CCRy 时，通道 CHy 输出无效电平（低电平）
PWM2	递增	TIMx_CNT<TIMx_CCRy 时，通道 CHy 输出无效电平（低电平）
	递减	TIMx_CNT>TIMx_CCRy 时，通道 CHy 输出有效电平（高电平）

由表 3-2-12 可知，当计数器计数模式为递增计数，且高电平有效时，PWM1 模式下的 CCR 用于控制高电平持续的时间，PWM2 模式下的 CCR 用于控制低电平持续的时间。

> **小试牛刀**
>
> 如果要设置周期为1ms、占空比为50%的PWM信号，可以设置PSC=_____，ARR=_____，CRR= 外设总线频率 =_____。

6. STM32 定时器的输入捕获功能

输入捕获功能可以对输入信号的上升沿、下降沿或者双边沿进行捕获，常用于测量输入信号的脉宽和频率等参数。

在输入捕获模式下，当捕获到输入信号的有效边沿（上升沿/下降沿/双边沿）时，计数器 CNT 的当前值锁存到捕获寄存器 TIMx_CCR 中，供用户读取。把前后两次捕获到的 TIMx_CCR 寄存器中的值相减，就可以算出脉宽或频率。

（1）捕获通道的内部结构

捕获通道的内部结构如图 3-2-13 所示。

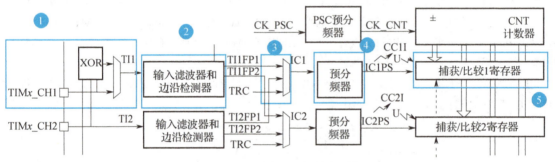

图 3-2-13　捕获通道的内部结构

图中，方框①为输入通道，被测量的信号从定时器的外部引脚 TIMx_CH1~TIMx_CH4 输入，通常称为 TI1~TI4。后文中对于需要被测量的信号统称为 TIx。

图中，方框②为输入滤波器和边沿检测器。如果输入的信号存在高频干扰，则需要进行滤波，即进行重新采样。根据采样定律，采样的频率必须大于等于两倍的输入信号。滤波器的配置由 TIMx 控制寄存器 1（TIMx_CR1）的位 CKD[1:0] 和 TIMx 捕获/比较模式寄存器 TIMx_CCMR1/2 的位 ICxF[3:0] 控制。

边沿检测器用来设置对输入信号的上升沿/下降沿/双边沿捕获。具体由捕获/比较使能寄存器 TIMx_CCER 的位 CCxP 和 CCxNP 决定。

图中，方框③为捕获通道。每个捕获通道都有相对应的捕获/比较寄存器 TIMx_CCR1~TIMx_CCR4，当发生捕获时，计数器 CNT 的值会被锁存到捕获寄存器中。一个输入通道的信号可以同时输入给两个捕获通道。例如，输入通道 TI1 的输入信号经过滤波边沿检测器之后可以同时向捕获通道 IC1 和 IC2 输出，为了便于区别，将其按输入方向命名为 TI1FP1 和 TI1FP2。只有一路输入信号 TI1 却占用了两个捕获通道 IC1 和 IC2，这种情况一般用于 PWM 输入捕获。如果只需要测量输入信号的周期，用一个捕获通道即可。

捕获通道可以选择的输入信号有 3 个，以捕获通道 IC1 为例，其输入信号可以选择来自输入通道 1 的 TI1FP1（直接输入方式），也可以选择来自捕获通道 2 的 TI2FP1（间接输入方式），或者选择来自模式管理器的触发信号 TRC。输入通道和捕获通道的映射关系由捕获/比较模式寄存器 TIMx_CCMR1/2 的位 CCxS[1:0] 配置。

图中，方框④为预分频器。ICx 的输出信号会经过一个预分频器，用于决定发生多少有效跳变沿进行一次捕获。具体由捕获/比较模式寄存器 TIMx_CCMR1/2 的 ICxPSC[1:0] 位配置，如果希望捕获信号的每一个边沿，则配置为"00"。

图中，方框⑤为捕获/比较寄存器。经过预分频器的信号 ICxPS 为最终捕获信号，当发生捕获时（第 1 次），计数器 CNT 的值会被锁存到捕获/比较寄存器 TIMx_CCR1~TIMx_CCR4 中，同时产生 CCxI 中断，定时器状态寄存器 TIMx_SR 的触发中断标志位 CCxIF 被置位，通过软件或读取 CCR 中的值可以将 CCxIF 清零。如果发生第 2 次捕获（重复捕获：CCR 寄存器中已捕获到计数器的值，且 CCxIF 标志已置 1），则定时器状态寄存器 TIMx_SR 的重复捕获标志位 CCxOF 会被置位。CCxOF 只能通过软件清零。

图 3-2-14 为定时器输入捕获过程示意图，假设设置为上升沿捕获，定时器采用递增计数模式。被捕获信号在 t_b 时刻出现了第一次上升沿，触发第一次捕获，计数器 CNT 的值将被锁存到捕获寄存器中，并触发捕获中断，在中断回调函数中保存 t_b 时刻的捕获值"3"。输入信号在 t_d 时刻出现第二次上升沿，触发第二次捕获，计数器 CNT 的值将被锁存到捕获寄存器中，并触发捕获中断，在中断回调函数中保存 t_d 时刻的捕获值"12"。将两次捕获到的值相减，再乘计数时间，可计算出捕获信号的周期。

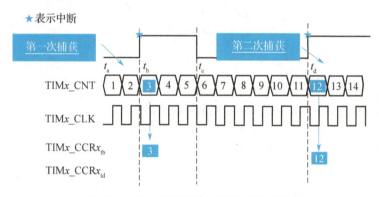

图 3-2-14　定时器输入捕获过程示意图

信号参数的计算公式如下。

1）周期 Period=Diff/TIMx_CLK(PSC+1)，Diff 为捕获差值。

2）频率 Freq=TIMx_CLK/[Diff(PSC+1)]。

当待测信号不大于定时器的一个完整计数周期（从 0 到 ARR）时，假设两次连续的捕获值分别为 CCRx_1 和 CCRx_2，则捕获差值 Diff 可以按照如下方法计算。

1）如果 CCRx_1<CCRx_2：Diff=CCRx_2-CCRx_1。

2）如果 CCRx_1>CCRx_2：捕获差值 Diff=(ARR+1-CCRx_1)+CCRx_2。

如果待测信号大于定时器的一个完整计数周期，则需要结合定时器的更新中断次数来计算捕获差值。

（2）PWM 输入模式

PWM 输入模式是输入捕获模式的一个特例。以输入通道 TI1 为例，当使用 PWM 输入模式时，PWM 信号由输入通道 TI1 进入后，被分为两个相同的信号 TI1FP1 和 TI2FP2，分别输入给捕获通道 IC1 和捕获通道 IC2，将其中一个信号设置为触发信号，同时设置触发信号的极性为上升沿捕获或下降沿捕获，硬件会自动将另一个信号配置为相反的极性。触发信号用来测量 PWM 的周期，另一个信号用来测量脉冲宽度。当使用 PWM 输入模式时，必须将从模式控制器配置为复位模式（通过配置存器 SMCR 的 SMS[2:0] 位实现），即启动触发信号开始进行捕获时，同时把计数器 CNT 复位清零。

图 3-2-15 所示为 PWM 输入模式时序图，PWM 信号由输入通道 TI1 进入，配置 TI1FP1 为触发信号，上升沿捕获。当输入信号出现上升沿时，IC1 和 IC2 同时捕获，计数器 CNT 清零。当出现下降沿时，IC2 捕获，此时计数器 CNT 的值被锁存到捕获寄存器 CCR2 中，出现下一个上升沿时，IC1 捕获，计数器 CNT 的值被锁存到捕获寄存器 CCR1 中。其中 CCR2 测量的是脉宽，CCR1 测量的是周期。

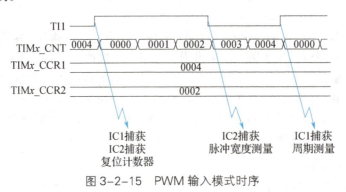

图 3-2-15　PWM 输入模式时序

7. 外部中断处理

本任务需要通过两个按键进行时间的调整，按下按键 S1 可以选择调整小时或分钟；按键 S2 可以调整时间，按一次加 1。S1、S2 之间无须设置优先级。

任务实施

1. 硬件组装

（1）板间连接

本任务涉及智能车核心控制模块上的 STM32F407IGT6 微控制器和按键，以及四位数码管模块。智能车核心控制模块和四位数码管模块之间的连接和本项目任务 1 中的接法相同。

（2）硬件连接

请结合知识储备和四位数码管显示模块原理图，编制表 3-2-13，并将四位数码管模块与 STM32F407IGT6 相连。

表 3-2-13　智能车时间显示器硬件连接线

接口名称	STM32F407IGT6 引脚	数码管显示模块	功能说明
74HC595 驱动	PA4	RCK	存储寄存器时钟输入
	PB3	SCK	移位寄存器时钟
	PA7	SI	串行数据输入
	PA6	OE	

（续）

接口名称	STM32F407IGT6 引脚	数码管显示模块	功能说明
数码管位选通	PI2	D0	选通数码管第一位
	PI7	D1	选通数码管第二位
	PA1	A0	选通数码管第三位
	PF8	A1	选通数码管第四位
S1 按键	PE4		1 档
S2 按键	PE3		2 档

2. 软件编程

（1）配置 STM32CubeMX

在 C 盘下的"STM32F407"文件夹中建立"TASK3-2"子文件夹。打开 STM32CubeMX 软件，依据项目 1 任务 2 搭建基础配置工程的步骤，建立本任务的基础配置工程，操作步骤不再赘述。在"TEST.ioc"中继续完善 STM32CubeMX 配置的其他配置。

智能车时间显示器的 STM32CubeMX 配置方法

➢ GPIO_EXTI 配置

在 STM32CubeMX 软件界面右侧的 Pinout view 搜索框中输入要分配的引脚名称 PE4，对应引脚将会闪烁，单击闪烁的引脚，将其设置为外部中断功能，与外部中断线 GPIO_EXTI4 连接。用同样的方法搜索引脚 PE3，也设置为外部中断功能，与外部中断线 GPIO_EXTI3 连接。

如图 3-2-16 所示，在软件界面左侧的类别栏中单击【System Core】并选中【GPIO】，配置引脚的参数。在出现的引脚列表中单击选中引脚，进行详细配置。其中，【GPIO mode】表示需要配置的边沿触发方式，有上升沿、下降沿和双边沿触发 3 个选择。此处根据具体情况进行选择，本任务中 PE3、PE4 都配置为下降沿触发（External Interrupt Mode with Falling edge detection）。【GPIO Pull-up/Pull-down】表示是否需要上拉电阻、下拉电阻。此处选择上拉电阻（Pull-up）。【User Label】表示用户标签，分别标注 S2、S1。

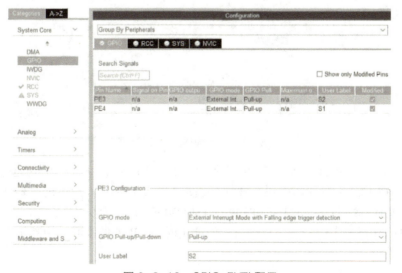

图 3-2-16 GPIO_EXTI 配置

➤ NVIC 配置

配置好外部中断的触发方式后，还需要配置 NVIC，因为最终芯片上的所有中断都是由 NVIC 进行调配。如图 3-2-17 所示，在【System Core】中找到【NVIC】，在中间的配置窗口中进行 NVIC 详细配置。首先，在【Priority Group】选项下设置优先级分组，此处选择第 4 组（16 级抢占优先级，没有响应优先级）。然后，勾选【EXTI line3 interrupt】和【EXTI line4 interrupt】对应的【Enabled】复选框，优先级选用默认值。

NVIC Interrupt Table	Enabled	Preemption Priority	Sub Priority
Non maskable interrupt	☑	0	0
Hard fault interrupt	☑	0	0
Memory management fault	☑	0	0
Pre-fetch fault, memory access fault	☑	0	0
Undefined instruction or illegal state	☑	0	0
System service call via SWI instruction	☑	0	0
Debug monitor	☑	0	0
Pendable request for system service	☑	0	0
Time base: System tick timer	☑	15	0
PVD interrupt through EXTI line 16	☐	0	0
Flash global interrupt	☐	0	0
RCC global interrupt	☐	0	0
EXTI line3 interrupt	☑	0	0
EXTI line4 interrupt	☑	0	0

图 3-2-17　NVIC 配置

➤ 定时器配置

本任务使用基本定时器 TIM6 实现 1s 计时。如图 3-2-18 所示，设置 TIM6 的时钟频率，将 TIM6 挂接在外设总线 APB1 上，设置 TIM6 时钟频率为 84MHz。

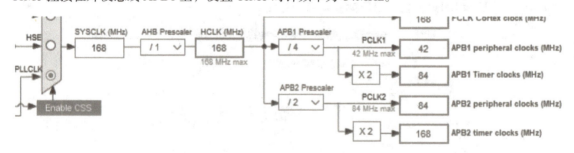

图 3-2-18　设置定时器时钟频率

配置定时器时基单元。如图 3-2-19 所示，在【Timers】侧边栏中勾选【TIM6】，勾选【Activated】，在【Counter Settings】一栏中设置预分频系数 PSC，将定时器工作频率设置为 1Hz。根据前文计算结果，设置 PSC=8399，自动重载值 ARR 为 9999。

在侧边栏【Timers】中勾选【TIM6】，使能定时器 TIM6 的中断。中断优先级使用默认值，如图 3-2-20 所示。

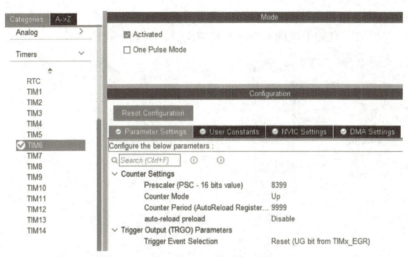

图 3-2-19　定时器时基单元配置

图 3-2-20　使能定时器 TIM6 的中断

➢ GPIO_Output 配置

搜索引脚 PA4、PA6、PA7、PB3、PI2、PI7、PA1、PF8，将它们全部配置为 GPIO_Output 模式。如图 3-2-21 所示，配置输出电平为低电平，GPIO 模式为推挽输出（Output Push Pull），无上下拉电阻，输出速度为低速，引脚名称按照表 3-1-9 命名。

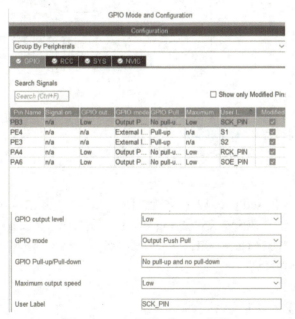

图 3-2-21　GPIO_Output 配置

完成以上所有配置后，单击软件界面右上角的【GENERATE CODE】生成代码。如图 3-2-22 所示，STM32CubeMX 自动生成 main.c、gpio.c、stm32f4xx_it.c、tim.c 和 stm32f4xx_ hal_msp.c 文件，其中，gpio.c、tim.c 和 stm32f4xx_hal_msp.c 已经满足了本任务的配置需求，无须对其改动，但需要知道自动生成的 GPIO 的宏定义，以备后面代码调用。

图 3-2-22　自动生成代码

（2）代码流程

在 STM32CubeMX 生成代码的基础上，整体代码流程如图 3-2-23 所示。

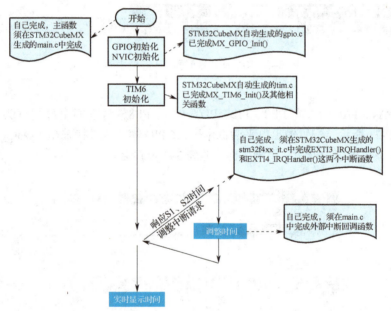

图 3-2-23　本任务的代码流程

（3）MDK 代码编写

在工程"TASK3_2"下 Add Group，命名为"User_Code"，复制本项目任务 1 中的数码管初始化代码"smg_drv.c"、数码管头文件"smg_drv.h"、延时函数"delay.c"和延时函数头文件"delay.h"。将它们加入"User_Code"组，并配置头文件包含路径。其中，延时函数和项目 2 任务 1 的代码一样，在此不再介绍。

➢ smg_drv.c 编写

在"smg_drv.h"中输入以下代码：

```
#ifndef _SMG_DRV_H
#define _SMG_DRV_H
#include <stdio.h>
void HC595_Send(unsigned char dat);
```

```c
#endif // _SMG_DRV_H
```

在"smg_drv.c"中输入以下代码:

```c
#include "smg_drv.h"
#include "main.h"
#include "gpio.h"
#include "delay.h"
#include "tim.h"
//74HC595
#define HC595_SI(val)  HAL_GPIO_WritePin(SI_PIN_GPIO_Port,SI_PIN_Pin,val)
#define HC595_RCK(val) HAL_GPIO_WritePin(RCK_PIN_GPIO_Port,RCK_PIN_Pin,val)
#define HC595_SCK(val) HAL_GPIO_WritePin(SCK_PIN_GPIO_Port,SCK_PIN_Pin,val)
/*******************************
功  能:HC595发送数据
参  数:dat    数据
返回值:无
*******************************/
void HC595_Send(unsigned char dat)
{
    unsigned char i;
    for(i=0;i<8;i++)
    {       //先发高位
        if(dat&0x80)    HC595_SI(GPIO_PIN_SET);     //写数据1
        else            HC595_SI(GPIO_PIN_RESET);   //写数据0
        dat<<=1;       //数据左移一位
            HC595_SCK(GPIO_PIN_RESET);  //移位脉冲清零
            HC595_SCK(GPIO_PIN_SET);    //移位脉冲置位,上升沿写入数据
    }
    HC595_RCK(GPIO_PIN_RESET);//输出脉冲清零
    HC595_RCK(GPIO_PIN_SET);  //输出脉冲置位,上升沿输出数据
}
```

➢ main.c 编写

在 main.c 中完善代码:

```c
/* Includes ------------------------------------------------------------------*/
#include "main.h"
#include "tim.h"
#include "gpio.h"
/* Private includes ----------------------------------------------------------*/
/* USER CODE BEGIN Includes */
#include "led_drv.h"
#include "delay.h"
#include "smg_drv.h"
/* USER CODE END Includes */
/* USER CODE BEGIN PV */
// 共阴极数码管段码对应表 0~9、A~F
const uint8_t LED[]={0x3f,0x06,0x5b,0x4f,0x66,0x6d,0x7d,0x07,0x7f,0x6f,0x77,0x7c,0x39,0x5e,0x79,0x71};
// 不带小数点 0~F
```

```c
unsigned char keyborad = 0;
uint8_t System_state=0;/*系统状态,0:正常状态,时间自动加;1:设定小时;2:设定分钟*/
uint8_t   dot_flag = 0;
uint8_t   setting_flag = 0;
uint8_t   flicker_flag = 0;
uint16_t  show_time_value;
uint8_t   hour = 13,min = 30,sec = 0;
uint8_t   _5mS_flag = 0;//5mS 时间标志位
uint8_t   _500mS_flag = 0,_1S_flag = 0;//0.5S 1S 时间标志位
uint8_t   dis_buf[4];    // 定义数组分别用来存放显示时间的 十位和个位的段码
uint8_t   set_delay_time=0;
/* USER CODE END PV */
/* Private function prototypes -----------------------------------------------*/
void SystemClock_Config(void);
void display(void);
void Key_handler(void);
void _05S_handler(void);
void _1s_handler(void);
int main(void)
{
/* Reset of all peripherals, Initializes the Flash interface and the Systick. */
  HAL_Init();
/* Configure the system clock */
  SystemClock_Config();
  /* USER CODE BEGIN SysInit */
  Delay_Init(168);
  /* USER CODE END SysInit */
/* Initialize all configured peripherals */
  MX_GPIO_Init();
  MX_TIM6_Init();
  /* USER CODE BEGIN 2 */
HAL_TIM_Base_Start_IT(&htim6);// 开启定时器
  dis_buf[0]=LED[hour/10];
   dis_buf[1]=LED[hour%10];
   dis_buf[2]=LED[min/10];
   dis_buf[3]=LED[min%10];
  /* USER CODE END 2 */
  /* Infinite loop */
  /* USER CODE BEGIN WHILE */
    while (1)
    {
    /* USER CODE END WHILE */

     /* USER CODE BEGIN 3 */
     Key_handler( );  //检测到按键时,执行按键操作
     if(_5mS_flag ==1)
     {
     _5mS_flag =0;
      display();      // 动态显示
     }
```

```c
        if(_500mS_flag != 0)//0.5S 标志位
          {
          _05S_handler( );// 闪烁控制
          _500mS_flag=0;
          }
        if(_1S_flag ==1 )
          {
          _1s_handler( );
          _1S_flag = 0;
          }
        }
  /* USER CODE END 3 */
}
/* USER CODE BEGIN 4 */
/*******************************
**1s 时间处理程序
********************************/
void _1s_handler(void)
{
    if(System_state==0)// 非设定状态自动调整时间
    {
        sec++;
        if(sec>=60)
        {
            sec=0;
            min++;
            if(min>=60)
            {
                min=0;
                hour++;
                if(hour>=24) hour=0;
            }
            dis_buf[0]=LED[hour/10];
            dis_buf[1]=LED[hour%10];
            dis_buf[2]=LED[min/10];
            dis_buf[3]=LED[min%10];// 更新显示缓冲区
        }
    }
    else
    {
    set_delay_time++;
        if(set_delay_time>20)// 设定状态 20s 无动作
        {
            set_delay_time=0;
            System_state=0;// 退出设定状态
        }
    }
}
/******************************************************************
```

```c
**0.5s 时间处理程序
** 每秒钟 分钟显示数码管的个位的数码管小数点闪烁一次
** 在设定时对应的数码管闪烁一次
*********************************************************************/
void _05S_handler(void)
{
    dis_buf[3] ^=0x80;  //分钟个位数码管小数点闪烁
      if(System_state==1)
      {
        if(_500mS_flag==1)
             {
                  dis_buf[0]=0;
                  dis_buf[1]=0;//关闭显示
             }
        else if(_500mS_flag==2)
        {
                 dis_buf[0]=LED[hour/10];
                 dis_buf[1]=LED[hour%10];//更新显示缓冲区
                }
    }
      else if(System_state==2)
      {
        if(_500mS_flag==1)
             {
                  dis_buf[2]=0;
                  dis_buf[3]=0;//关闭显示
             }
        else if(_500mS_flag==2)
        {
                 dis_buf[2]=LED[min/10];
                 dis_buf[3]=LED[min%10];//更新显示缓冲区
                    }
        }
}
/*********************************************************************
** 按键处理程序,当单片机检测到有按键动作时调用
**
*********************************************************************/
void Key_handler(void)
{
   if(keyboard==0)  return ;//没有按键时返回
      if(System_state==0)
      {
        if(keyboard==1)
            {
                System_state=1; // 进入设定小时、状态
                set_delay_time=0;
            }
```

```c
        }
    else if(System_state==1)
    {
        if(keyboard==1)
            {
                System_state=2;  // 进入设定分钟、状态
                set_delay_time=0;
            }
            else if(keyboard==2 )
            {
                set_delay_time=0;
                if(hour<23) hour += 1;
          else hour  = 0;
            dis_buf[0]=LED[hour/10];
            dis_buf[1]=LED[hour%10];// 更新显示缓冲区
            }
    }
    else if(System_state==2)
    {
        if(keyboard==1)
            {
             System_state=0;  // 正常工作状态
             set_delay_time=0;
            }
            else if(keyboard==2 )
            {
              set_delay_time=0;
              if(min<59 ) min += 1;
               else         min=0;
                dis_buf[2]=LED[min/10];
                dis_buf[3]=LED[min%10];// 更新显示缓冲区
            }
        }
    keyboard=0;
}
/************************************************************
** 使用 4 位共阴极数码管动态显示时间数据
** 数码管的段码使用 1 片 74HC595 串入并出驱动
** 四位数码管位选端分别使用下列引脚经过 N 沟道 MOS 管驱动
**COM1 --- PI2
**COM2 --- PI7
**COM3 --- PA1
**COM4 --- PF8
** 位选端口输出低电平，数码管熄灭；输出高电平，数码管点亮
** 显示程序 5mS 时间调用一次，4 位数码管轮流显示一次，用 20ms 时间
** 数码管动态刷新频率为 50Hz
*************************************************************/
void display(void)
```

```c
{
    static  uint8_t  i=0;// 记录显示数码管位置0、1、2、3分别对应数码管1、2、3、4
    HC595_OE(GPIO_PIN_RESET);//74HC595 输出允许
    COM1(LED_OFF);
    COM2(LED_OFF);
    COM3(LED_OFF);
    COM4(LED_OFF);       // 关闭显示, 消除残影
    HC595_Send( dis_buf[i] );        // 送显示段码
    if(i==0)     COM1(LED_ON);
    else if(i==1)COM2(LED_ON);
    else if(i==2)COM3(LED_ON);
    else if(i==3)COM4(LED_ON);// 送位码
    i++;
    if(i>=4)i=0;// 调整下次显示数码管位置
}
void HAL_TIM_PeriodElapsedCallback(TIM_HandleTypeDef *htim)
{
    static   uint8_t   count=0;// 定义变量记录进入中断次数
    if(htim->Instance == TIM6)//5ms 中断一次
    {
        count++;
        _5mS_flag = 1;
        if(count>=200)//5mS 时间到
        {
            count=0;   _1S_flag = 1;//1s 标志位置位
        }
        if(count%100 == 0)//0.5s 标志位置位
        {
          if(_1S_flag == 1)  _500mS_flag = 2;
            else              _500mS_flag = 1;
        }
    }
}
void HAL_GPIO_EXTI_Callback(uint16_t GPIO_Pin)
{
    if(GPIO_Pin==S1_Pin) keyboard = 1;
    if(GPIO_Pin==S2_Pin) keyboard = 2;
    if(GPIO_Pin==S3_Pin) keyboard = 3;
    if(GPIO_Pin==S4_Pin) keyboard = 4;
}
/* USER CODE END 4 */
```

3. 软硬件联调

程序设计好后，编译并生成目标代码，下载到核心控制模块中，实现任务功能。本任务运行效果如图 3-2-24 所示。

项目 3　智能车行车显示系统的设计与实现

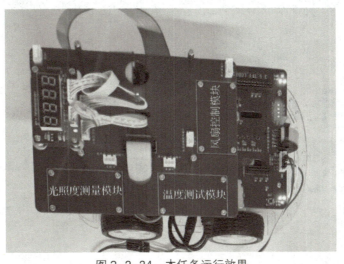

实验运行效果

图 3-2-24　本任务运行效果

学后思

请大家根据问题完成复盘。

任务复盘表

回顾目标	评价结果	分析原因	总结经验
是否完成了任务？和你做的计划一致吗？	完成任务的过程中你做得好的地方有哪些？存在哪些问题？	完成任务的关键因素有哪些？出现问题的原因是什么？	如果让你再做一遍，你会如何改进？写下你的创意想法。

任务拓展

智能车保养提示

随着集成和数字控制技术的高速发展，汽车仪表已不再是一个只提供转速、车速的简单元件，它能展示更多的重要信息，甚至发出告警，为驾驶人提供更多样化的选择和个性化的驾驶体验。例如，当车辆达到保养里程时，驾驶人每次起动车辆，扳手形状的保养指示灯都会点亮一定时间，提醒驾驶人及时保养车辆。完成车辆保养后，可通过复位按钮关掉保养指示灯。本次拓展任务用一个 LED 模拟车辆保养指示灯，用两位数码管显示倒计时模拟保养里程信息，用两个按键分别模拟点火开关和复位按钮。倒计时没有结束时，按下按键 1，保养指示灯不亮。当倒计时结束时，每次按下按键 1，保养指示灯点亮 10s，直到按下按键 2，重新开始倒计时。

拓中思

你能根据定时器原理完成保养指示灯的程序设计吗？试着写出自己的思路。

项目 4

智能车温度控制系统的设计与实现

智能车温度控制系统的设计与实现

温控系统又称整车热管理系统,主要功能就是对整车内部温度及部件工作环境温度进行控制和调节,以保证部件能正常工作,给驾乘人员提供舒适的驾乘环境。自动温控系统由车内温度传感器、车外空气温度传感器、蒸发器温度传感器、阳光传感器、加热器和冷凝器风扇、车内控制装置组成。自动温控系统的原理是根据各传感器检测到车内的温度、蒸发器温度、发动机冷却液温度以及其他有关的开关信号等输出控制信号,控制散热器风扇、冷凝器风扇、压缩机离合器、鼓风机电动机及其空气控制电动机的工作状态,实现自动控制车内温度。

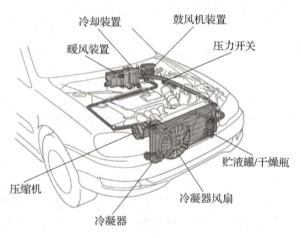

本项目结合现代新能源车和智能化电子产品的特点,结合嵌入式技术应用技能大赛主控板 STM32F407,介绍 STM32 系列微控制器中 ADC 和 DAC 的使用。ADC 先测出温度传感器 LM35 的温度数据值,再将温度数据值经过 DAC 转换成不同区间的模拟电压量,从而控制风扇以不同的速度转动,使车内能保持一个相对平衡的温度。通过本项目训练,学生能够提高实践能力,打下一定的嵌入式系统技术基础。

素质目标:(1)能阅读芯片手册和硬件框图,养成阅读芯片手册的习惯。

(2)学会记录程序调试过程中的数据,提高程序稳定性与执行效率。

能力目标:(1)能够在项目实施前分析、调研实现智能车内部温度测量和自动空调系统的具体功能需求。

(2)能够实现智能车风扇驱动的硬件电路分析与搭建,能够实现温度传感器的

项目 4 智能车温度控制系统的设计与实现

数据采集与应用。

（3）能够配置并编写 STM32F407 的 ADC 将温度传感器 LM35 的模拟值转换为数据值的程序，能够配置并编写 DAC 将数据温度值转换为三等模拟电压值驱动风扇的程序。

（4）能够软硬件联调电机，能够排除硬件和程序的一般故障。

知识目标：（1）了解常用的温度传感器的工作原理和电信号的形式与转换。

（2）了解 ADC 和 DAC 的结构、它们的工作模式与过程。

（3）了解 ADC 和 DAC 的相关寄存器。

（4）掌握 STM32 的 ADC 和 DAC 的配置与应用。

建议学时：10 学时

知识地图：

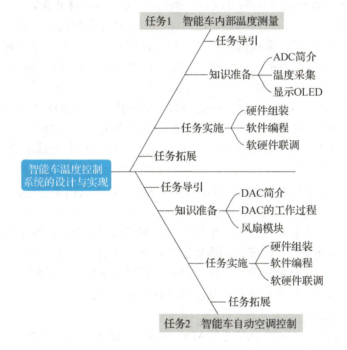

任务 1　智能车内部温度测量

任务导引

温控系统是智能车不可或缺的一部分，它不仅能为驾乘人员提供舒适的驾乘环境，还能有效地保证某些零部件正常、高效工作。温控系统的首要任务就是对智能车各个部分的温度实现精确的测量。

本任务先使用温度传感器将温度值转换成控制器能够测量的电压值，再通过 ADC 转换成数字量，最后计算得到实际温度值并在液晶显示屏上显示。

知识准备

学前思

在了解了任务需求后,请你认真思考并写出完成以上任务时可能会存在的问题。

_____

_____

下面带着问题一起来进行知识探索。

1. ADC 简介

(1) ADC 的主要特性

模拟数字转换器(Analog-to-digital Converter,ADC)可以将外部的模拟信号转换为数字信号。在实际工作和生活中,我们能够感知的温度、水位高度等物理量,都是随着时间连续变化的物理量,称之为模拟信号。模拟信号不易存储、计算和传输。数字信号是指用一组特殊状态来描述的信号,目前常见的表示信号的数字就是二进制数。实现 A/D 转换有专门的集成电路芯片,很多功能强大的微控制器内部大部分也集成了 ADC。

STM32F407 拥有 3 个 ADC,这些 ADC 可以独立使用,其中 ADC1 和 ADC2 还可以组成双重模式(提高采样率)。STM32F407 的 ADC 是 12 位逐次逼近型 ADC,它有 19 个通道,可测量 16 个外部信号源、2 个内部信号源和 VBAT 通道的信号。ADC 中各个通道的 A/D 转换可在单次、连续、扫描或间断采样模式下进行。ADC 具有模拟看门狗的特性,允许应用检测输入电压是否超过了用户自定义的阈值上限或下限。STM32F407 的 ADC 具有以下特性:

1)可配置 12 位、10 位、8 位或 6 位分辨率;

2)在转换结束、注入转换结束及发生模拟看门狗或溢出事件时产生中断;

3)单次和连续转换模式,用于自动将通道 0 转换为通道 n 的扫描模式;

4)数据对齐以保持内置数据的一致性,可独立设置各通道采样时间;

5)外部触发器选项,可为规则转换和注入转换配置极性;

6)不连续采样模式;

7)双重/三重模式(具有两个或更多 ADC 的器件提供)可配置的 DMA 数据存储;

8)双重/三重交替模式下可配置的转换间延迟;

9)规则通道转换期间可产生 DMA 请求。

(2) ADC 的内部结构

STM32F407 的 ADC 结构框图如图 4-1-1 所示。

1)电压输入范围。

如图 4-1-1 中标号①所示,ADC 的电压输入范围为 $V_{REF-} \leqslant V_{IN} \leqslant V_{REF+}$。由 V_{REF-}、V_{REF+}、V_{DDA}、V_{SSA} 这 4 个外部引脚决定,见表 4-1-1。

表 4-1-1 STM32F407 中 ADC 的引脚功能

名称	信号类型	备注
V_{REF+}	正模拟参考电压输入	ADC 高/正参考电压,$1.8V \leqslant V_{REF+} \leqslant V_{DDA}$
V_{DDA}	模拟电源输入	模拟电源电压等于 V_{DD};全速运行时,$2.4V \leqslant V_{DDA} \leqslant V_{DD}$(最大 3.6V);低速运行时,$1.8V \leqslant V_{DDA} \leqslant V_{DD}$(最大 3.6V)

(续)

名称	信号类型	备注
V_{REF-}	负模拟参考电压输入	ADC 低/负参考电压，$V_{REF-}=V_{SSA}$
V_{SSA}	模拟电源接地输入	模拟电源接地电压等于 V_{SS}
ADCx_IN[15:0]	模拟输入信号	16 个模拟输入通道

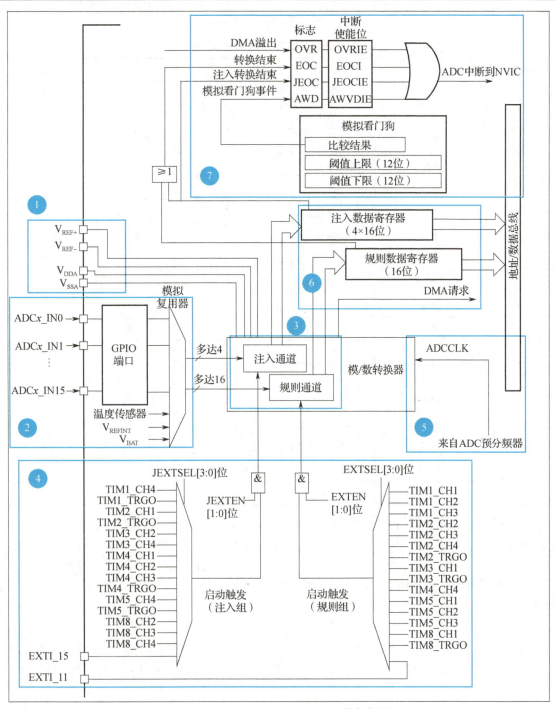

图 4-1-1 STM32F407 的 ADC 结构框图

STM32F407 的 ADC 不能直接测量负电压，当需要测量负电压或测量的电压信号超出该范围时，需要先经过调理电路进行平移或利用电阻分压后再进行测量。

2）输入通道。

确定好 ADC 的输入电压之后，通过通道将电压输入 ADC。STM32F407 的 ADC 多达 19 个通道，如图 4-1-1 中标号②所示，其中外部的 16 个通道就是 ADCx_IN0~ADCx_IN15。这 16 个通道对应着不同的 I/O 口。其中，ADC1~ADC3 还有内部通道：ADC1 的通道 ADC1_IN16 连接到内部的 V_{SS}，通道 ADC1_IN17 连接到内部参考电压 V_{REFINT}，见表 4-1-2。

表 4-1-2 STM32F4xx 的 ADC 通道

ADC1	I/O	ADC2	I/O	ADC3	I/O
通道 0	PA0	通道 0	PA0	通道 0	PA0
通道 1	PA1	通道 1	PA1	通道 1	PA1
通道 2	PA2	通道 2	PA2	通道 2	PA2
通道 3	PA3	通道 3	PA3	通道 3	PA3
通道 4	PA4	通道 4	PA4	通道 4	PF6
通道 5	PA5	通道 5	PA5	通道 5	PF7
通道 6	PA6	通道 6	PA6	通道 6	PF8
通道 7	PA7	通道 7	PA7	通道 7	PF9
通道 8	PB0	通道 8	PB0	通道 8	PF10
通道 9	PB1	通道 9	PB1	通道 9	PF3
通道 10	PC0	通道 10	PC0	通道 10	PC0
通道 11	PC1	通道 11	PC1	通道 11	PC1
通道 12	PC2	通道 12	PC2	通道 12	PC2
通道 13	PC3	通道 13	PC3	通道 13	PC3
通道 14	PC4	通道 14	PC4	通道 14	PF4
通道 15	PC5	通道 15	PC5	通道 15	PF5
通道 16	连接内部温度传感器	通道 16	连接内部 V_{SS}	通道 16	连接内部 V_{SS}
通道 17	连接内部 V_{REFINT}	通道 17	连接内部 V_{SS}	通道 17	连接内部 V_{SS}

外部的 16 个通道在转换的时又分为规则通道组和注入通道组。规则通道组最多有 16 路，注入通道组最多有 4 路。规则通道相当于正常运行的程序，注入通道相当于中断。注入通道的转换可以打断规则通道的转换，在注入通道转换完成后，规则通道才可以继续转换。在工业应用中，有很多检测需要较快地进行处理，对 ADC 转换的分组简化了事件处理程序，并提高了事件处理的速度。

3）转换顺序。

如图 4-1-1 中标号③所示，当有多个 ADC 通道待转换时，可以通过规则序列寄存器和注入序列寄存器设置转换顺序。本任务不需要该操作，因此不再赘述，具体可查阅《STM32F4xx 中文参考手册》。

4)触发源。

选好通道,并设置好转换的顺序,就可以开始转换了。ADC 可以由 ADC 控制寄存器 2:ADC_CR2 的 ADON 这个位来控制,写 1 时开始转换,写 0 时停止转换。这个是最简单也是最好理解的开启 ADC 的控制方式。

ADC 还支持外部事件触发转换,这类触发包括内部定时器触发和外部 I/O 触发,如图 4-1-1 的标号④所示。触发源有很多,具体选择哪一种触发源,由 ADC 控制寄存器 2:ADC_CR2 的 EXTSEL[2:0] 和 JEXTSEL[2:0] 位来控制,具体可查阅《STM32F4xx 中文参考手册》。

5)转换时间。

ADC 的总转换时间与 ADC 的输入时钟和采样时间有关:

$$T_{conv}= 采样时间 +12 个周期 \tag{4-1-1}$$

ADC 输入时钟 ADC_CLK 由 PCLK2 经过分频产生,如图 4-1-1 的标号⑤所示,一般设置 PCLK2=HCLK/2=84MHz。ADC_CLK 一般使用 PCLK2 的 4 分频或 6 分频。采样时间设置为 3 个周期,一般设置 PCLK2=84MHz,经过 ADC 预分频器能分频到的最大时钟只能是 21MHz,算出最短的转换时间为 0.7142μs,这是最常用的转换时间。

6)数据寄存器。

如图 4-1-1 中标号⑥所示,一切准备就绪后,ADC 转换后的数据根据通道组的不同进行存储,规则通道组的数据放在规则数据寄存器 ADC_DR,注入通道组的数据放在注入数据寄存器 JDRx。如果是使用双重或三重模式,规则通道组的数据是存放在通用规则数据寄存器 ADC_CDR 内的。

7)中断。

数据转换结束后,可以产生中断。中断分为 4 种:规则通道转换结束中断、注入通道转换结束中断、模拟看门狗中断和溢出中断。其中,规则通道转换结束中断和注入通道转换结束中断跟平时接触的中断一样,有相应的中断标志位和中断使能位,如图 4-1-1 的标号⑦所示,可以根据中断类型写配套的中断服务程序。

8)电压转换。

模拟电压经过 ADC 转换后,会成为一个相对精度的数字值。一般在设计原理图时把 ADC 的输入电压范围设定在 0~3.3V,如果设置 ADC 为 12 位的,那么 12 位满量程对应的就是 3.3V,12 位满量程对应的数值是:2^{12}。数值 0 对应的就是 0V,如果转换后的数值为 X,X 对应的模拟电压为 Y,则有 $2^{12}/3.3=X/Y$,推导可得

$$Y = (3.3 X)/2^{12} \tag{4-1-2}$$

2. 温度采集

(1)温度传感器

温度传感器(Temperature Sensor)是能感受温度并将其转换成可用输出信号的传感器。温度传感器是温度测量仪表的核心部分,品种繁多。根据温度传感器发展的 3 个阶段可将温度传感器划分为:传统的分立式温度传感器、集成模拟温度传感器、智能温度传感器。目前国际上新型温度传感器正从模拟式向数字式、从集成化向智能化和网络化的方向发展。

通过感温元件来分类,分立式温度传感器可以大致分成热电阻温度传感器、热电偶温度传感器、热敏电阻温度传感器三大类。

与分立式温度传感器相比,集成模拟温度传感器具有灵敏度高、线性度好、响应速度快等

优点,而且它还将驱动电路、信号处理电路及必要的逻辑控制电路集成在单片IC上,具有实际尺寸小、使用方便等优点。常见的集成模拟温度传感器有LM3911、LM335、LM35、LM45、AD22103、AD590等。

智能温度传感器(又称为数字温度传感器)与各种微处理器结合,连接到网络中,通过智能技术(人工智能技术、神经网技术、模糊技术等)对采样数据进行处理,形成带有信号处理、温度控制、逻辑功能等一系列功能的温度传感器。

(2)LM35简介

LM35系列产品的输出电压与摄氏温度成线性正比关系。在室温下提供±0.25℃的精度,而在-55~150℃的完整温度范围内提供±0.75℃的精度。LM35的额定工作温度范围为-55~150℃,LM35C的额定工作温度范围为-40~110℃。LM35可使用单电源或正负电源供电,工作电压较宽,可在4~20V的供电电压范围内正常工作;LM35的漏极电流小于60μA。

> **一查到底** 由于智能车采用了集成模拟温度传感器实现温度测量,请你查一查使用其他类型温度传感器是如何实现温度测量的。
> _____
> _____

(3)识读LM35电路

图4-1-2、图4-1-3分别为LM35的外观示意图和模块电路。

图4-1-2 LM35的外观示意图　　图4-1-3 LM35的模块电路

LM35输出端VOUT的输出电压V_{out}与温度T成正比,两者关系是

$$V_{out} = 10mV/℃ \times T(℃) \qquad (4\text{-}1\text{-}3)$$

LM35的温度和输出电压呈线性关系,在0~150℃范围内,其输出电压范围是0~1.5V。

LM35的输出端VOUT与STM32F407的ADCx连接,ADCx参考电压V_{REF+}=3.3V,通过ADCx测量获得的数值为DATAx,结合式(4-1-2)可计算出ADC输入端的电压值V_{out},$V_{out} = \dfrac{3.3 \times DATAx}{4096}$,通过式(4-1-3)即可计算出实际温度值。

$$T = \dfrac{330 \times DATAx}{4096} \qquad (4\text{-}1\text{-}4)$$

> **小试牛刀**
>
> 请大家查阅资料，使用温度传感器 Pt100 实现温度测量，绘制出温度测量电路图。
>
> _____
> _____

3. 显示 OLED

（1）OLED 模拟 SPI 引脚

本任务采用有机发光二极管（Organic Light-Emitting Diode，OLED）显示温度。OLED 同时具备自发光、无须背光源、对比度高、厚度薄、视角广、反应速度快等特性，因此被认为是平面显示器的新兴应用技术。OLED 显示模块内部集成了显示驱动芯片 SSD1306。使用微控制器的普通 GPIO 模拟 SPI 时序控制。SPI（Serial Peripheral Interface）总线是微控制器内部集成了 SPI 协议的全双工同步串行通信总线，其对应微控制器特定的 GPIO，具体可查阅《STM32F4xx 中文数据手册》，但通常使用的 OLED 只是用普通 GPIO 模拟 SPI 时序，在此不介绍微控制内部集成的 SPI。本任务重点介绍如何利用已提供的 OLED 驱动程序来显示温度。

SPI 设备之间的常用连接方式如图 4-1-4 所示，使用 4 个信号引脚：SCK、MOSI、MISO 和 NSS。

SCK（Serial Clock）引脚为"同步时钟"信号线，用于通信数据的同步。同步时钟由主机产生。不同设备支持的最高时钟频率不同，如 STM32F407 的 SPI 时钟频率最大为 $f_{pclk}/2$。当两个设备之间进行 SPI 通信时，通信速率取决于低速设备。

MOSI（Master Output / Slave Input）为"主机输出 / 从机输入"引脚，用于数据收发。主机的数据从这条信号线输出，从机由这条信号线读入主机发送的数据，即这条线上数据的方向为主机到从机。

MISO（Master Input / Slave Output）为"主机输入 / 从机输出"引脚。主机从这条信号线读入数据，从机的数据由这条信号线输出到主机，即在这条线上数据的方向为从机到主机。

NSS（Negative Slave Select，Negative 代表取反）引脚为"从机选择"信号线，也被称为片选线，在不同的设备上有时也表示为 $\overline{SS}$ 或 CS。SPI 总线上同一时刻连接了多台从机，当主机需要与某一台从机通信时，就通过"从机选择"信号线来确定要通信的从机。

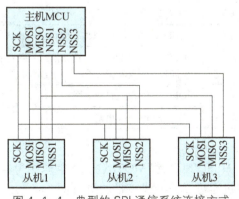

图 4-1-4　典型的 SPI 通信系统连接方式

（2）识读 OLED 电路

图 4-1-5 为 OLED 电路。本任务所用 OLED 为 2.4 英寸的 24 引脚显示屏，但主要使用 8 号引脚 CS#、9 号引脚 RES#、10 号引脚 D/C#、13 号引脚 D0 和 14 号引脚 D1，具体引脚功能见表 4-1-3。

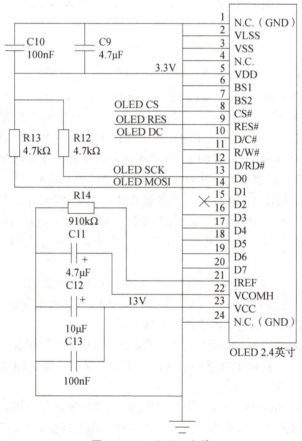

图 4-1-5　OLED 电路

表 4-1-3　OLED 引脚说明

引脚号	引脚名称	网络标号	备注
8	CS#	OLED_CS	OLED 片选信号，低电平使能
9	RES#	OLED_RES	OLED 复位信号，低电平复位
10	D/C#	OLED_DC	OLED 命令/数据输入选择信号，高电平为数据，低电平为命令（选择 3 线制 SPI 总线时，该引脚可以不接）
13	D0	OLED_SCK	OLED SPI 总线时钟信号
14	D1	OLED_MOSI	OLED SPI 总线数据信号

（3）GPIO 模拟 SPI 时序

从图 4-1-6 中可以看到，NSS、SCK 和 MOSI 这 3 条信号线为输出方向，由主机控制输出。MISO 信号线为输入方向，主机通过该信号线接收从机数据。MOSI 与 MISO 信号线上的数据收发仅当 NSS 信号线为低电平时有效，每个同步时钟（SCK）的信号周期均采样一位数据。

1）SPI 通信的起始信号和停止信号。SPI 通信的起始信号如图 4-1-6 中标号①处所示。主机控制 NSS 信号线由高电平转为低电平，选中总线上某从机之后，主从机之间开始通信。

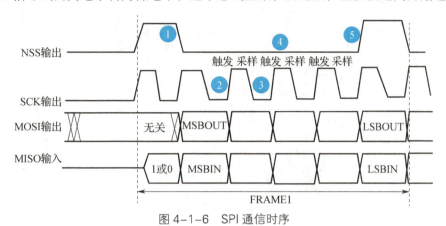

图 4-1-6　SPI 通信时序

SPI 通信的停止信号如图 4-1-6 中标号⑤处所示。主机控制 NSS 信号线由低电平转为高电平，取消从机的选中状态并结束 SPI 通信。

2）SPI 通信的数据有效性。从 4-1-6 中可以看到，NSS 信号线电平的状态决定了 SPI 通信数据是否有效。仅当 NSS 信号线为低电平时（图 4-1-6 中标号④处），MOSI 和 MISO 信号线上的数据收发才有效。

两条数据线在 SCK 信号线的每个时钟周期传输一位数据，而且数据的输入与输出是同时进行的。图 4-1-6 中的数据传输模式为最高有效位（Most Significant Bit，MSB）先行，但 SPI 规范并未规定数据传输应该 MSB 先行或最低有效位（Least Significant Bit，LSB）先行，只要 SPI 通信的双方约定好即可。

从图 4-1-6 中标号②和③处可以看到，MOSI 和 MISO 信号线上的数据在 SCK 的上升沿触发电平，在 SCK 的下降沿被采样。数据被采样的时刻为"数据有效"时刻，此时数据线上的高电平表示数据"1"，低电平表示数据"0"。而在非数据采样时刻，两条数据线上的数据均无效。

根据 SPI 规范，数据线上每次传输的数据可以是 8 位或 16 位。

任务实施

1. 硬件组装

（1）板间连接

本任务中，STM32F407 核心控制模块通过功能拓展模块与温度测试模块相连，并直接与通信显示模块相连来控制 OLED 显示。板间连接示意图如图 4-1-7 所示。

在本书配套资源中，从"实验箱配套原理图"文件夹中打开"智能车核心控制模块.pdf"和"功能拓展模块.pdf"。由图 4-1-8 可知，P11 是核心控制模块 STM32F407 的预留接口。先将温度测试模块 P1 的引脚 A0 与功能拓展模块 P6 的引脚 A0 相连，再将智能车核心控制模块的 P11 与功能拓展模块的 P1 连接。这样，STM32F407 的 ADC1_IN1（PA1）就能得到 LM35 输出的电压值。

硬件组装

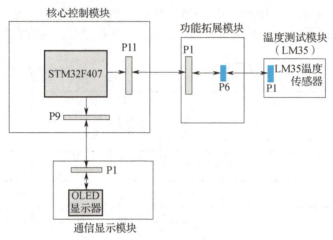

图 4-1-7 板间连接示意图

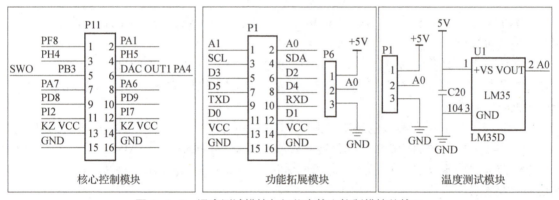

图 4-1-8 温度测试模块与智能车核心控制模块的接口

在本书配套资源中,从"实验箱配套原理图"文件夹中打开"智能车核心控制模块.pdf"和"通信显示模块.pdf"。结合图 4-1-5 和图 4-1-9,OLED 的 D1 模拟 SPI 通信的 MOSI,与 STM32F407 的 PB15 连接;OLED 的 D0 模拟 SPI 通信的 SCK,与 STM32F407 的 PB10 连接;OLED 的 CS# 引脚为片选引脚,与 STM32F407 的 PA8 连接;OLED 的 RES# 引脚为复位引脚,与 STM32F407 的 PC5 连接;OLED 的 D/C# 引脚为命令/数据输入选择引脚,与 STM32F407 的 PC4 连接。

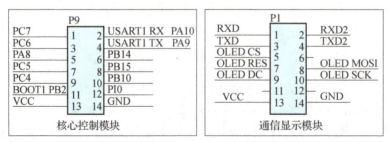

图 4-1-9 通信显示模块与智能车核心控制模块的接口

(2)电路连接

本任务的接线见表 4-1-4,将功能拓展模块、温度测试模块、通信显示模块与核心控制模块相连。

表 4-1-4 智能车内部温度测量接线

接口名称		STM32F407 的引脚			功能说明
LM35	DQ	PA1			LM35 接入 PA1 对应的 ADC1_IN1，进行 A/D 转换
OLED	RES#	PC5			OLED 复位信号，低电平复位
	D/C#	PC4			OLED 命令 / 数据输入选择信号，高电平为数据，低电平为命令
	D1	PB15	MOSI	GPIO 模拟 SPI 时序	OLED SPI 数据信号
	D0	PB10	SCK		OLED SPI 时钟信号
	CS#	PA8	CS		OLED 片选信号，低电平使能

2. 软件编程

（1）配置 STM32CubeMX

本任务中使用 OLED 显示测量的温度，除了基础配置工程外，需要完成 3 项 STM32CubeMX 配置。

1）ADC1 配置：使用 ADC1_IN1 输入，即 PA1 测量模拟量输入，实现温度连续测量。

STM32CubeMX 配置　　完善 MDK 代码

2）通用定时器 T3 配置：使用定时器 T3 实现 1ms 定时，每 0.1s 内连续测量 32 次模拟输入的数值，取算数平均后得到温度值。

3）GPIO_Output 配置：OLED 显示采用 GPIO 模拟 SPI 时序。

➤ 基础配置

在 C 盘下的"STM32F407"文件夹中建立"TASK4-1"文件夹。打开 STM32CubeMX 软件，依据项目 1 任务 2 搭建基础配置工程的步骤，建立本任务的基础配置工程，操作步骤不再赘述。在"TEST.ioc"中继续完善 STM32CubeMX 配置的其他配置。

➤ ADC1 配置

在 STM32CubeMX 软件中单击 STM32F407 微控制器的 PA1 引脚，选择 ADC1_IN1 选项，使用 PA1 引脚的 ADC 功能。图 4-1-10 所示为 ADC1_IN1 设置界面。

图 4-1-10　ADC1_IN1 设置界面

"ADC_settings"的具体设置如下。

1）ADC时钟选择（Clock Prescaler）：PCLK2 divided by 4。系统中PCLK2时钟频率是84MHz，除以4之后ADC1时钟频率是21MHz（VDDA为2.4~3.6V时，ADC的最大工作频率是36MHz）。

2）分辨率（Resolution）：12bit（15 ADC Clock cycles）。

3）数据对齐（Data Alignment）：Right alignment。

4）扫描模式（Scan Conversion Mode）：Disabled。ADC只有一个通道，禁用扫描模式。

5）连续转换（Continuous Conversion Mode）：Enabled。开启连续转换模式。

6）转换结束选择（End Of Conversion Selection）：EOC flag at the end of single channel conversion。单通道转换结束时的EOC标志。

"ADC_Regular_ConversionMode"的具体设置如下。

1）转换通道号（Number Of Conversion）：1。只使用通道1。

2）外部触发器转换源（External Trigger Conversion Source）：Regular Conversion launched by software。软件发起定期转换。

3）外部触发器转换边沿（External Trigger Conversion Edge）：None。

"ADC_Injected_ConversionMode"的具体设置如下。

转换通道号（Number Of Conversion）：0。使用通道0。

➤ 定时器TIM3配置

如图4-1-11所示，配置定时器TIM3时钟源（Clock Source）为内部时钟（Internal Clock）。在左下角的"Counter Settings"一栏中，【Prescaler】表示分频值，设置为8400-1内的值。TIM3挂在外设总线APB1上，定时器工作频率为84MHz/8400=10kHz。【Counter Mode】表示计数模式，设置为向上计数；【Counter Period】表示重装载值设置为10-1，可计算溢出频率为10kHz/10=1kHz，即1ms产生一次中断。

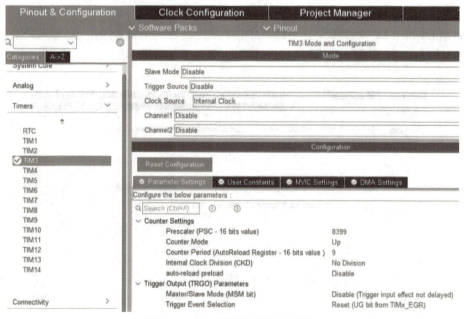

图4-1-11 定时器TIM3配置

项目 4 智能车温度控制系统的设计与实现

➢ NVIC 配置 TIM3

如图 4-1-12 所示，在"System Core"的"NVIC"中分别设置 ADC1 的抢占优先级（Preemption Priority）以及响应优先级（SubPriority）为 1、0，TIM3 的抢占优先级（Preemption Priority）以及响应优先级（SubPriority）为 0、0。最后，中断使能（Enable）即可。

NVIC Interrupt Table	Enabled	Preemption Priority	Sub Priority
Non maskable interrupt	✓	0	0
Hard fault interrupt	✓	0	0
Memory management fault	✓	0	0
Pre-fetch fault, memory access fault	✓	0	0
Undefined instruction or illegal state	✓	0	0
System service call via SWI instruction	✓	0	0
Debug monitor	✓	0	0
Pendable request for system service	✓	0	0
Time base: System tick timer	✓	1	0
PVD interrupt through EXTI line 16	☐	0	0
Flash global interrupt	☐	0	0
RCC global interrupt	☐	0	0
ADC1, ADC2 and ADC3 global interrupts	☐	0	0
TIM3 global interrupt	✓	0	0
FPU global interrupt	☐	0	0

图 4-1-12　在"NVIC"中配置 TIM3

➢ GPIO_Output 配置

如图 4-1-13 所示，将 PA8、PB10、PB15、PC4、PC5 配置为 GPIO_Output 模式，用 GPIO 输出模拟 SPI 时序，每个引脚的具体配置参数如图 4-1-13 所示，在此不再赘述。

Pin Name	Signal on Pin	GPIO out...	GPIO mode	GPIO Pull-up/Pull-...	Maximum ou...	User Label	Modified
PA8	n/a	Low	Output Push Pull	No pull-up and no ...	High	OLED_CS	✓
PB10	n/a	Low	Output Push Pull	No pull-up and no ...	High	OLED_SCK	✓
PB15	n/a	Low	Output Push Pull	No pull-up and no ...	High	OLED_MOSI	✓
PC4	n/a	Low	Output Push Pull	No pull-up and no ...	High	OLED_DC	✓
PC5	n/a	Low	Output Push Pull	No pull-up and no ...	High	OLED_RES	✓

图 4-1-13　GPIO_Output 配置

完成以上所有配置后，单击软件界面右上角的【GENERATE CODE】，生成代码。如图 4-1-14 所示，STM32CubeMX 自动生成 main.c、gpio.c、tim.c、adc.c、stm32f4xx_it.c、stm32f4xx_hal_msp.c 文件，其中，gpio.c、tim.c、adc.c、stm32f4xx_hal_msp.c 已经满足了定时器、ADC 及 GPIO 的配置需求，它们的代码无须改动，但需要知道自动生成的 GPIO 和定时器宏定义，以备后面代码调用。

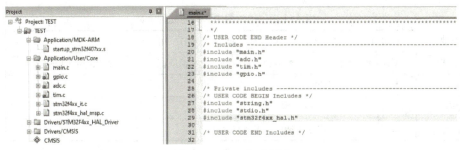

图 4-1-14　生成代码

如图 4-1-15 所示，main.h 中宏定义了 OLED 相关的 GPIO，tim.h 中宏定义了定时器句柄结构体，adc.h 中宏定义了 ADC 句柄结构体。

（2）代码流程

在 STM32CubeMX 生成代码的基础上，整体代码流程如图 4-1-16 所示。

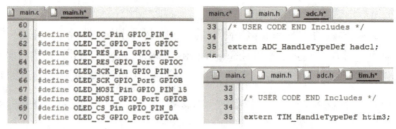

图 4-1-15 工程宏定义

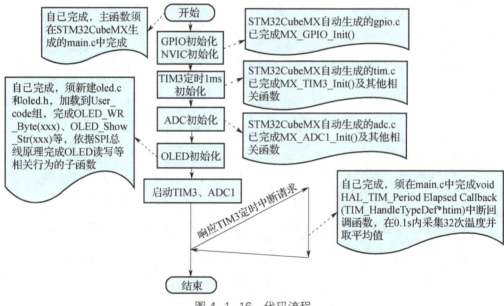

图 4-1-16 代码流程

（3）MDK 代码编写

在本任务中用户需要调用三个 HAL 库函数，HAL_TIM_IRQHandler（TIM_HandleTypeDef *htim）、HAL_ADC_Start（ADC_HandleTypeDef* hadc）和 HAL_ADC_GetValue（ADC_HandleTypeDef* hadc），见表 4-1-5、表 4-1-6 和表 4-1-7。

表 4-1-5　定时器中断共用处理函数

函数原型	void HAL_TIM_IRQHandler（TIM_HandleTypeDef *htim）
函数功能	对不同定时器产生的中断类型进行判断，之后清除标志位并转到相应的回调函数中
入口参数	*htim: 定时器句柄的地址
返回值	void
其他说明	该函数在定时器中断中调用；系统自动调用

表 4-1-6　轮询模式启动 ADC 函数

函数原型	HAL_StatusTypeDef HAL_ADC_Start（ADC_HandleTypeDef* hadc）
函数功能	启动 ADC
入口参数	* hadc ADC 句柄的地址
返回值	HAL 状态：HAL_OK 表示成功；HAL_ERROR 表示失败
其他说明	该函数在初始化成功之后调用；需要用户调用

表 4-1-7　读取 ADC 完成后数据函数

函数原型	uint32_t HAL_ADC_GetValue（ADC_HandleTypeDef* hadc）
函数功能	读取某个 ADC 完成的数据
入口参数	* hadc ADC 句柄的地址
返回值	32 位 int
其他说明	该函数在初始化成功之后调用；需要用户调用

➤ oled.c 编写

在工程"TEST"下"Add Group",命名为"User_Code",新建 OLED 驱动代码"oled.c"和 OLED 头文件"oled.h""oledfont.h",将它们加入"User_Code"组,并配置头文件包含路径。

由于 OLED 的驱动代码 oled.c 包含的功能函数多,代码量大,在此并不全部把代码写下来,而且 OLED 的驱动程序只要会调用功能函数实现相应的功能即可,因此可在课程提供的"扫一扫 OLED 驱动代码"中下载,并直接复制 oled.c、oled.h、oledfont.h 加入"User_Code"组。下面只呈现"oled.h"和"oled.c"中的部分重要代码。

"oled.h"中部分代码:

```
#ifndef __OLED_H_
#define __OLED_H_
#include "stm32f4xx_hal.h"
#define OLED_CMD  0        //写命令
#define OLED_DATA 1        //写数据
//OLED 控制用函数
void OLED_Hardware_Init(void);
void OLED_WR_Byte(uint8_t dat,uint8_t cmd);
void OLED_Display_On(void);
void OLED_Display_Off(void);
void OLED_Init(void);
void OLED_Clear(void);
void OLED_Draw(uint8_t byte);

void OLED_ShowChar(uint16_t x,uint16_t y, uint8_t num, uint8_t size);
void OLED_ShowString(uint16_t x,uint16_t y,char *p, uint8_t size);
void OLED_ShowInt32Num(uint16_t x,uint16_t y, int32_t num, uint8_t len, uint8_t size);
void OLED_DrawFont16(uint16_t x, uint16_t y, char *s);
void OLED_DrawFont32(uint16_t x, uint16_t y, char *s);
void OLED_Show_Str(uint16_t x, uint16_t y, char *str,uint8_t size);
#endif
```

"oled.c"中部分代码:

```
#include "oled.h"
#include "oledfont.h"
#include "stdio.h"
void OLED_Show_Str(uint16_t x, uint16_t y, char *str,uint8_t size)
{
    uint16_t x0 = x;
    uint8_t bHz = 0;                    // 字符或者中文,首先默认是字符
```

```c
    if(size!=32)
        size=16;                         // 默认1608
    while(*str!=0)                       // 判断是否为结束符
    {
        if(!bHz)                         // 判断是字符
        {
            // 如果x、y坐标超出预设LCD屏大小则换行显示
            if(x>(128-size/2))
            {
                x=0;// 显示靠前
                y=(y+size/8)%8;          // 显示换行
            }
            if(y>(8-size/8))
                y=0;
            if((uint8_t)*str>0x80)       // 对显示的字符检查,判断是否为中文
                bHz=1;                   // 判断为中文,则跳过显示字符改为显示中文
            else                         // 确定为字符
            {
                if(*str==0x0D)           // 判断是换行符号
                {
                    y+=size;             // 下一个显示的坐标换行
                    x=x0;                // 显示靠前
                    str++;               // 准备下一个字符
                }
                else                     // 判断不是换行符
                {
                    OLED_ShowChar(x,y,*str,size);   // 显示对应尺寸字符
                    x+=size/2;           // 显示完后右移起始显示横坐标准备下次显示
                }
                str++;    // 显示地址自增,准备下一个字符
            }
        }
        else                  // 判断是中文
        {
            if(x>(128-size))                 // 如果x、y坐标超出预设LCD屏大小则换行显示
            {
                x=0;                     // 显示靠前
                y=(y+size/8)%8;          // 显示换行
            }
            if(y>(8-size/8))
            {
                y=0;
            }
            bHz=0;                                  // 改为默认字符用于下次字符判断
            if(size==32)                            // 判断是否为32×32大小的中文
                OLED_DrawFont32(x,y,str);           // 显示32×32大小的中文
            else if(size==16)                       // 否则为16×16大小的中文
                OLED_DrawFont16(x,y,str);           // 显示16×16大小的中文
```

```
            str+=2;           // 由于显示为中文，需要自增两个地址
            // 显示完后右移起始显示横坐标准备下次显示
            x+=size;
        }
    }
}
```

➢ main.c 编写

在 main.c 中完善代码：

```c
/* Includes ------------------------------------------------------------------*/
#include "main.h"
#include "adc.h"
#include "tim.h"
#include "gpio.h"

/* Private includes ----------------------------------------------------------*/
/* USER CODE BEGIN Includes */
#include "string.h"
#include "stdio.h"
#include "stm32f4xx_hal.h"
#include "oled.h"
/* USER CODE END Includes */

/* Private function prototypes -----------------------------------------------*/
void SystemClock_Config(void);

/* Private user code ---------------------------------------------------------*/
/* USER CODE BEGIN 0 */
int      TIME_MS = 0;        // 毫秒累计次数
float    ADC_Buff=0;         // 单次ADC温度值
float    Temperature=0;      // 温度平均值
float    sum=0;              // 累加和
uint8_t  OLED_Buff[20];      //OLED缓冲区
uint8_t  Temperature_measurement_mark = 0; // 温度测量标志位
uint8_t  Conversion_number=0;    //ADC次数
/* USER CODE END 0 */

int main(void)
{
  /* Reset of all peripherals, Initializes the Flash interface and the Systick. */
  HAL_Init();

  /* Configure the system clock */
  SystemClock_Config();

  /* Initialize all configured peripherals */
  MX_GPIO_Init();
  MX_ADC1_Init();
  MX_TIM3_Init();
```

```c
/* USER CODE BEGIN 2 */
 OLED_Init();
/* USER CODE END 2 */
/* USER CODE BEGIN WHILE */
 HAL_TIM_Base_Start_IT(&htim3);
 OLED_Show_Str(16*2,1,"TASK4_1",16);
 while(1)
 {
   /* USER CODE END WHILE */
   /* USER CODE BEGIN 3 */
   if(Temperature_measurement_mark==1)
   {
       for(Conversion_number= 0;Conversion_number<32;Conversion_number++)
       {
           HAL_ADC_PollForConversion(&hadc1, 50);    //等待转换完成
           ADC_Buff = HAL_ADC_GetValue(&hadc1)*330 / 4096;
           //结合式(4-1-3)和式(4-1-4),LM35的温度是输出电压的100倍
           sum += ADC_Buff;
       }
       HAL_ADC_Stop(&hadc1);                //停止转换
       Temperature_measurement_mark=0;      //清除转换标志
       Temperature = sum / 32;              //32次测量值平均
       sprintf((char *)OLED_Buff,"TEMP:%.2f",Temperature);
       //将ADC的温度保存至OLED_Buff
       OLED_Show_Str(16*0,4,(char *)OLED_Buff,16);    //显示OLED_Buff到屏幕
   }
 }
 /* USER CODE END 3 */
}


/* USER CODE BEGIN 4 */
void HAL_TIM_PeriodElapsedCallback(TIM_HandleTypeDef *htim)
{
    if(htim->Instance == TIM3)
    {
        TIME_MS+=1;
        if(TIME_MS >= 100)        //0.1s 测量一次温度
        {
            TIME_MS = 0;
            HAL_ADC_Start(&hadc1);        // 开启ADC1的转换
            Temperature_measurement_mark =1; //转换标志位
            sum =0;        //累加和清零
        }
    }
}
/* USER CODE END 4 */
```

3. 软硬件联调

程序设计好后,编译并生成目标代码,下载到核心控制模块中,实现任务功能。本任务的

运行效果如图 4-1-17 所示。

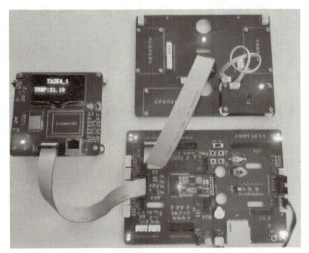

软硬件联调

图 4-1-17　本任务的运行效果

学后思

请大家根据问题完成复盘。

任务复盘表

回顾目标	评价结果	分析原因	总结经验
是否完成了任务？ 和你做的计划一致吗？	完成任务的过程中你做得好的地方有哪些？ 存在哪些问题？	完成任务的关键因素有哪些？ 出现问题的原因是什么？	如果让你再做一遍，你会如何改进？ 写下你的创意想法。

任务拓展

我们可以在 OLED 屏幕上看到测量的温度了，你可以实现在 OLED 屏上显示测量的电池电压吗？

拓中思

你能根据测量的电池电量实现电量预警吗？有什么好的方法？试着写出自己的思路。

任务 2　智能车自动空调控制

任务导引

当车辆停放在烈日下的停车场时,智能车自动空调系统可以通过车内的温度传感器及时感知车内温度的升高,并依据车内温度起动车内通风风扇,从而达到调节车内温度、确保驾乘人员的舒适度的目的。

在本任务中,智能车将温度数据值经过 DAC 转换为模拟电压值。当温度高于 30℃时,DAC 输出高档位电压,风扇转速最快;当温度介于 25~30℃时,DAC 输出中档位电压,风扇中速旋转;当温度低于 25℃时,DAC 输出低档位电压,风扇低速旋转。

知识准备

学前思

在了解了任务需求后,请你认真思考并写出要完成以上任务可能会存在的问题。

_____

_____

下面带着问题一起来进行知识探索。

1. DAC 简介

(1) DAC 的主要特性

数/模转换器(DAC)的作用就是把输入的数字编码转换成对应的模拟电压输出。DAC 的功能与 ADC 相反。

在数字信号系统中,大部分传感器信号被转化成电压信号。首先,ADC 把模拟电压信号转换成计算机容易存储、处理的数字编码;该数字编码由计算机处理完成后,再由 DAC 转换为模拟电压信号并输出。这个模拟电压信号常常用来驱动某些执行器件,使人类易于感知,如音频信号的采集及还原就是这样一个过程。

STM32F407 具有片上 DAC 外设,它的分辨率可配置为 8 位或 12 位的数字输入信号。DAC 有两个输出通道,这两个通道互不影响。每个通道各有一个转换器,都可以使用 DMA 功能,都具有出错检测能力,可外部触发。STM32F407DAC 的主要特性如下。

1) 两个 DAC 各对应一个输出通道。
2) 12 位模式下数据采用左对齐或右对齐。
3) 同步更新功能:生成噪声波、生成三角波。
4) DAC 双通道单独或同时转换。
5) 每个通道都具有 DMA 功能。
6) DMA 下溢错误检测。
7) 通过外部触发信号进行转换。
8) 输入参考电压来自引脚 V_{REF+}。

在 DAC 双通道模式下，每个通道可以单独进行转换；当两个通道组合在一起同步执行更新操作时，也可以同时进行转换。

（2）DAC 的内部结构

STM32F407 中 DAC 模块的内部结构如图 4-2-1 所示。

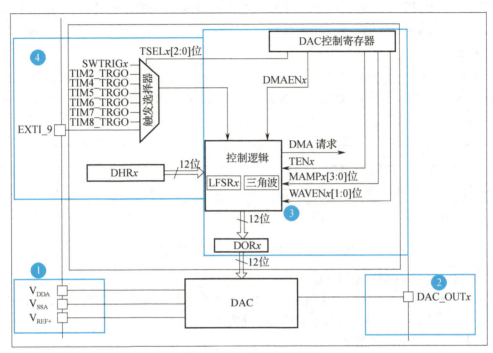

图 4-2-1　DAC 结构框图

整个 DAC 模块围绕图 4-2-1 下方的 DAC 展开，它的左边是参考电源（见标号①处）的引脚 V_{REF+}、V_{DDA} 及 V_{SSA}，其中 STM32F407 的 DAC 规定了它的参考电压 V_{REF+} 的输入范围为 1.8~3.3V。DAC 的输入为数据输出寄存器 DORx 的数字编码，经过它转换得到的模拟信号由图中标号②处的 DAC_OUTx 输出。而 DORx 又受"控制逻辑"（见标号③处）支配，它可以控制数据寄存器加入一些伪噪声信号或产生三角波信号。图中标号④处为 DAC 的触发源。DAC 根据触发源信号进行数/模转换，其作用相当于 DAC 的开关，它可以配置的触发源为外部中断源触发、定时器触发或软件控制触发。

1）参考电压

与 ADC 外设相似，DAC 也使用 V_{REF+} 作为参考电压，在设计原理图时，一般把 V_{SSA} 接地，把 V_{REF+} 和 V_{DDA} 接 3.3V，可得到 DAC 的输出电压范围为 0~3.3V。DAC 的引脚功能见表 4-2-1。

表 4-2-1　DAC 的引脚功能

名称	信号类型	备注
V_{REF+}	正模拟参考电压输入	DAC 高/正参考电压，$1.8V \leq V_{REF+} \leq V_{DDA}$
V_{DDA}	模拟电源输入	模拟电源
V_{SSA}	模拟电源接地输入	模拟电源接地
DAC_OUTx	模拟输出信号	DAC 通道 x 模拟输出

2）数/模转换及输出通道

图 4-2-1 中的 DAC 是核心部件，整个 DAC 外设都围绕它展开。它以 V_{REF+} 作为参考电压，以 DORx 的数字编码作为输入，经过它转换得到的模拟信号从 DAC_OUTx 输出。其中，各个部件中的 x 是指设备的标号。STM32F407 中有两个这样的 DAC，每个 DAC 有一个对应的输出通道连接到特定的引脚，即 PA4- 通道 1、PA5- 通道 2。为避免干扰，使用 DAC 功能时，DAC 通道引脚需要被配置成模拟输入功能（AIN）。

学中思

如图 4-2-2 所示，STM32F407 的 DAC 只有两个通道引脚——PA4 和 PA5，它们既可以作为 DAC 通道，也可以作为 ADC 通道。如何在 STM32CubeMX 配置时设定通道类型？请你操作试试。

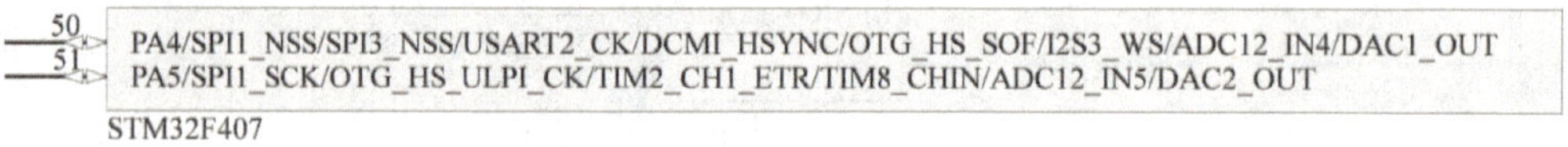

_____
_____

```
─50─ PA4/SPI1_NSS/SPI3_NSS/USART2_CK/DCMI_HSYNC/OTG_HS_SOF/I2S3_WS/ADC12_IN4/DAC1_OUT
─51─ PA5/SPI1_SCK/OTG_HS_ULPI_CK/TIM2_CH1_ETR/TIM8_CHIN/ADC12_IN5/DAC2_OUT
STM32F407
```

图 4-2-2　STM32F407 的 DAC 通道引脚

3）DAC 控制寄存器及控制逻辑

DAC 控制寄存器（DAC_CR）用来设置 DAC 通道使能、DAC 通道触发使能及通道触发器选择等，主要为图 4-2-1 中的标号②和标号④处服务。

4）触发源及 DHRx 寄存器

在使用 DAC 时，不能直接对数据输出寄存器（DORx）写入数据，任何输出到 DAC 通道 x 的数据都必须写入 DHRx 寄存器中（包含 DHR8Rx、DHR12Lx 等，根据数据对齐方向和分辨率的情况写入对应的寄存器中）。

数据被写入 DHRx 寄存器后，DAC 会根据触发配置进行处理，若使用硬件触发，则 DHRx 中的数据会在 3 个 APB1 时钟周期后被传输至 DORx，DORx 随之输出相应的模拟电压到输出通道；若 DAC 设置为外部事件触发，可以使用定时器（TIMx_TRGO）、EXTI_9 信号或软件触发（SWTRIGx）这几种方式来控制数/模转换的时机。例如，使用定时器触发，配合不同时刻的 DHRx 数据，可实现 DAC 输出正弦波的功能。

2. DAC 的工作过程

（1）DAC 寄存器

如图 4-2-1 所示，整个 DAC 模块涉及 3 类寄存器，控制类寄存器【包括 DAC_CR 控制寄存器（DAC_CR）与软件触发寄存器（DAC_SWTRIGx）】、数据输入保持寄存器（DHRx）和数据输出寄存器（DORx）。

查一查

请你在 STM32F4xx 的数据手册中查询 DAC 寄存器，按类型写出这些寄存器。

_____
_____

将 DAC_CR 中的相应 ENx 位置 1，即可接通对应的 DAC 通道。经过一段启动时间（tWAKEUP）后，DAC 通道被真正使能。DAC_CR 的位定义如图 4-2-3 所示。

31	30	29	28	27	26	25	24	23	22	21	20	19	18	17	16
Reserved		DMAUDRIE2	DMAEN2	MAMP2[3:0]				MAVE2[1:0]		TSEL2[2:0]			TEN2	BOFF2	EN2
		rw	rw	rw	rw	rw	rw	rw	rw	rw	rw	rw	rw	rw	rw
15	14	13	12	11	10	9	8	7	6	5	4	3	2	1	0
Reserved		DMAUDRIE1	DMAEN1	MAMP1[3:0]				MAVE1[1:0]		TSEL1[2:0]			TEN1	BOFF1	EN1
		rw	rw	rw	rw	rw	rw	rw	rw	rw	rw	rw	rw	rw	rw

图 4-2-3 DAC_CR 的位定义

DAC 通道使能的设置可通过 STM32CubeMX 设置来完成，如图 4-2-4 所示。

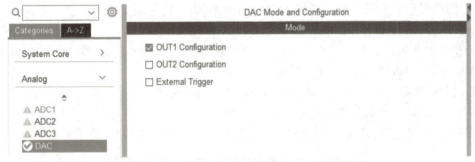

图 4-2-4 在 STM32CubeMX 中设置 DAC 通道使能

（2）DAC 输出缓冲器使能

DAC 集成了两个输出缓冲器，可用来降低输出阻抗并在不增加外部运算放大器的情况下直接驱动外部负载。通过 DAC_CR 中的相应 BOFFx 位，可使能或禁止各 DAC 通道输出缓冲器。DAC 的输出缓冲使能后，可以减小阻抗，适合直接驱动一些外部负载。STM32CubeMX 中设置，DAC 输出缓冲器使能的界面如图 4-2-5 所示。

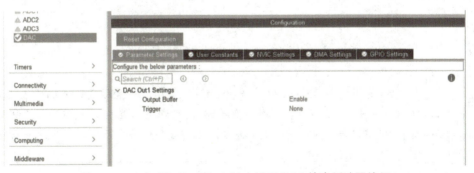

图 4-2-5 在 STM32CubeMX 中设置 DAC 输出缓冲器使能

（3）DAC 通道触发使能

如果 TENx 控制位置 1，可通过外部事件（定时计数器、外部中断线）触发转换。TSELx[2:0] 控制位将决定通过 8 个可能事件中的哪一个来触发转换，见表 4-2-2。

表 4-2-2 外部事件触发转换

源	类型	TSEL[2:0]
Timer 6 TRGO event	片上定时器的内部信号	000
Timer 8 TRGO event		001
Timer 7 TRGO event		010
Timer 5 TRGO event		011
Timer 2 TRGO event		100
Timer 4 TRGO event		101
EXTI line9	外部引脚	110
SWTRIG	软件控制位	111

每当 DAC 接口在所选定时器 TRGO 的输出或所选外部中断线 9 上检测到上升沿时,DAC_DHRx 中存储的最后一个数据就会转移到 DAC_DORx 中。发生触发后再经过 3 个 APB1 周期,DAC_DORx 就会得到更新。

如果选择软件触发,一旦 SWTRIG 位置 1,转换就会开始。DAC_DHRx 的内容加载到 DAC_DORx 中后,SWTRIG 就由硬件复位。

注意：ENx 位置 1 时,无法更改 TSELx[2:0] 位。如果选择软件触发,DAC_DHRx 中的内容只需一个 APB1 时钟周期即可转移到 DAC_DORx。

DAC 通道触发使能的设置可在 STM32CubeMX 中完成,如图 4-2-6 所示。

图 4-2-6 在 STM32CubeMX 中设置 DAC 通道触发使能

小试牛刀 DAC 通道使能、DAC 输出缓冲器使能、DAC 通道触发使能的设置都是在 DAC_CR 中进行,但寄存器操作设置太难,这些都可以在 STM32CubeMX 中设置。请你在 STM32CubeMX 中试试,并查阅三角波和伪噪声是什么,并进行总结。

（4）DAC 数据格式

根据所选配置模式,数据必须按如下方式写入指定寄存器。对于 DAC 单通道 x,有以下 3 种可能的方式。

1）8 位右对齐：软件必须将数据加载到 DAC_DHR8Rx [7:0] 位（存储到 DHRx[11:4] 位）。

2）12 位左对齐：软件必须将数据加载到 DAC_DHR12L*x* [15:4] 位（存储到 DHR*x*[11:0] 位）。

3）12 位右对齐：软件必须将数据加载到 DAC_DHR12R*x* [11:0] 位（存储到 DHR*x*[11:0] 位）。

根据加载的 DAC_DHR*yyyx*，用户写入的数据将被移位并存储到相应的 DHR*x*（数据保持寄存器 *x*，即内部非存储器映射寄存器）。DHR*x* 将被自动加载，或者通过软件或外部事件触发加载到 DOR*x*。图 4-2-7 所示为 DAC 单通道模式下的数据寄存器。

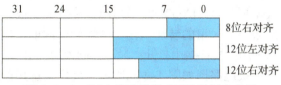

图 4-2-7　DAC 单通道模式下的数据寄存器

对于 DAC 双通道，有以下 3 种可能的方式。

1）8 位右对齐：将 DAC 1 通道的数据加载到 DAC_DHR8RD [7:0] 位（存储到 DHR1[11:4] 位），将 DAC 2 通道的数据加载到 DAC_DHR8RD [15:8] 位（存储到 DHR2[11:4] 位）。

2）12 位左对齐：将 DAC 1 通道的数据加载到 DAC_DHR12RD [15:4] 位（存储到 DHR1[11:0] 位），将 DAC 2 通道的数据加载到 DAC_DHR12RD [31:20] 位（存储到 DHR2[11:0] 位）。

3）12 位右对齐：将 DAC 1 通道的数据加载到 DAC_DHR12RD [11:0] 位（存储到 DHR1[11:0] 位），将 DAC 2 通道的数据加载到 DAC_DHR12RD [27:16] 位（存储到 DHR2[11:0] 位）。

根据加载的 DAC_DHR*yyy*D，用户写入的数据将被移位并存储到 DHR1 和 DHR2（数据保持寄存器，即内部非存储器映射寄存器）。之后，DHR1 和 DHR2 将被自动加载，或者通过软件或外部事件触发分别被加载到 DOR1 和 DOR2。图 4-2-8 所示为 DAC 双通道模式下的数据寄存器。

图 4-2-8　DAC 双通道模式下的数据寄存器

DAC 数据格式的设置需要在 HAL 库函数 HAL_StatusTypeDef HAL_DAC_SetValue（DAC_HandleTypeDef *hdac, uint32_t Channel, uint32_t Alignment, uint32_t Data）中设置，在任务实施环节会具体讲解。

（5）数 / 模转换

DAC_DOR*x* 无法直接写入，任何数据都必须通过加载 DAC_DHR*x*（写入 DAC_DHR8R*x*、DAC_DHR12L*x*、DAC_DHR12R*x*、DAC_DHR8RD、DAC_DHR12LD 或 DAC_DHR12LD）才能传输到 DAC 通道 *x*。

如果未选择硬件触发（DAC_CR 中的 TEN*x* 位复位），那么经过一个 APB1 时钟周期后，DAC_DHR*x* 中存储的数据将自动转移到 DAC_DOR*x*。但是，如果选择硬件触发（置位 DAC_CR 中的 TEN*x* 位）且触发条件到来，将在 3 个 APB1 时钟周期后进行转移。

当 DAC_DOR*x* 加载了 DAC_DHR*x* 中的内容时，模拟输出电压将在一段时间（$t_{SETTLING}$）后可用，具体时间取决于电源电压和模拟输出负载。

经过线性转换后，数字输入会转换为 0~V_{REF+} 之间的输出电压。各 DAC 通道引脚的模拟输出电压通过下式确定：

$$DAC_{output} = V_{REF+} \times \frac{DOR}{4095} \qquad (4\text{-}2\text{-}1)$$

3. 风扇模块

本任务将在本项目任务 1 的基础上继续完成。本项目任务 1 是将温度传感器 LM35 采集到的温度经过 STM32F407 的 ADC 处理转换为数据，任务 2 则需要将数据再经过 STM32F407 的 DAC 转换成相应的模拟电压值来控制风扇的转速。在本书配套资源的"实验箱配套原理图"文件夹中打开"风扇控制模块.pdf"，其中的风扇模块电路图如图 4-2-9 所示。该模块选用的风扇额定电流为 100mA，额定功率为 0.5W；选用的 MOSFET 为 AO3400。查阅《AO3400 技术手册》可知，当 DAC 输出电压处于 0.7~1.4V 之间时，AO3400 处于半导通状态。因本模块选用的风扇功率较小，当 AO3400 处于半导通状态时也可以驱动风扇，如果选用更大功率的风扇则无法达到实验效果。

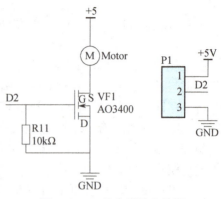

图 4-2-9 风扇模块电路图

任务实施

1. 硬件组装

（1）板间连接

本任务是在本项目任务 1 的基础上，将 STM32F407 核心控制模块通过功能拓展模块与风扇控制模块相连，其余板间连接情况与任务 1 相同，整体板间连接示意图如图 4-2-10 所示。

硬件组装

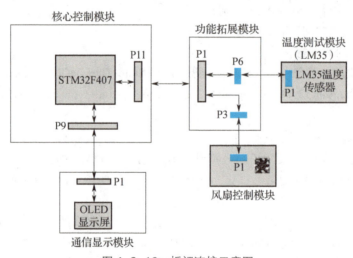

图 4-2-10 板间连接示意图

在本书配套资源的"实验箱配套原理图"文件夹中，打开"智能车核心控制模块.pdf"和"功能拓展模块.pdf"。由图 4-2-10 可知，P11 是核心控制模块 STM32F407 的预留接口；由图 4-2-9 和图 4-2-11 可知，风扇控制模块的 P1 的 D2 端与功能拓展模块的 P3 的 D2 端相连，智能车核心控制模块的 P11 与功能拓展模块的 P1 连接，从而达到 STM32F407 的 DAC 通道 1（PA4）控制风扇的目的。

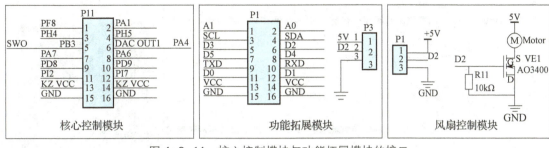

图 4-2-11 核心控制模块与功能拓展模块的接口

（2）电路连接

本任务的硬件连接见表 4-2-3，将风扇控制模块、功能拓展模块、温度测试模块、通信显示模块与 STM32F407 微控制器相连。

表 4-2-3 智能车空调控制接线

接口名称		STM32F407IGT6 引脚	功能说明
LM35	DQ	PA1	LM35 接入 PA1 对应的 ADC1_IN1 进行数 / 模转换
OLED	CS#	PA8	通过模拟 SPI 时序方式，STM32F407IGT6 与 OLED 通信，显示温度
	RES#	PC5	
	D/C#	PC4	
	MOSI	PB15	
	SCK	PB10	
风扇	D2	PA4	风扇接入 PA4 对应的 DAC_OUT1 进行数 / 模转换

2. 软件编程

（1）配置 STM32CubeMX

➢ 基础配置

本任务将在本项目任务 1 的 STM32CubeMX 配置和已有代码的基础上进一步完善其余配置和代码，因此在 C 盘下的 "STM32F407" 文件夹下建立 "TASK4-2" 文件夹，并复制任务 1 的所有文件。如图 4-2-12 所示，打开 "TEST.ioc" 继续完善 STM32CubeMX 的其他配置。

STM32CubeMX 配置

完善 MDK 代码

图 4-2-12 TASK4-2 完全复制 TASK4-1 的工程文件

➢ DAC 配置

如图 4-2-13 所示，选定 PA4 并将其设定为 DAC_OUT1。

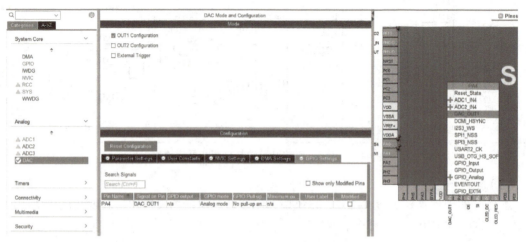

图 4-2-13 设置 DAC_OUT1

如图 4-2-14 所示,"DAC_Out1 Settings"的具体设置如下。

1) Output Buffer:输出缓冲器使能。DAC 的输出缓冲使能后,可以减小阻抗,适合直接驱动一些外部负载,本任务中用来驱动风扇。

2) Trigger:硬件触发模式。DHRx 寄存器内的数据会在 3 个 APB1 时钟周期内自动转换至 DORx。

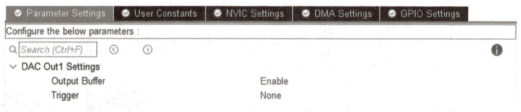

图 4-2-14 DAC_OUT1 参数设置

完成以上所有配置后,单击软件界面右上角的【GENERATE CODE】,生成代码。由于在本项目任务 1 的基础上增加了上述 STM32CubeMX 配置,因此本任务的代码是在任务 1 代码的基础上更新,如图 4-2-15 所示。

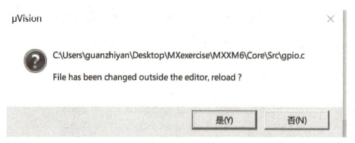

图 4-2-15 在任务 1 代码的基础上更新

如图 4-2-16 所示,在本项目任务 1 的 main.c、gpio.c、tim.c、adc.c、stm32f4xx_it.c、stm32f4xx_hal_msp.c 文件的基础上,生成 dac.c,其中 gpio.c、tim.c、usart.c、adc.c、dac.c、stm32f4xx_hal_msp.c 已经满足了定时器、GPIO、串口及 ADC/DAC 的配置需求,它们的代码无须改动,但需要知道自动生成的 GPIO、定时器的宏定义,以备后面代码调用。

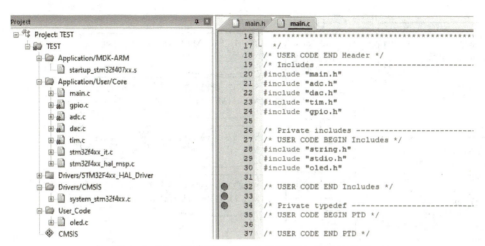

图 4-2-16　在本项目任务 1 的基础上生成的代码

如图 4-2-17 所示，main.h 中宏定义了 OLED 相关的 GPIO，tim.h 中宏定义了定时器句柄结构体，adc.h 中宏定义了 ADC 句柄结构体，dac.h 中宏定义了 DAC 句柄结构体。

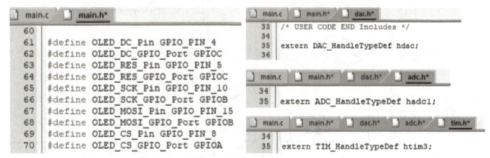

图 4-2-17　工程宏定义

（2）代码流程

在 STM32CubeMX 生成代码的基础上，整体代码流程如图 4-2-18 所示。

（3）MDK 代码编写

本项目任务 1 的 stm32f4xx_it.c 中已经完善了 TIM3 定时中断回调函数，是对 LM35 经过 ADC 求得 0.1s 内采集 32 次温度平均值。本任务只需要依据温度分支进行风扇转速控制，风扇需要 DAC 转换为 3 档电压来控制转速。用户需要调用两个 HAL 库函数：HAL_DAC_Start （DAC_HandleTypeDef *hdac, uint32_t Channel）和 HAL_StatusTypeDef HAL_DAC_SetValue （DAC_HandleTypeDef *hdac, uint32_t Channel, uint32_t Alignment, uint32_t Data），见表 4-2-4 和表 4-2-5。

表 4-2-4　启动 DAC 函数

函数原型	HAL_StatusTypeDef HAL_DAC_Start（DAC_HandleTypeDef *hdac, uint32_t Channel）
函数功能	使能 DAC 模块，并启动 DAC
入口参数	*hdac：DAC 句柄；Channel：DAC 通道
返回值	HAL 状态：HAL_OK 表示成功，HAL_ERROR 表示失败
其他说明	该函数由 STM32CubeMX 自动生成，位于文件 stm32f4xx_hal_dac.c 中

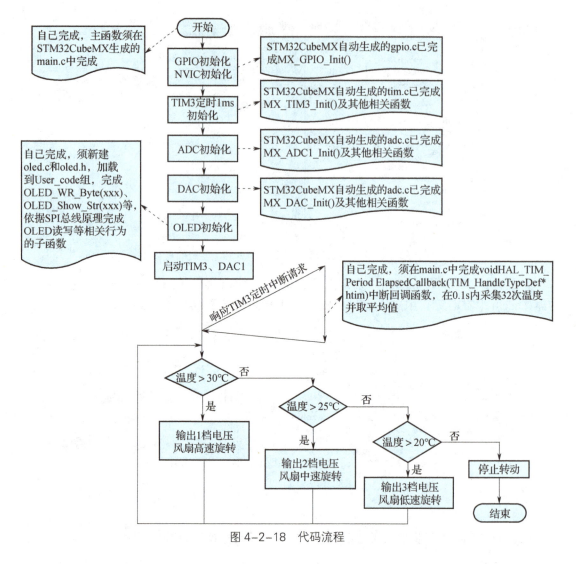

图 4-2-18 代码流程

表 4-2-5 DAC 设定函数

函数原型	HAL_StatusTypeDef HAL_DAC_SetValue（DAC_HandleTypeDef *hdac, uint32_t Channel, uint32_t Alignment, uint32_t Data）
函数功能	设定 DAC
入口参数	hdac：DAC 句柄 Channel：DAC 通道 Alignment：12 位右对齐 / 左对齐，8 位右对齐 Data：设定的电压比例。分压比，12bit 的最大为 4095，10bit 的最大为 1023。以 3V 的输入为例，计算设定电压的实际输出公式为 data×3/4095。假设 data 设定为 4095，输出为 3V（实际测量为 2.94V）；data 设定为 2048，输出为 1.5V（实际测量为 1.478V）
返回值	HAL 状态：HAL_OK 表示成功；HAL_ERROR 表示失败
其他说明	该函数由 STM32CubeMX 自动生成，位于文件 stm32f4xx_hal_dac.c 中

在 main.c 中完善代码：

```c
/* Includes ------------------------------------------------------------------*/
#include "main.h"
#include "adc.h"
#include "tim.h"
#include "gpio.h"

/* Private includes ----------------------------------------------------------*/
/* USER CODE BEGIN Includes */
#include "string.h"
#include "stdio.h"
#include "stm32f4xx_hal.h"
#include "oled.h"
/* USER CODE END Includes */

/* Private function prototypes -----------------------------------------------*/
void SystemClock_Config(void);

/* Private user code ---------------------------------------------------------*/
/* USER CODE BEGIN 0 */
int     TIME_MS = 0;         // 毫秒累计次数
float   ADC_Buff=0;          // 单次ADC温度值
float   Temperature=0;       // 温度平均值
float   sum=0;               // 累加和
uint8_t OLED_Buff[20];       //OLED缓冲区
uint8_t Temperature_measurement_mark = 0; // 温度测量标志位
uint8_t Conversion_number=0; //ADC次数
char GEAR;                   // 风扇转速等级
/* USER CODE END 0 */

int main(void)
{
  /* Reset of all peripherals, Initializes the Flash interface and the Systick. */
  HAL_Init();

  /* Configure the system clock */
  SystemClock_Config();

  /* Initialize all configured peripherals */
  MX_GPIO_Init();
  MX_ADC1_Init();
  MX_TIM3_Init();
  /* USER CODE BEGIN 2 */
  OLED_Init();
  /* USER CODE END 2 */
  /* USER CODE BEGIN WHILE */
  HAL_TIM_Base_Start_IT(&htim3);
  OLED_Show_Str(16*2,1,"TASK4_2",16);
  HAL_DAC_Start(&hdac,DAC1_CHANNEL_1);
```

```
while(1)
{
 /* USER CODE END WHILE */
 /* USER CODE BEGIN 3 */
 if(Temperature_measurement_mark==1)
 {
    for(Conversion_number= 0;Conversion_number<32;Conversion_number++)
    {
       HAL_ADC_PollForConversion(&hadc1, 50); //等待转换完成
       ADC_Buff = HAL_ADC_GetValue(&hadc1)*330 / 4096;
       //结合公式，LM35的温度值是输出电压值的100倍
       sum += ADC_Buff;
    }
    HAL_ADC_Stop(&hadc1);              // 停止转换
    Temperature_measurement_mark=0;    // 清除转换标志
    Temperature = sum / 32;            //32次测量值平均
    sprintf((char *)OLED_Buff,"TEMP:%.2f",Temperature);
    // 将ADC的温度保存至OLED_Buff
    OLED_Show_Str(16*0,4,(char *)OLED_Buff,16); // 显示OLED_Buff到屏幕
    if(Temperature > 30)
    {    //风扇高速档
       GEAR = 3;
       HAL_DAC_SetValue(&hdac,DAC1_CHANNEL_1,DAC_ALIGN_12B_R,2048);
    }
    else if((Temperature > 25) && Temperature < 30)
    {    //风扇中速档
       GEAR = 2;
       HAL_DAC_SetValue(&hdac,DAC1_CHANNEL_1,DAC_ALIGN_12B_R,1500);
    }
    else
    {    //风扇低速档
       GEAR = 1;
       HAL_DAC_SetValue(&hdac,DAC1_CHANNEL_1,DAC_ALIGN_12B_R,1200);
    }
    sprintf((char *)OLED_Buff,"GEAR: %d",GEAR);
    // 将ADC的转换温度保存至OLED_Buff
     OLED_Show_Str(16*0,6,(char *)OLED_Buff,16);    // 打印OLED_Buff到屏幕
    // 根据实际显示调整档位的显示位置
    }
 }
 /* USER CODE END 3 */
}
```

3. 软硬件联调

程序设计好后，编译并生成目标代码，下载到核心控制模块中，实现任务功能。本任务的运行效果如图4-2-19所示。

项目 4　智能车温度控制系统的设计与实现

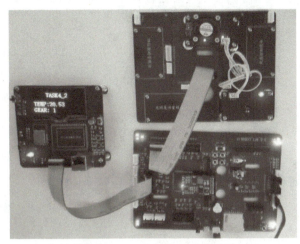

软硬件联调

图 4-2-19　本任务的运行效果

学后思
请大家根据问题完成复盘。

任务复盘表

回顾目标	评价结果	分析原因	总结经验
是否完成了任务？ 和你做的计划一致吗？	完成任务的过程中你做得好的地方有哪些？ 存在哪些问题？	完成任务的关键因素有哪些？ 出现问题的原因是什么？	如果让你再做一遍，你会如何改进？ 写下你的创意想法。

任务拓展

我们希望在智能车内感受到一个宜人的温度，希望风扇能根据温度值并利用 PID 算法来恒定温度，你了解 PID 算法吗？请查阅 PID 算法相关知识，并试着实现上述功能。

拓中思

温度变送器是一种常见的测量仪器，它可以测量和记录温度信息，有助于监控温度变化。它通常由传感器、放大器、变送器和记录仪等组成，能够提供准确的温度测量值。

温度变送器的工作原理：首先，通过传感器将温度信息转换成电信号，然后通过放大器放大，最后通过变送器把放大后的信号发送到记录仪上。变送器的输出可以是 4~20mA 的电流信号、电压信号或者其他技术指标。

你能使用本项目任务 1 中的温度测量值，使用微控制器的 DAC 和运算放大器等器件实现温度变送器吗？试着写出自己的思路。

项目 5

智能车通信管理系统的设计与实现

智能车通信管理系统

随着物联网智能化技术的发展,大量的数据采集都用到多机通信技术。嵌入式多机通信系统是指由多台嵌入式设备组成的通信系统,这些嵌入式设备可以通过网络或其他通信方式相互通信和协作。智能车上的微控制器不止一块,不同功能的核心控制模块通过通信来实现多台设备之间的数据传输,实现智能车的多种功能。

本项目主要介绍智能车上常用的多机通信系统,分析 RS-485 总线和 CAN 总线协议标准,讲解多机通信的工作原理。通过完成本项目任务,学生可以掌握基于 STM32F407 系列微控制器的 RS-485 总线、CAN 总线和 ZigBee 多机通信系统的编程应用技巧。

素质目标:(1)养成阅读芯片手册的习惯。
(2)培养学生实践动手能力与创新优化程序的能力。

能力目标:(1)能够在项目实施前分析、调研实现智能车通信的具体功能需求。
(2)能够实现智能车通信系统的硬件电路分析与搭建。
(3)能够配置并编写基于 CAN 总线和 RS-485 总线的多机通信程序。
(4)能够配置并编写基于 ZigBee 通信模块的通信程序。
(5)能够实现软硬件联调,能够排除硬件和程序的一般故障。

知识目标:(1)了解串口通信的基础知识。
(2)掌握 USART 的工作原理和编程配置方法。

（3）掌握 RS-485 通信的应用层协议的制定方法。

（4）掌握 STM32 标准外设库中与 CAN 相关的函数 API 的使用方法。

（5）掌握 ZigBee 无线通信技术。

建议学时：8 学时

知识地图：

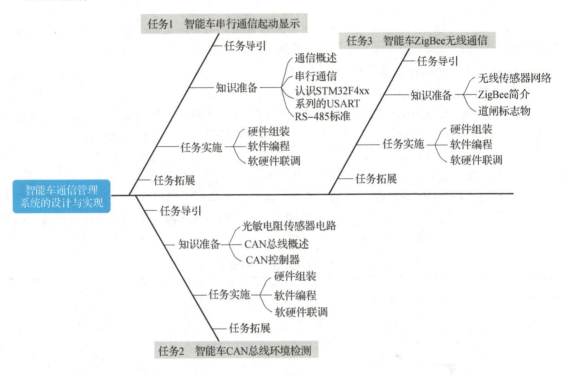

任务 1　智能车串行通信起动显示

任务导引

本任务要求设计一个基于 RS-485 总线的多机通信系统。系统中有两台设备，其中一台设备作为主机，另一台设备作为从机，连接 OLED 显示屏。按下智能车的起动按钮（核心板的 KEY1），智能车起动，主机传输数据到从机的 OLED 显示屏。完成本任务时，需要了解 RS-485 的通信协议与配置方法，并掌握 OLED 显示屏的使用方法。在智能汽车中，RS-485 总线可以用于连接各种传感器和控制器，如发动机控制模块、制动控制模块、车身控制模块等。

知识准备

学前思

在了解了任务需求后，请写出你知道的通信方式有哪些？并认真思考完成以上任务时可能会存在的问题。

下面带着问题一起来进行知识探索。

1. 通信概述

通信的目的是为了传递信息。智能车上有许多设备，每台设备都不是孤立存在的，需要共同完成任务，这样就需要各台设备之间可以快速、准确、不失真的进行信息传递。

（1）串行通信和并行通信

设备之间的通信方式可以分为串行通信和并行通信两种。

串行通信（Serial Communication）是指外设和计算机之间通过数据信号线、地址线与控制线等，将数据按照规定时序一个比特位接一个比特位地按序传输。串行通信使用较少的通信线路就可以完成信息的交换，特别适用于计算机与计算机、计算机与外设之间的远距离通信。串行通信所需的线路成本低且抗干扰能力强，是嵌入式系统中常用的通信方式。

并行通信（Parallel Communication）是指将多个比特位同时通过并行线路进行传送，数据传送效率比串行通信高，但数据线之间容易相互干扰，布线成本高，不适合长距离传输。串行通信与并行通信的对比见表 5-1-1。

表 5-1-1 串行通信与并行通信的对比

对比项目	串行通信	并行通信
传输原理	数据按位顺序传输	数据各个位同时传输
通信距离	比较远	比较近
抗干扰能力	比较强	比较弱
传输速率	比较慢	比较快
成本	比较低	比较高

（2）单工、半双工和全双工

根据数据传输的方向及时间的关系，串行通信可以分为单工、半双工和全双工 3 种方式。

单工方式（Simplex）：数据只能在一个方向上传输，数据流是单向的，如图 5-1-1a 所示。

半双工方式（Half-duplex）：数据可以在两个方向上传送，通信双方既能接收数据也能发送数据，但是接收数据和发送数据不能同时进行。无线电对讲机是一种典型的半双工通信方式。半双工实际上是一种切换方向的单工通信，不需要独立的接收端和发送端，两者可以合并一起使用一个端口，如图 5-1-1b 所示。

全双工方式（Full-duplex）：系统的每端都有发送器和接收器，在同一时刻，数据可以进行双向传输，通信双方既能接收数据也能发送数据。全双工通信是两个单工通信方式的结合，需要独立的接收端和发送端，如图 5-1-1c 所示。

（3）同步通信和异步通信

根据通信双方是否共享同一时钟信号，串行通信可以分为同步串行通信（Synchronous Serial Communication）和异步串行通信（Asynchronous Serial Communication）。

同步串行通信是一种连续、串行地传送数据的通信方式，一次通信只传输一帧信息。在同步串行通信中，收发设备上方会使用一根信号线传输时钟信号，双方在时钟信号的驱动下协调

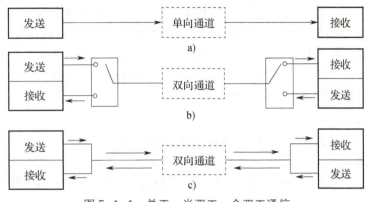

图 5-1-1 单工、半双工、全双工通信

和同步数据。发送端在发送数据的同时提供时钟信号，并按照约定的时序发送数据，接收端根据发送端提供的时钟信号以及约定的时序接收数据。通信双方通常会统一规定在时钟信号的上升沿或者下降沿对数据进行采样。嵌入式系统中常用的 I^2C、SPI 等通信协议都属于同步串行通信协议。

在异步串行通信中，数据通常是以字符为单位组成字符帧传送的。字符帧由发送端一帧一帧地发送，每一帧数据的低位在前、高位在后，通过传输线被接收端一帧一帧地接收。发送端和接收端可以由各自独立的时钟来控制数据的发送和接收，这两个时钟彼此独立、互不同步。

在同步串行通信中，数据信号所传输的内容绝大部分是有效数据，而异步通信中会包含数据帧的各种标识符，所以同步串行通信的效率高。但是，同步串行通信双方的时钟允许偏差小，时钟稍稍出错就可能导致数据错乱，所以其发送器和接收器比较复杂，成本也较高。异步串行通信不要求收发双方的时钟信号严格同步，只需要在单个字符的传输时间范围内能保持同步即可，双方的时钟允许偏差较大。所以，异步串行通信的硬件成本较同步串行通信低。但是，异步传送单个字符需要增加大约 20% 的附加信息位，所以传输效率比较低。异步串行通信方式简单可靠，也容易实现，已被广泛应用于嵌入式系统之间以及嵌入式系统与 PC 之间的数据传输。

小试牛刀 根据以上知识，查阅网络资源，列举串行通信在生产生活中的应用。
_____
_____

（4）通信接口、总线和协议

接口是一种连接标准，又常常被称为物理接口，是输入输出的硬件接口。实现通信的接口就是通信接口。实现并行通信的接口就是并行接口（简称并口），实现串行通信的接口就是串行接口（简称串口）。

总线（Bus）是一组传输通道，是由各种逻辑器件构成的传输数据的通道，一般由数据线、地址线、控制线等构成。总线按功能不同可分为内部总线、系统总线和 I/O 总线；按时序控制方式不同，可分为同步总线和异步总线；按传送的数据格式不同，可分为串行总线和并行总线。

接口和总线都可连接通信设备。接口强调的是两个部件之间的点对点连接，而总线更注重多个部件的互连。接口强调信号和数据形式的转换；总线更注重可扩展性、灵活性、规范化，许多总线都有相应的规范和标准。

通信协议是传输数据的规则，为便于理解，可以把它分为物理层协议和应用层协议。物理层协议规定通信系统中具有机械、电子功能部分的特性，确保原始数据在物理媒体的传输。例如，串口通信的物理接口标准 RS-485。应用层协议主要规定通信逻辑，统一收发双方的数据打包、解包标准。例如，在工业控制领域应用十分广泛的 ModBus 协议就是一种应用层协议，它可以选择 RS-485 总线作为基础传输介质。

（5）单端信号和差分信号

单端信号只用一根线传输信号，外加一根参考线，也就是地线。单端信号线上传输的信号就是信号线与地线之间的电位差。单端信号的优点是成本低，缺点是抗干扰能力比较差。差分信号又称差模信号，使用差分信号传输时，需要两根信号线，这两根信号线的振幅相等、相位相反，通过两根信号线的电压差值来表示逻辑 0 和逻辑 1。

与单端信号的传输方式相比，使用差分信号传输具有以下优点。

1）抗干扰能力强。当外界存在噪声干扰时，几乎会同时耦合到两条信号线上，而接收端只关心两个信号的差值，所以外界的共模噪声可以被完全抵消。

2）能有效抑制它对外部的电磁干扰。由于两根信号的极性相反，它们对外辐射的电磁场可以相互抵消，耦合得越紧密，泄放到外界的电磁能量越少。

3）时序定位精确。由于差分信号的开关变化位于两个信号的交点，而不像普通单端信号依靠高低两个阈值电压判断，因而受工艺、温度的影响小，能降低时序上的误差，同时也更适合低幅度信号的电路。

由于差分信号线具有以上优点，所以在 USB 协议、RS-485 协议、以太网协议及 CAN 协议的物理层中，都使用了差分信号传输。

2. 串行通信

串行通信是一种设备间非常常用的通信方式，因为它简单便捷，因此大部分电子设备都支持该通信方式，电子工程师在调试设备时也经常使用该通信方式输出调试信息。

（1）常见的串口

常见的串口有 USART（通用同步/异步收发器）、1-Wire（单总线）、SPI、I^2C、CAN 和 USB 等，它们的区别见表 5-1-2。

表 5-1-2 常见的串口

通信标准	引脚	通信方式	通信方向
1-Wire	DQ：数据线、通信线	异步通信	半双工
USART	TXD：发送端；RXT：接收端	同步/异步通信	全双工
SPI	SCK：同步时钟；MISO：主机输入，从机输出；MOSI：主机输出，从机输入；CS 片选	同步通信	全双工
I^2C	SCK：同步时钟；SDA：数据输入/输出端	同步通信	半双工
CAN	CAN-TX：发送端；CAN-RX：接收端	异步通信	半双工
USB	D+ 差分正信号；D- 差分负信号	异步通信	半双工

（2）异步串行通信协议

异步串行通信协议包括了通信数据帧格式的定义和传输速率的规定。接收方和发送方设置为相同的通信协议后才能正常通信。由于异步串行通信的收发双方没有共享时钟信号，发送端在发送数据之前，首先通过提供 Start 信号告诉接收端开始数据传输，然后按照约定的格式（数据帧）和传输速率（波特率）发送数据，发送完成后，通过提供 Stop 信号告诉接收端数据传输完毕。

在异步串行通信中，数据是以数据帧（Data Frame）为单位进行传输的，每个数据帧承载一个字符数据。异步串行通信的数据帧由起始位、数据位、校验位和停止位这 4 个部分组成，如图 5-1-2 所示。

图 5-1-2　异步串行通信的数据帧格式

空闲位是相邻两个数据帧之间的间隔，没有严格的时间要求，因此空闲位的长度可以是 n 个位，也可以没有空闲位，由用户决定。

起始位位于数据帧开头，只占 1 位，为逻辑 0（低电平）。无数据传送（处于空闲状态）时，通信线上为逻辑 1；当发送端要发送数据时，首先发送逻辑 0，作用是告诉接收端准备接收一帧数据。接收端检测到逻辑 0 以后，就准备接收数据。

数据位紧跟起始位之后，根据情况可取 5~8 位，低位在前，高位在后，由低位到高位逐位发送。

校验位是可选的，位于数据位之后，仅占 1 位。校验位用来校验数据在传送过程中是否出错，由收发双方根据用户设定好的差错校验方式确定，最常用的是奇偶校验。奇数校验表示数据位加上校验位总共有奇数个"1"，偶数校验表示数据位加上校验位总共有偶数个"1"。

停止位位于字符帧的末尾，为逻辑 1（高电平）。停止位表示传送一帧数据的过程结束，同时也为发送下一帧数据做准备。停止位通常取 1 位、1.5 位或 2 位。

常用数据帧的字长为 8 位或 9 位。9 位字长的数据帧结构为：1 位起始位 +8 位数据位 +1 位奇偶校验位（可选）+1 位停止位，如图 5-1-3 所示。8 位字长的数据帧有 7 位数据位和 1 位奇偶校验位，如图 5-1-4 所示。

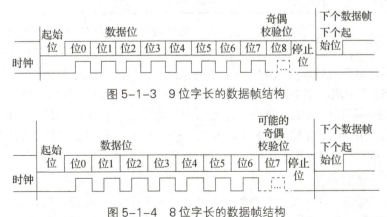

图 5-1-3　9 位字长的数据帧结构

图 5-1-4　8 位字长的数据帧结构

波特率为每秒钟传送二进制数码的位数，也叫比特数，单位为位 / 秒（bit/s），即每秒发送的位数,每个位(bit)所占用的时间为(1/波特率)秒,串口波特率用于确定串口传输速度的快慢,波特率越高,数据传输速度越快。波特率与字符的实际传输速率不同,字符的实际传输速率是每秒内所传数据帧的帧数,与数据帧格式有关。使用异步串行通信必须将接收方和发送方设置成相同的波特率才能正常通信。常用的波特率有9600bit/s、19 200bit/s、57 600bit/s、115 200bit/s等。

3. 认识 STM32F4xx 系列的 USART

STM32F4xx 系列中集成的串行通信模块是通用同步/异步收发器(Universal Synchronous Asynchronous Receiver and Transmitter,USART),其拥有同步通信和异步通信功能,可实现全双工数据交换。STM32F4xx 系列有多个收发器外设(又称串口)可用于串行通信,包括4个USART 和2个通用异步收发器(Universal Asynchronous Receiver and Transmitter,UART),它们分别是:USART1、USART2、USART3、UART4、UART5 和 USART6。与 USART 相比,UART 裁减了同步通信的功能,只有异步通信功能。本任务仅采用异步通信的方式,因此可以选用 USART 或 UART。

(1) USART 的功能引脚

STM32F4xx 的各个串口的工作时钟源自不同的 APB。USART1 和 USART6 挂接在 APB2 上,最大频率为 84 MHz;其他4个收发器外设则挂接在 APB1 上,最大频率为 42MHz。表 5-1-3 展示了 STM32F407ZGT6 芯片 USART/UART 的外部引脚分布。这些引脚默认的功能都是 GPIO,在作为串口使用时,要用到这些引脚的复用功能,在使用复用功能前,必须对复用的端口进行设置。

表 5-1-3 STM32F407ZGT6 芯片 USART/UART 的外部引脚分布

引脚	APB2 总线(最高 84 MHz)		APB1 总线(最高 42MHz)			
	USART1	USART6	USART2	USART3	UART4	UART5
TX	PA9/PB6	PC6/PG14	PA2/PD5	PB10/PD8/PC10	PA0/PC10	PC12
RX	PA10/PB7	PC7/PG9	PA3/PD6	PB11/PD9/PC11	PA1/PC11	PD2
SCLK	PA8	PC7/PC8	PA4/PD7	PB12/PD10/PC12		
nCTS	PA11	PG13/PG15	PA0/PD3	PB13/PD11		
nRTS	PA12	PG8/PG12	PA1/PD4	PB14/PD12		

表 5-1-3 中,TX 是发送数据输出引脚,RX 是接收数据输入引脚;SCLK 是发送器时钟输出引脚,这个引脚仅适用于同步模式。nRTS 中的 RTS(Request To Send)为发送请求信号,是输出信号,n 表示低电平有效。nCTS 中的 CTS(Clear To Send)为发送允许信号,为输入信号。nCTS 输入和 nRTS 输出用于控制2个器件间的串行数据流。在串行通信的数据传输过程中,可能会出现接收方来不及接收数据的情况,此时需要为收发双方提供握手信号以免数据丢失,这就是所谓的流量控制(简称流控)。本次任务使用的 UART 只有异步传输功能,所以没有使用 SCLK、nCTS 和 nRTS 功能引脚。

(2) USART 的参数设置

USART 模块主要包含3个部分:波特率发生器、数据发送器和数据接收器。波特率发生器为数据发送器和数据接收器提供发送时钟和接收时钟。数据发送器用于实现并行数据到串行数据的格式转换,并添加标识位和校验位。当一帧数据发送结束时,数据发送器还要设置结束标志，并申请发送中断。数据接收器用于实现串行数据到并行数据的格式转换，以及检查错误、去掉校验位并保存有效数据。当接收到一帧数据时，数据接收器还要设置接收结束标志，并申请接收中断。

除了以上 3 个部分以外，USART 控制器还需要设置各种工作参数，包括工作方式、字符格式波特率、校验方式和数据位等。

USART 的工作原理如图 5-1-5 所示。

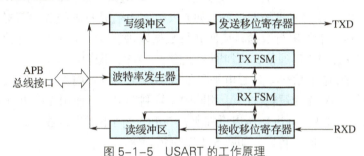

图 5-1-5 USART 的工作原理

发送数据时，首先将来自总线的数据写入缓冲区，然后将数据送入发送移位寄存器，最后将数据按位依次发送。在发送移位寄存器发送数据的同时，写缓冲区允许接收下一帧数据。

接收数据时，首先把接收到的每一位顺序地保存在接收移位寄存器中，然后写入读缓冲区。在读缓冲区中的数据等待被读取的同时，接收移位寄存器又可以开始接收下一帧数据。

与 STM32F4xx 的 USART 编程相关的寄存器有 USART 状态寄存器（USART_SR）、USART 数据寄存器（USART_DR）、USART 控制寄存器 1~USART 控制寄存器 3（USART_CR1~USART_CR3），以及 USART 波特率寄存器（USART_BRR）。USART_SR 用于存放串行通信状态和错误信息。USART_DR 用于存放接收数据或需要发送的数据，取决于执行的操作是读取操作还是写入操作。USART_CR1~USART_CR3 用于时钟使能、中断、DAM、工作状态等配置。USART_BRR 用于设置通信波特率。寄存器的具体格式可查阅《STM32F4xx 中文参考手册》了解。

（3）USART 的中断控制

STM32F4xx 中的 USART 能够产生多种中断事件。不同类型的 USART 中断事件都有对应的中断事件标志位。表 5-1-4 列出了 USART 中断事件类型和对应的事件标志，这些事件是否能够触发中断由 USART_CR1~USART_CR3 中对应的中断使能位控制。

表 5-1-4 USART 中断请求

中断事件	事件标志	中断使能位
发送数据寄存器为空	TXE	TXEIE
CTS 标志	CTS	CTSIE
发送完成	TC	TCIE
准备好读取接收到的数据	RXNE	RXNEIE
检测到上溢错误	ORE	
检测到空闲线路	IDLE	IDLEIE
奇偶校验错误	PE	PEIE
断路标志	LBD	LBDIE
多缓冲区通信中的噪声标志、上溢错误和帧错误	NF 或 ORE 或 FE	EIE

USART 中断事件被连接到相同的中断向量 USART。数据发送期间的中断事件包括发送完成、清除以发送或发送数据寄存器为空。数据接收期间的中断事件包括空闲总线检测、上溢错误、接收数据寄存器不为空、奇偶校验错误、LIN 断路检测、噪声标志和帧错误。

（4）USART 的硬件连接

两个 USART 可以直接相互通信，它们通过 RX（接收数据串行输入）、TX（发送数据输出）和接地这 3 个引脚连接在一起。它们的接地通过一根"共地线"连接，同时 TX 和 RX 交叉连接，如图 5-1-6 所示。发送端将来自控制设备（如 CPU）的并行数据转换为串行形式，接着将其串行传输到接收端，接收端将串行数据转换回并行数据以供接收设备使用。这种通信方式一般用于电路板内部通信或者短距离通信，比如刷卡、蓝牙、WiFi 小模块等。

USART 使用 TTL 电平信号。TTL 电平是处理器控制的设备内部之间通信的标准技术，以 3.3V 作为逻辑"1"，0V 作为逻辑"0"。相同的微控制器之间可使用 TTL 电平标准通信，但是 PC 使用的是 RS-232 的电平标准，所以微控制器与 PC 之间不能直接连接，需要使用电平转换芯片（电平转换器）完成电平转换，如图 5-1-7 所示。

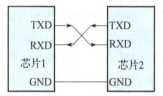
图 5-1-6　两个 USART 的连接方法

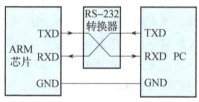
图 5-1-7　微控制器与 PC 的连接

4. RS-485 标准

RS-485 和 RS-232 标准最初都是由美国电子工业协会（EIA）制定并发布的，其中 RS（Recommended Standard）指推荐性标准。RS-232 标准通信的距离短、速率低，智能点对点通信，无法组建多机通信系统，并且经常会由于外界的电气干扰而导致信号传输出现错误，不适用于工业控制现场总线。RS-485 弥补了 RS-232 通信距离短，不能进行多台设备同时进行联网管理的缺点。

RS-485 标准目前由电信行业协会（TIA）维护，也称为 TIA-485。应用此标准的数字通信网可以在有电子噪声的环境下进行长距离的高效率通信。在线性多点总线的配置下，RS-485 允许在一个网络上有多个接收器，因此适用于工业环境。

（1）识读 RS-485 收发器芯片典型电路

由于 USART 使用的是 TTL 电平，而 RS-485 使用差分信号进行数据传输，因此需要使用通信接口电路将 TTL 电路转为差分电路。RS-485 收发器（Transceiver）芯片是一种常用的通信接口器件，世界上大多数半导体公司都有符合 RS-485 标准的收发器产品线。下面以 Sipex 公司的 SP3072EEN 芯片为例，讲解 RS-485 标准的收发器芯片的工作原理与典型应用电路。图 5-1-8 为 RS-485 收发器芯片的典型应用电路。

图 5-1-8 中，SP3072EEN 芯片的封装是 SOP-8，RO 与 DI 分别为数据接收与发送引脚，它们与微控制器的 USART/UART 相连。电阻 R40 为终端匹配电阻，其阻值为 120Ω；电阻 R30 和 R66 为偏置电阻，它们用于确保在静默状态时，RS-485 总线维持逻辑 1 高电平状态。RE 和 DE 分别为接收使能和发送使能引脚，与微控制器的 GPIO 引脚相连。J2 端口的 2、3 引脚（A、B 两端）用于连接 RS-485 总线上的其他设备，所有设备以并联的形式接在总线上。

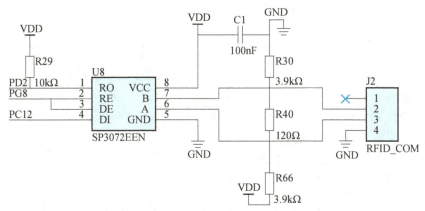

图 5-1-8　RS-485 收发器芯片的典型应用电路

RS-485 的通信网络结构如图 5-1-9 所示，网络中的每个节点都是由一个串口控制器和一个收发器组成。在 RS-485 通信网络中，节点中的串口控制器使用 RX 与 TX 信号线连接到收发器上，而收发器通过差分线连接到网络总线。发送数据时，串口控制器的 TX 信号经过收发器转换成差分信号传输到总线上，而接收数据时，收发器把总线上的差分信号转化成 TTL 信号通过 RX 引脚传输到串口控制器中。

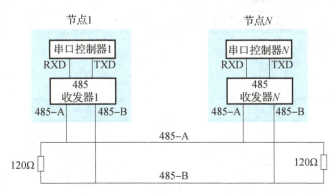

图 5-1-9　RS-485 的通信网络结构

（2）RS-485 应用层通信协议

RS-485 标准只对接口的电气特性做出相关规定，并未对接插件、电缆和通信协议等做出相关规定，所以用户需要在 RS-485 总线网络的基础上制定应用层通信协议。一般来说，各应用领域的 RS-485 通信协议都是指应用层通信协议。

RS-485 总线网络支持一主多从的通信模式，网络中各设备拥有唯一的地址。主机以广播的形式下发指令，从机接收到相关指令后，将指令中的地址码与自己的地址码进行比较，如果是下发给自己的指令则执行相关指令，执行完毕后发送相应的状态代码给主机。否则丢弃该指令，静默等待主机的下一条指令。在通信过程中，接收方收到的数据可能会由于传输过程受到干扰而出错。为了避免接收方对错误数据进行处理，通信协议中一般都会加入某种校验机制，常见的有和校验、奇校验、偶校验和 CRC 校验等。因此，RS-485 通信的数据应包含帧起始符、地址域、命令码域、数据长度域、数据域、校验码域、结束符这 7 个部分。

任务实施

1. 硬件组装

（1）板间连接

本任务将主机和从机通过 RS-485 相连、两个 OLED 显示屏分别和主机、从机相连，板间连接示意图如图 5-1-10 所示。STM32F407IGT6 与通信显示模块上 OLED 的连线在项目 4 任务 1 中已经介绍，在此不再赘述。

（2）电路连接

本任务用串行通信实现智能车启动，表 5-1-5 为主机（STM32F407IGT6）的 RS-485 连线、按键连线和 OLED 连线。从机的连线除了没有按键外，均与主机相同，因此不再赘述。

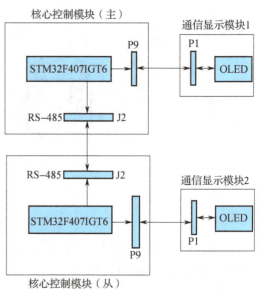

图 5-1-10　板间连接示意图

表 5-1-5　智能车核心控制模块（主机，STM32F407IGT6）的连线

接口名称		STM32F407IGT6 引脚	SP3072EEN	功能说明
UART5	TX	PC12	DI	数据发送
	RX	PD2	RO	数据接收
使能引脚		PG8	$\overline{RE}$/DE	接收使能和发送使能
S1 按键		PE4		起动按键：OLED 显示 "Go"
S2 按键		PE3		左转按键：OLED 显示 "Left"
S3 按键		PE2		右转按键：OLED 显示 "Right"
S4 按键		PA0		清空按键：OLED 清屏

接口名称		STM32F407IGT6 引脚	OLED	功能说明
GPIO 模拟 SPI 接口	SCK	PB10	OLED_SCK（D0）	时钟引脚
	MOSI	PB15	OLED_MOSI（D1）	数据引脚（微控制器向 OLED 输入数据）
	NSS	PA8	OLED_CS	片选引脚
OLED 复位		PC5	OLED_RES	复位引脚
OLED 控制		PC4	OLED_DC	数据和命令控制引脚

2. 软件编程

（1）配置 STM32CubeMX

➢ 基础配置

在 C 盘下的 "STM32F407" 文件夹中建立 "TASK5-1" 文件夹，打开 STM32CubeMX 建立基础配置工程的过程与之前的项目一样，在此不再赘述。下面是本任务所需的其他配置。

➢ GPIO_EXTI 配置

在 STM32CubeMX 软件界面右侧的 Pinout view 搜索框中输入要分配的引脚名称 PA0，对应引脚将会闪烁。单击闪烁的引脚，将其设置为外部中断功能，与外部中断线 GPIO_EXTI0 连接。

用同样的方法搜索引脚 PE2、PE3、PE4 和 PF8，将它们都设置为外部中断功能，分别与外部中断线 GPIO_EXTI2、GPIO_EXTI3、GPIO_EXTI4 和 GPIO_EXTI[9:5] 相连。

如图 5-1-11 所示，在软件界面左侧的类别栏中单击【System Core】并选中【GPIO】，配置引脚的参数。在出现的引脚列表中单击选中引脚，进行详细配置。其中，【GPIO mode】表示需要配置的边沿触发方式，有上升沿、下降沿和双边沿触发 3 个选择。此处根据具体情况进行选择，本任务中配置 PA0、PE2、PE3 和 PE4 都为上升沿触发（External Interrupt Mode with Rising Edge Detection）。【GPIO Pull-up/Pull-down】表示是否需要上拉电阻、下拉电阻。本任务不需要上下拉电阻。【User Label】表示用户标签，分别标注 S4、S3、S2、S1。

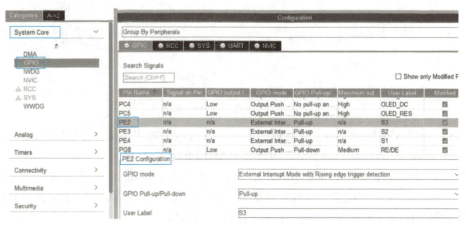

图 5-1-11　GPIO_EXTI 配置

> NVIC 配置

配置好外部中断的触发方式后，还需要配置 NVIC。如图 5-1-12 所示，在【System Core】中选择【NVIC】，在中间的配置窗口中进行 NVIC 详细配置。首先，在【Priority Group】下拉列表中设置优先级分组，此处选择优先级分组为第 2 组（4 级抢占优先级，4 级响应优先级）。然后，分别选中 EXTI line0 interrupt、EXTI line2 interrupt、EXTI line3 interrupt、EXTI line4 interrupt，依次设置它们的抢占优先级（Premption Priority）为 1、3、2、1，不设置响应优先级，最后中断使能（Enable）即可。

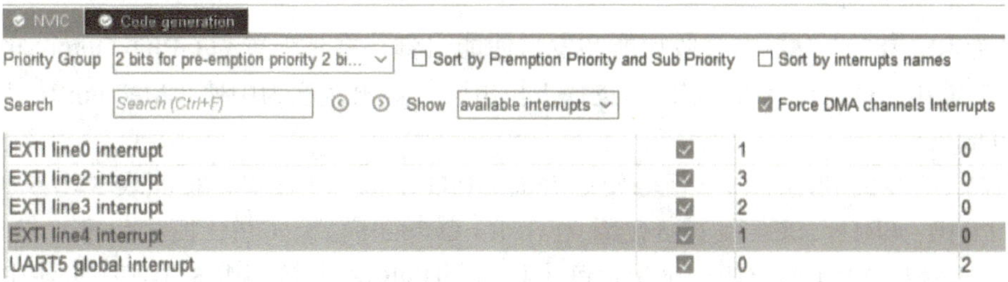

图 5-1-12　NVIC 配置

> UART 配置

本任务使用 UART5，见表 5-1-5，UART5_TX 引脚为 PC12，UART5_RX 引脚为 PD2。打开 STM32CubeMX 主界面中的【Pinout & Configuration】标签页，在左侧的【System Core】中选择 GPIO。在右侧的 Pinout view 搜索框中输入要分配的引脚名称 PC12，配置其引脚工作模式为 UART5_TX，如图 5-1-13 所示。类似地，选中 PD2 引脚，配置其引脚工作模式为 UART5_RX。

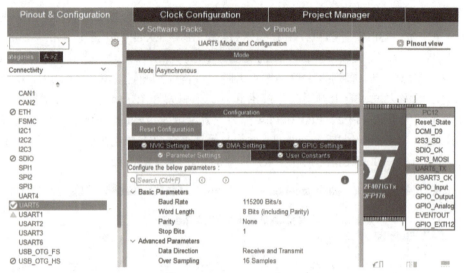

图 5-1-13 UART5 配置

在【Pinout & Configuration】标签页的【Connectivity】列表中选择【UART5】，并在出现的【UART5 Mode and Configuration】窗口中设置 UART5 的各个参数。

【Mode】用于选择 UART5 的工作方式，此处选择 Asynchronous，表示采用异步通信方式；【Parameter Settings】用于设置 UART5 异步串行通信相关参数。其中，【Basic Parameters】用于设置基本参数，【Advanced Parameters】用于设置高级参数。

【Baud Rate】用于设置波特率参数，可选择十进制或十六进制，需要手动输入波特率数值。【Word Length】用于设置包含校验位的数据长度。【Parity】用于设置奇校验、偶校验或无校验。【Stop Bits】用于选择停止位，可选 1 位或 2 位。【Data Direction】用于选择数据传输方向，可选双向、只发送或只接收。【Over Sampling】用于设置过采样参数，可选 16 倍或 8 倍。

根据本次任务要求，设置 UART5 的波特率为 115 200 bit/s、数据帧长度为 8、无须校验、1 个停止位、双向数据传输以及 16 倍过采样。

使能（Enable）UART5 global interrupt，在 NVIC 中设置优先级分组为第 2 组，设置它的抢占优先级为 0，响应优先级为 2。

> ➤ GPIO_Output 配置

PG8 为 RS-485 收发器的接收使能和发送使能引脚，将其配置为 GPIO_Output 模式。GPIO 模式为推挽输出（Output Push Pull），选择下拉电阻，输出速度为中速（Medium），用户标签备注为 RE/DE。

为提高 GPIO 的利用率，本任务使用普通 GPIO 模拟 SPI 接口，按照表 5-1-5 所示，将引脚 PA8、PB10、PB15、PC4 和 PC5 配置为 GPIO_Output 模式。GPIO 模式为推挽输出（Output Push Pull），不需要上下拉电阻，输出速度为高速（High），并按照表 5-1-5 所示备注用户标签，如图 5-1-14 所示。

完成以上所有配置后，单击软件界面右上角的【GENERATE CODE】，生成代码。如图 5-1-15 所示，STM32CubeMX 自动生成 main.c、gpio.c、usart.c、stm32f4xx_it.c、stm32f4xx_hal_msp.c 文件，其中 gpio.c、tim.c、stm32f4xx_hal_msp.c 已经满足了定时器及 GPIO 的配置需求，它们的代码无须改动，但需要知道自动生成的 GPIO 和 UART 串口宏定义，以备后面代码调用。

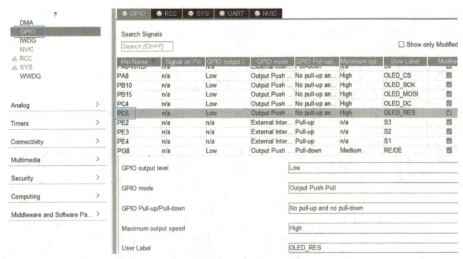

图 5-1-14　GPIO_Output 配置

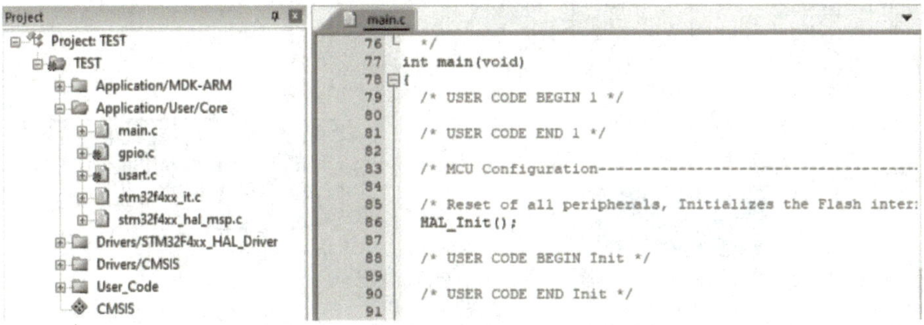

图 5-1-15　本任务自动生成的代码

main.h 中宏定义了图 5-1-14 中的 GPIO，usart.h 中宏定义了图 5-1-13 中的 UART 句柄结构体，分别如图 5-1-16 和图 5-1-17 所示。

```
/* Private defines ----------------
#define S3_Pin GPIO_PIN_2
#define S3_GPIO_Port GPIOE
#define S3_EXTI_IRQn EXTI2_IRQn
#define S2_Pin GPIO_PIN_3
#define S2_GPIO_Port GPIOE
#define S2_EXTI_IRQn EXTI3_IRQn
#define S1_Pin GPIO_PIN_4
#define S1_GPIO_Port GPIOE
#define S1_EXTI_IRQn EXTI4_IRQn
#define S4_Pin GPIO_PIN_0
#define S4_GPIO_Port GPIOA
#define S4_EXTI_IRQn EXTI0_IRQn
#define OLED_DC_Pin GPIO_PIN_4
#define OLED_DC_GPIO_Port GPIOC
#define OLED_RES_Pin GPIO_PIN_5
#define OLED_RES_GPIO_Port GPIOC
#define OLED_SCK_Pin GPIO_PIN_10
#define OLED_SCK_GPIO_Port GPIOB
#define OLED_MOSI_Pin GPIO_PIN_15
#define OLED_MOSI_GPIO_Port GPIOB
#define RE_DE_Pin GPIO_PIN_8
#define RE_DE_GPIO_Port GPIOG
#define OLED_CS_Pin GPIO_PIN_8
#define OLED_CS_GPIO_Port GPIOA
```

图 5-1-16　GPIO 宏定义

```
#ifndef __USART_H__
#define __USART_H__

#ifdef __cplusplus
extern "C" {
#endif

/* Includes ------------------------
#include "main.h"

/* USER CODE BEGIN Includes */

/* USER CODE END Includes */

extern UART_HandleTypeDef huart5;

/* USER CODE BEGIN Private defines */

/* USER CODE END Private defines */

void MX_UART5_Init(void);

/* USER CODE BEGIN Prototypes */

/* USER CODE END Prototypes */

#ifdef __cplusplus
}
```

图 5-1-17　UART 串口宏定义

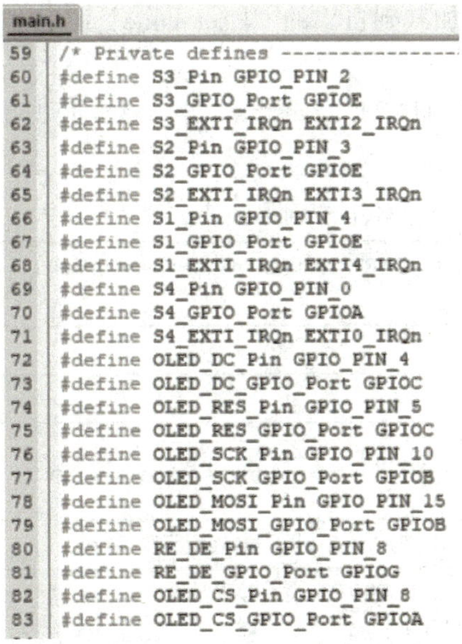

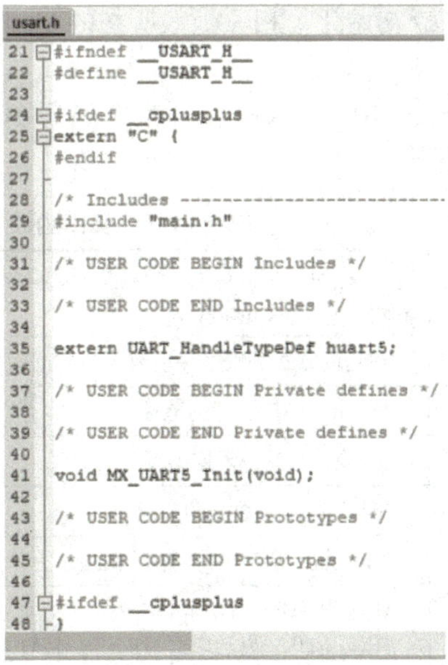

（2）代码流程

在 STM32CubeMX 生成代码的基础上，整体代码流程如图 5-1-18 所示。

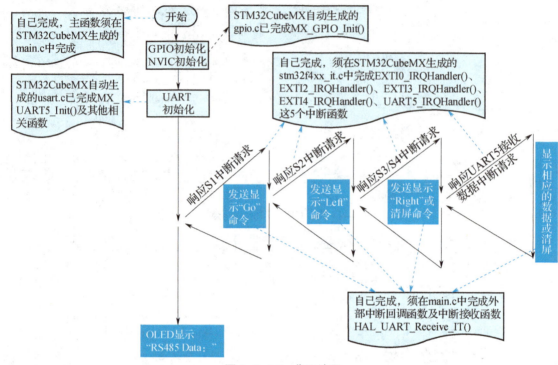

图 5-1-18　代码流程

（3）MDK 代码编写

在工程"TEST"下 Add Group，命名为"User_Code"，新建按键外部中断回调函数"key_exit_drv.c"和按键外部中断回调函数头文件"key_exit_drv.h"、RS-485 初始化代码"rs485.c"和 RS-485 头文件"rs485.h"，将它们加入"User_Code"组，并配置头文件包含路径。将项目 4 任务 1 中 OLED 初始化等相关函数所在的 oled.c 加载到自建的"User_code"组，并在 main.c 中加载 oled.h。

在"rs485.c"中需要调用 HAL 库函数 HAL_UART_Transmit，该函数的功能见表 5-1-6 所示。

表 5-1-6　接口函数 HAL_UART_Transmit

函数原型	HAL_StatusTypeDef HAL_UART_Transmit（UART_HandleTypeDef *huart, uint8_t *pData, uint16_t Size, uint32_t Timeout）
函数功能	在轮询方式下发送一定数量的数据
入口参数 1	*huart：串口句柄的地址
入口参数 2	pData：待发送数据的首地址
入口参数 3	Size：待发送数据的个数
入口参数 4	Timeout：超时等待时间，以 ms 为单位，HAL_MAX_DELAY 表示无限等待
返回值	HAL 状态值：HAL_OK 表示发送成功，HAL_ERROR 表示参数错误，HAL_BUSY 表示串口被占用，HAL_TIMEOUT 表示发送超时

其他说明	1. 该函数连续发送数据，发送过程中通过判断 TXE 标志来发送下一个数据，通过判断 TC 标志来结束数据的发送 2. 如果在等待时间内没有完成发送，则不再发送，返回超时标志 3. 该函数由用户调用

> key_exit_drv.c 编写

在 "key_exit_drv.c" 中输入以下代码：

```c
#include "key_exit_drv.h"
#include "main.h"
#include "rs485.h"
/** 函数功能：按键外部中断回调函数
  * 输入参数：GPIO_Pin: 中断引脚
  * 返 回 值：无
  * 说    明：无 */
void HAL_GPIO_EXTI_Callback(uint16_t GPIO_Pin)
{
    if(GPIO_Pin==S1_Pin)
    {
        RS485_Send_Data("Go   ");
    }
    if(GPIO_Pin==S2_Pin)
    {
        RS485_Send_Data("Left ");
    }
    if(GPIO_Pin==S3_Pin)
    {
        RS485_Send_Data("Right");
    }
    if(GPIO_Pin==S4_Pin)
    {
        RS485_Send_Data("     ");
    }
}
```

> rs485.c 编写

在 "rs485.h" 中输入以下代码：

```c
#ifndef __RS485_H
#define __RS485_H
#include "main.h"
#include "usart.h"
#include "string.h"
// 485 模式控制：0- 接收；1- 发送
#define RS485_TX_EN_0 HAL_GPIO_WritePin(RE_DE_GPIO_Port,RE_DE_Pin,GPIO_PIN_RESET)
#define RS485_TX_EN_1 HAL_GPIO_WritePin(RE_DE_GPIO_Port,RE_DE_Pin,GPIO_PIN_SET)
void RS485_Init(void);
void RS485_Send_Data(unsigned char *Data);
#endif
```

在"rs485.c"中输入以下代码：

```c
#include "rs485.h"
/* 功　能：485 发送接收控制
 * 参　数：无
 * 返回值：无 */
void RS485_Init(void)
{
    RS485_TX_EN_0;                                          // 默认为接收模式
}
void RS485_Send_Data(unsigned char *Data)
{
    RS485_TX_EN_1;                                          // 设置为发送模式
    HAL_UART_Transmit(&huart5,Data,strlen((char *)Data),1000); //uart5 串口发送数据
    RS485_TX_EN_0;                                          // 设置为接收模式
}
```

➤ **stm32f4xx_it.c 编写**

在 /* USER CODE BEGIN NonMaskableInt_IRQn 1 */ 和 /* USER CODE END NonMaskableInt_IRQn 1 */ 之间写入以下代码：

```c
void NMI_Handler(void)
{
    /* USER CODE BEGIN NonMaskableInt_IRQn 1 */
    while(1)
    {
    }
    /* USER CODE END NonMaskableInt_IRQn 1 */
}
```

➤ **编写 main.c**

在 main.c 中完善代码。

```c
/* USER CODE BEGIN Includes */
#include "string.h"
#include "stdio.h"
#include "rs485.h"
#include "oled.h"
#include "key_exit_drv.h"
/* USER CODE END Includes */
/* USER CODE BEGIN 0 */
uint8_t Key_Value=0;//储存按键值变量
uint8_t Warning_LED_Flag=0;//警示灯开启标志位
uint8_t Blink_Led_Left_Flag=0;//左转向灯开启标志位
uint8_t Blink_Led_Right_Flag=0;//右转向灯开启标志位
unsigned int TIME_MS = 0;
unsigned char TxBuff[10];
unsigned char RxBuff[20];
unsigned char RxBuff_485[20];
/* USER CODE END 0 */
/* 完善 main 函数代码 */
/* USER CODE BEGIN 2 */
```

```
    RS485_Init();
    OLED_Init();
  /* USER CODE END 2 */
/* USER CODE BEGIN WHILE */
    OLED_Show_Str(16*3,1,"RS485",16);
    while(1)
    {
    /* USER CODE END WHILE */
    /* USER CODE BEGIN 3 */
        HAL_UART_Receive_IT(&huart5,RxBuff_485,5);
        sprintf((char *)RxBuff,"Data:%s",RxBuff_485);
        OLED_Show_Str(16*0,4,(char *)RxBuff,16);
    }
  /* USER CODE END 3 */
}
void Error_Handler(void)
{
  /* USER CODE BEGIN Error_Handler_Debug */
    __disable_irq();
    while(1)
    {
    }
  /* USER CODE END Error_Handler_Debug */
}
```

3. 软硬件联调

程序设计好后,编译并生成目标代码,下载到核心控制模块中,实现任务功能。

学后思

请大家根据问题完成复盘。

实验实施视频

任务复盘表

回顾目标	评价结果	分析原因	总结经验
是否完成了任务? 和你做的计划一致吗?	完成任务的过程中你做得好的地方有哪些? 存在哪些问题?	完成任务的关键因素有哪些? 出现问题的原因是什么?	如果让你再做一遍,你会如何改进? 写下你的创意想法。

任务拓展

汽车上的不同系统经常需要共享传感器数据,如空调系统和仪表显示系统都需要温度传感器采集到的数据。你能使用 RS-485 总线传输项目 4 任务 1 中温度传感器的数据吗?

拓中思

你能将温度传感器测量的数据经 RS-485 总线,在另一个核心控制模块驱动的 OLED 上显示吗?试着写出自己的思路。

_____
_____

任务 2　智能车 CAN 总线环境检测

任务导引

当多个设备之间需要通过一条线进行通信时,通常使用串行通信协议。CAN 总线就是这样一种常用于汽车、工业控制和机器人系统等领域的串行通信协议。CAN 总线的通信是基于两条数据线进行的,分别称为 CAN_H 和 CAN_L。若将 CAN 总线比作一条快递路线,CAN_H 和 CAN_L 就像负责投递快递的两名员工。

在本任务中,微控制器 A 利用光敏电阻传感器模块检测环境光照度,通过 CAN 总线将检测到的光照度传输到微控制器 B,并利用 OLED 显示屏显示;当光照度低于一定值时,微控制器 B 打开 LED,模拟汽车自动大灯的功能。

知识准备

学前思

在了解了任务需求后,请你认真思考并写出完成以上任务时可能会存在的问题。

_____
_____

下面带着问题一起来进行知识探索。

1. 光敏电阻传感器电路

光敏电阻是一种特殊的电阻元件,它的工作原理是基于光电效应的。在光线的作用下,光敏电阻的阻值会发生变化。通常情况下,当光照度增加时,阻值会下降,反之,当光照度减弱或者消失时,阻值会上升。这种现象称为光导效应,因此,光敏电阻又称光导管。光敏电阻的输出阻值与光照度呈线性关系,因此可以很好地用于测量光照度。本任务中用到的光敏电阻传感器模块的电路原理如图 5-2-1 所示。

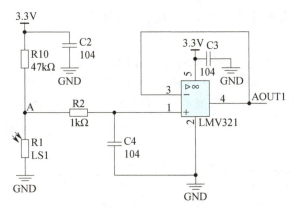

图 5-2-1 光敏电阻传感器模块的电路原理

如图 5-2-1 所示，LS1 为光敏电阻，其阻值随光照度增强而减小；R2 为分压电阻，其阻值为 47 kΩ。LMV321 为低功耗单运算放大器，此处用作电压跟随器。LMV321 的输出端 AOUT1 与微控制器 PF8 引脚的 ADC 通道相连。当光照度变化时，光敏电阻的阻值随之变化，导致图中 A 点的电位随之改变。可以观察到 LED1 随着光照度增加而变暗，随着光照度的减弱而变亮。微控制器通过 ADC 通道引脚采集电压跟随器 AOUT1 点的电位。

> **小试牛刀** 结合以上知识思考，当微控制器 A 通过 PA1 引脚检测到的数值变大时，环境光照度是变强还是变弱？

2. CAN 总线概述

（1）CAN 总线简介

CAN 是控制器局域网络（Controller Area Network）的简称，由德国 BOSCH 公司于 1986 年 2 月开发出来并发布，最早被应用于汽车内部控制系统的监测与执行机构间的数据通信，目前是国际上应用最广泛的现场总线之一。

汽车上的各个系统，如 ABS 制动装置、智能型悬架装置、自动照明、空调及中央门锁等不是孤立存在的，它们都是综合系统的一部分。各个系统之间要求有一定数量的信息交换，因此必须提供一些系统间的相互连接途径。传统的方法是点对点连线，来分别提供各个子系统间的相互连接。但是由于汽车复杂性的增加，这种点对点的连接方式需要的线束和连接器越来越多，这种布线方式大大地增加了汽车的生产成本，因此，迫切需要一个低成本的数字网络来实现系统间的通信。汽车的电子环境干扰很严重，这要求汽车上的通信网络必须具有很强的抗干扰、错误检测和处理能力，可以重发失败的数据包。正是在这种需求下，控制器局域网（CAN）出现了。

近年来，由于 CAN 总线具备高可靠性、高性能、功能完善和成本较低等优势，其应用领域已从最初的汽车工业领域慢慢渗透到航空工业、安防监控、楼宇自动化、工业控制、工程机械、医疗器械等领域。例如，当今的酒店客房管理系统集成了门禁、照明、通风、加热和各种报警安全监测等设备，这些设备通过 CAN 总线连接在一起，形成各种执行器和传感器的联动，这样的系统架构为用户实时监测各单元运行状态提供了可能性。

（2）CAN 物理层

与 I^2C、SPI 等具有时钟信号的同步通信方式不同，CAN 通信并不是以时钟信号来进行同步的，它是一种异步通信，只具有 CAN_H 和 CAN_L 两条信号线，共同构成一组差分信号线，以差分信号的形式进行通信。图 5-2-2 展示了 ISO 11898 标准的 CAN 总线信号电平标准。

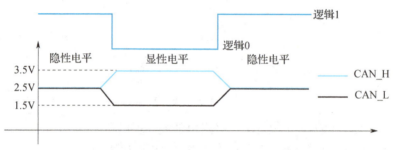

图 5-2-2　ISO 11898 标准的 CAN 总线信号电平标准

静态时两条信号线 CAN_H 和 CAN_L 上的电平电压均为 2.5V 左右（电位差为 0），此时的状态表示逻辑 1（或称"隐性电平"）状态。当 CAN_H 上的电压值为 3.5V 且 CAN_L 上的电压值为 1.5V 时，两条信号线的电位差为 2V，此时的状态表示逻辑 0（或称"显性电平"）状态。

CAN 总线网络拓扑结构如图 5-2-3 所示。CAN 总线网络拓扑结构有两种：一种是遵循 ISO 11898 标准的高速 CAN 总线网络（传输速率为 500kbit/s），另一种是遵循 ISO 11519 标准的低速 CAN 总线网络（传输速率为 125kbit/s）。高速 CAN 总线网络被应用在汽车动力与传动系统，它是闭环网络，总线最大长度为 40m，要求两端各有一个 120Ω 的电阻。低速 CAN 总线网络被应用在汽车车身系统，它的两根总线是独立的，不形成闭环，要求每根总线上各串联一个 2.2kΩ 的电阻。

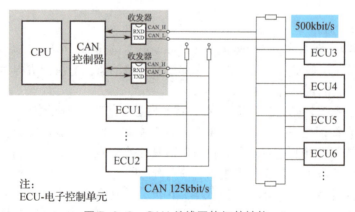

图 5-2-3　CAN 总线网络拓扑结构

CAN 总线上可以挂载多个通信节点，节点之间的信号经过总线传输，实现节点间通信。由于 CAN 通信协议不对节点进行地址编码，而是对数据内容进行编码，所以网络中的节点数理论上不受限制，只要总线的负载足够即可，可以通过中继器增强负载。由于 CAN 总线协议的物理层只有 1 对差分线，在一个时刻只能表示一个信号，所以对通信节点来说，CAN 通信是半双工的，收发数据需要分时进行。在 CAN 总线通信网络中，同一时刻只能有一个通信节点发送信号，其余的节点在该时刻都只能接收。

（3）识读 CAN 电路

CAN 通信节点由一个 CAN 控制器和 CAN 收发器组成，如图 5-2-4 所示，控制器与收发器之间通过 CAN_TX 及 CAN_RX 信号线相连，收发器与 CAN 总线之间使用 CAN_H 及 CAN_L 信号线相连。其中，CAN_TX 及 CAN_RX 使用 TTL 逻辑信号，而 CAN_H 及 CAN_L 是一对差分信号线，使用比较特别的差分信号。当 CAN 节点需要发送数据时，控制器把要发送的二进制编码通过 CAN_TX 线发送到收发器，然后由收发器把这个普通的逻辑电平信号转化成差分信号，通过差分信号线 CAN_H 和 CAN_L 输出到 CAN 总线网络。而通过收发器接收总线上的数据到控制器则是相反的过程，收发器把从总线上收到的 CAN_H 及 CAN_L 信号转化成普通的逻辑电平信号，通过 CAN_RX 输出到控制器中。

例如，STM32 的 CAN 片上外设就是通信节点中的控制器，为了构成完整的节点，还需要一个外接收发器。CAN 收发器的作用是把 CAN 控制器的 TTL 电平信号转换成差分信号（或者相反）。本任务中使用 TJA1050T 芯片作为 CAN 收发器，其引脚定义如表 5-2-1 所示，电路原理如图 5-2-4 所示。

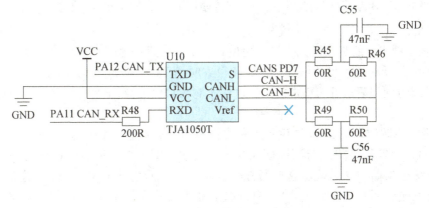

图 5-2-4　CAN 模块的电路原理

表 5-2-1　收发器 TJA1050T 的引脚定义

引脚	功能
TXD	发送器引脚，从 CAN 控制器读取数据并发送到 CAN 总线
RXD	接收器引脚，从 CAN 总线接收数据并传输给 CAN 控制器
CANL	CAN_L 信号线
CANH	CAN_H 信号线
S	选择发送器为高速模式或静音模式

（4）CAN 总线的协议层

CAN 总线的协议层规定了通信逻辑。由于 CAN 总线使用的是两条差分信号线，因此只能表达一个信号。CAN 协议对数据、操作命令（如读/写）以及同步信号进行打包，打包后的这些内容称为报文。在原始数据段的前面加上传输起始标签、片选（识别）标签和控制标签，在数据的尾段加上 CRC 校验标签、应答标签和传输结束标签，把这些内容按特定的格式打包好，就可以用一个通道表达各种信号了。当整个数据包被传输到其他设备时，只要这些设备按格式去解读，就能还原出原始数据，这样的报文就被称为 CAN 的"数据帧"。为了更有效地控制通信，CAN 一共规定了 5 种类型的帧，它们的类型及用途说明见表 5-2-2。

表 5-2-2　帧的种类及用途

帧	帧用途
数据帧	用于节点向外传送数据
遥控帧	用于向远端节点请求数据
错误帧	用于向远端节点通知校验错误，请求重新发送上一个数据
过载帧	用于通知远端节点：本节点尚未做好接收准备
帧间隔	用于将数据帧遥控帧与前面的帧分离开来

3. CAN 控制器

STM32F4 系列微控制器内部集成了 CAN 控制器 bxCAN（Basic Extended CAN）。bxCAN 支持 CAN 技术规范 2.0A 和 2.0B，通信比特率高达 1Mbit/s，可以自动地接收和发送 CAN 报文。bxCAN 含 3 个发送邮箱，发送报文的优先级可以使用软件控制，还可以记录发送的时间。bxCAN 含两个具有三级深度的接收 FIFO，其上溢参数可配置，可使用过滤功能只接收或不接收某些 ID 号的报文，可配置成自动重发，不支持使用 DMA 进行数据收发。

（1）bxCAN 的工作模式与测试模式

bxCAN 有 3 种主要的工作模式：初始化模式、正常模式和睡眠模式。硬件复位后，bxCAN 进入睡眠模式以降低功耗。当硬件处于初始化模式时，可以进行软件初始化操作。一旦初始化完成，软件必须向硬件请求进入正常模式，这样才能在 CAN 总线上进行同步，并开始接收和发送数据。

为了方便用户调试，bxCAN 提供了 3 种测试模式，包括静默模式、环回模式、环回与静默组合模式。bxCAN 正常模式与测试模式的工作示意如图 5-2-5 所示。正常模式：可正常地向 CAN 总线发送数据或从总线上接收数据。静默模式：只能向 CAN 总线发送数据 1（隐性电平），不能发送数据 0（显性电平），但可以正常地从总线上接收数据。环回模式：向 CAN 总线发送的所有数据同时会直接传到接收端，但无法接收总线上的任何数据。这种模式一般用于自检。环回与静默组合模式：这种模式是静默模式与环回模式的组合，同时具有两种模式的特点。

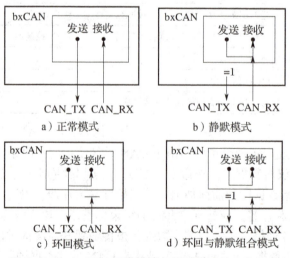

图 5-2-5　bxCAN 正常模式与测试模式的工作示意

（2）bxCAN 的组成

STM32F4xx 有两组 CAN 控制器，它的组成框图如图 5-2-6 所示，其中 CAN1 是主设备。图中的"存储访问控制器"是由 CAN1 控制的，CAN2 无法直接访问存储区域，所以使用 CAN2 的时候必须使能 CAN1 外设的时钟。框图中主要包含 CAN 控制内核、发送邮箱、接收 FIFO 以及验收筛选器，下面对框图中的各个部分进行介绍。

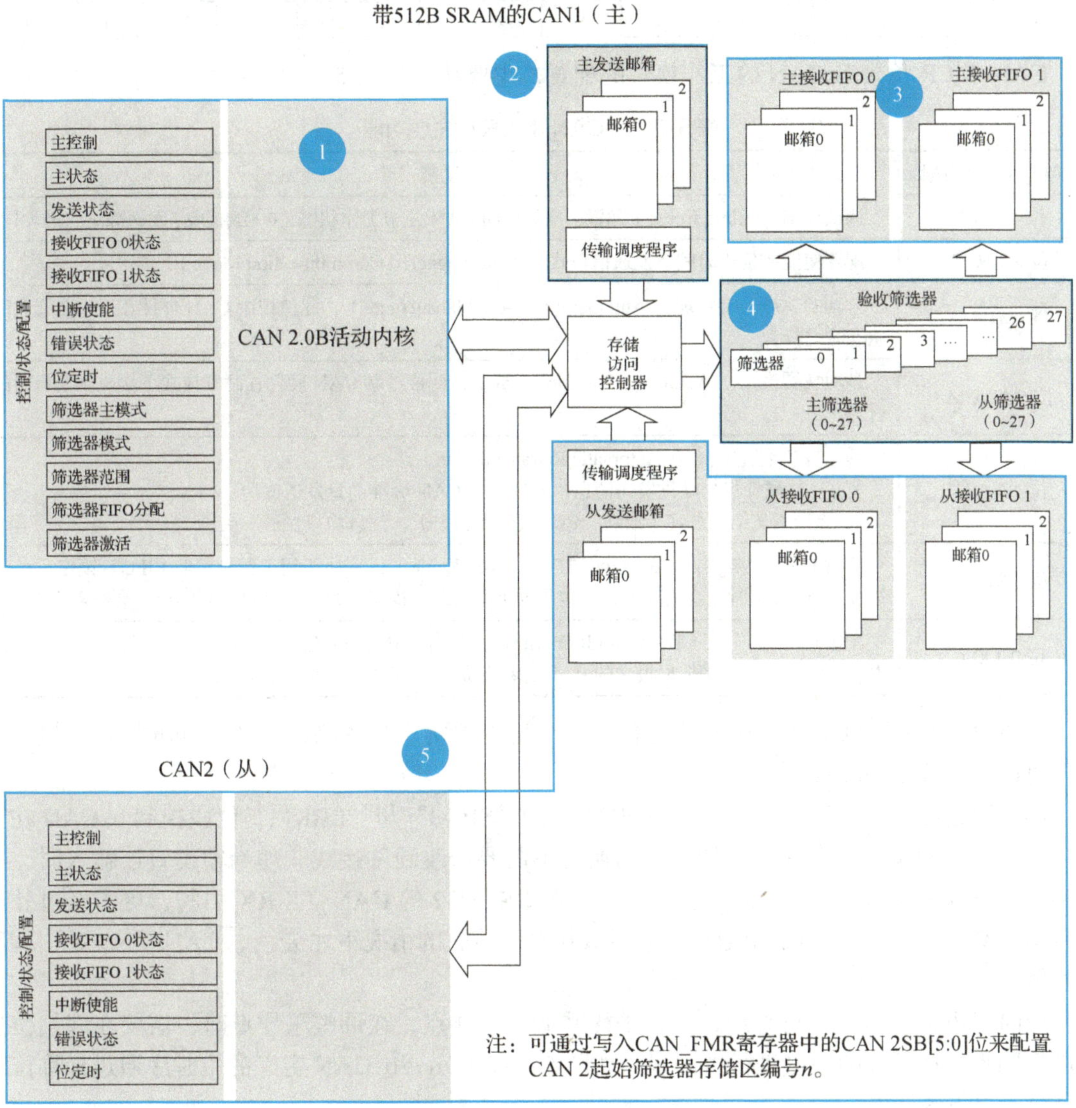

图 5-2-6　bxCAN 的组成框图

图 5-2-6 中标号①处为 CAN 控制内核，包括 CAN2.0B 活动内核与各种控制寄存器、状态寄存器和配置寄存器。在所有的 CAN 控制核心寄存器中，CAN 主控制寄存器（CAN Master Control Register，CAN_MCR）与 CAN 位时序寄存器（CAN Bit Timing Register，CAN_BTR）是比较重要的两个寄存器。

CAN_MCR 各位段的定义见表 5-2-3。

表 5-2-3 DAC_MCR 各位段的定义

31	30	29	28	27	26	25	24	23	22	21	20	19	18	17	16
						Reserved									DBF
															rw

15	14	13	12	11	10	9	8	7	6	5	4	3	2	1	0
RESET			Reserved					TTCM	ABOM	AWUM	NART	RFLM	TXFP	SLEEP	INRQ
rs								rw	rw	rw	rw	rw	rw	rw	rw

CAN_MCR 负责 bxCAN 的工作模式的配置，主要功能见表 5-2-4。

表 5-2-4 CAN_MCR 的主要功能

CAN_MCR 位段	功能
位 16 DBF	调试冻结（Debug freeze）配置，调试期间 CAN 处于工作状态（0）或接收/发送冻结状态（1）
位 7 TTCM	配置使能或禁止时间触发通信模式（Time Triggered Communication Mode）
位 6 ABOM	自动的总线关闭管理（Automatic Bus-off Management），此位控制 CAN 硬件在退出总线关闭状态时的行为
位 5 AWUM	自动唤醒模式（Automatic Wakeup Mode），此位控制 CAN 硬件在睡眠模式下接收到消息时的行为
位 4 NART	禁止自动重发送（No Automatic Retransmission） 0：CAN 硬件将自动重发送消息，直到根据 CAN 标准消息发送成功。 1：无论发送结果如何（成功、错误或仲裁丢失），消息均只发送一次。
位 3 RFLM	接收 FIFO 锁定模式（Receive FIFO Locked Mode），该功能用于锁定接收 FIFO。锁定后，当接收 FIFO 溢出时，会丢弃下一个接收的报文。若不锁定，则下一个接收到的报文会覆盖原报文
位 2 TXFP	发送 FIFO 优先级（Transmit FIFO Priority），当 CAN 外设的发送邮箱中有多个待发送报文时，本功能可以控制它是根据报文的 ID 优先级还是报文存进邮箱的顺序来发送

CAN_BTR 主要负责两个功能的配置：一个是正常模式与各测试模式之间的切换，另一个是位时序与波特率的配置。

用户通过配置位时序寄存器（CAN_BTR）的"SILM"与"LBKM"位段控制 bxCAN 在正常模式与 3 种测试模式之间进行切换。切换时不需要修改硬件接线。如当输出直连输入时，在 STM32 系列微控制器内部连接，传输路径不经过 STM32 的 CAN_TX/RX 引脚，更不经过外部连接的 CAN 收发器，只有输出数据到总线或从总线接收的情况下才会经过 CAN_TX/RX 引脚和收发器。

位时序逻辑将监视串行总线，执行采样并调整采样点，在调整采样点时，需要在起始位边沿进行同步并在后续的边沿进行再同步。如图 5-2-7 所示，bxCAN 定义的位时序通过标称位时间划分为以下 3 段。

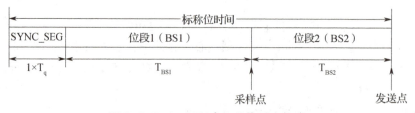

图 5-2-7 bxCAN 定义的位时序构成

同步段（SYNC_SEG）：位变化应该在此时间段内发生。它只有一个时间片（Time

Quantum，简称 T_q）的固定长度 $1T_q$。

位段 1（BS1）：定义采样点的位置。它包括 CAN 标准的 PROP_SEG 和 PHASE_SEG1。其持续长度可以在 1~16 个时间片之间调整，但也可以自动加长，以补偿不同网络节点的频率差异所导致的正相位漂移。

位段 2（BS2）：定义发送点的位置。它代表 CAN 标准的 PHASE_SEG2。其持续长度可以在 1~8 个时间片之间调整，但也可以自动缩短，以补偿负相位漂移。

信号的采样点位于 BS1 段与 BS2 段之间，通过控制各段的长度，可以对采样点的位置进行偏移，以便准确地采样。

位时序与波特率的配置由 CAN_BTR 的 "SJW[1:0]" "TS2[2:0]" "TS1[3:0]" 和 "BRP[9:0]" 等位段共同完成。通过配置位时序寄存器 CAN_BTR 的 TS1[3:0] 及 TS2[2:0] 可以设定 BS1 及 BS2 段的长度，从而确定数据位的时间。

一个数据位的时间 $T_{1bit}=1T_q+T_{BS1}+T_{BS2}=NT_q$，CAN 通信的波特率 $BaudRate=\dfrac{1}{T_{1bit}}$，总线上的各个通信节点只要约定好 1 个 T_q 的长度以及每一个数据位占据多少个 T_q，就可以确定 CAN 通信的波特率。以波特率配置为 512kbit/s 为例，具体配置步骤见表 5-2-5。

表 5-2-5 bxCAN 波特率配置步骤

步骤	参数	说明与计算过程
1	确定总线时钟频率	CAN1 和 CAN2 外设都是挂载在 APB1 总线上的，其总线时钟频率为 42MHz，$T_{PCLK}=\dfrac{1}{42MHz}=\dfrac{1}{42}\mu s$
2	设置 bxCAN 的时钟分频系数	T_q 与 CAN 外设的所挂载的时钟总线及分频器配置有关，设置 bxCAN 的时钟分频系数为 6（实际写入位时序寄存器 CAN_BTR 中 BRP[9:0] 位的值为 5）
3	计算时间片 T_q 长度	$T_q=T_{PCLK}(BRP[9:0]+1)=\dfrac{1}{7}\mu s$
4	计算一个数据位的时间长度	已知波特率 $BaudRate=1/T_{1bit}=1/NT_q=512kbit/s$，$T_{1bit}=1T_q+T_{BS1}+T_{BS2}=NT_q=14T_q$
5	设置 BS1 的时间长度	$T_{BS1}=T_q(TS1[3:0]+1)$，设置 T_{BS1} 为 $9T_q$（实际写入 TS1[3:0] 的值为 8）
6	设置 BS2 的时间长度	$T_{BS2}=T_q(TS2[2:0]+1)$，设置 T_{BS2} 为 $4T_q$（实际写入 TS2[2:0] 的值为 3）

小试牛刀 请根据表 5-2-5，如果想要设置 bxCAN 的时钟分频系数为 6，实际写入位时序寄存器 CAN_BTR 中 BRP[9:0] 位的值应为_____，T_q 的长度为_____。

图 5-2-6 中标号②处为 CAN 发送邮箱，bxCAN 有 3 个发送邮箱，最多可以缓存 3 个待发送的报文。每个发送邮箱中包含 4 个与数据发送功能相关的寄存器，具体名称和功能见表 5-2-6。

表 5-2-6 发送邮箱数据发送功能相关寄存器

寄存器名	功能
标识符寄存器 CAN_TIxR	存储待发送报文的 ID、扩展 ID 等信息。
数据长度控制寄存器 CAN_TDTxR	存储待发送报文的数据长度码 DLC（Data Length Code）段信息

（续）

寄存器名	功能
低位数据寄存器 CAN_TDLxR	存储待发送报文数据段的 Data0~Data3 这 4 个字节的内容
高位数据寄存器 CAN_TDHxR	存储待发送报文数据段的 Data4~Data7 这 4 个字节的内容

用户使用 STM32F4 的 bxCAN 发送报文时，把报文的各个段分解，按位置写入这些寄存器中，并对标识符寄存器 CAN_TIxR 中的发送请求寄存器位 TMIDxR_TXRQ 置 1，即可把数据发送出去。

图 5-2-6 中标号③处为 CAN 接收 FIFO，bxCAN 有 2 个接收 FIFO，每个 FIFO 中有 3 个邮箱，即最多可以缓存 6 个接收到的报文。为了降低 CPU 负载、简化软件设计并保证数据的一致性，FIFO 完全由硬件进行管理。当接收到报文时，FIFO 的报文计数器会自增，而 STM32F4xx 内部读取 FIFO 数据之后，报文计数器会自减，通过中断或程序查询 CAN 接收 FIFO 寄存器（CAN_RFxR）可获知报文计数器的值。通过主控制寄存器 CAN_MCR 的 RFLM 位，可设置锁定模式，锁定模式下 FIFO 溢出时会丢弃新报文，非锁定模式下 FIFO 溢出时新报文会覆盖旧报文。与发送邮箱类似，每个接收 FIFO 中包含标识符寄存器 CAN_RIxR、数据长度控制寄存器 CAN_RDTxR 及 2 个数据寄存器 CAN_RDLxR、CAN_RDHxR，它们的具体功能可查阅《STM32F4xx 中文参考手册》。

图 5-2-6 中标号④处为 CAN 外设的验收筛选器。在 CAN 协议中，消息的标识符与节点地址无关，它是消息内容的一部分。在 CAN 总线上，发送节点将报文广播给所有接收节点，接收节点根据报文标识符的值来确定软件是否需要该消息。若需要，则存储该消息；反之，则丢弃该消息。为了简化软件的工作，STM32F4xx 的 CAN 外设接收报文前会先使用验收筛选器检查，只接收需要的报文到 FIFO 中。

STM32F4xx 为客户提供了 28 个可配置、可调整的硬件筛选器组（编号为 0~27），每个筛选器组有 2 个寄存器，每个筛选器组包含两个 32bit 寄存器，分别是 CAN_FxR0 和 CAN_FxR1（此处 x 取 0~27）。

筛选器参数配置涉及的寄存器有：CAN 筛选器主寄存器（CAN_FMR）、模式寄存器（CAN_FM1R）、尺度寄存器（CAN_FS1R）、FIFO 分配寄存器（CAN_FFA1R）和激活寄存器（CAN_FA1R）。在使用过程中，需要对筛选器作以下配置。

第一，配置筛选器的模式（Filter Mode）。用户通过配置模式存器（CAN_FM1R）可将筛选器配置成"标识符掩码"模式或"标识符列表"模式。标识符掩码模式将允许接收的报文标识符的某几位作为掩码。筛选时，只需将掩码与待收报文的标识符中相应的位进行比较，若相同则筛选器接收该报文。标识符掩码模式也可以理解成"关键字搜索"。标识符列表模式将所有允许接收的报文标识符制作成一个列表。筛选时，如果待收报文的标识符与列表中的某一项完全相同，则筛选器接收该报文。标识符列表模式也可以理解成"白名单管理"。

第二，配置筛选器的尺度（Filter Scale Configuration），用户通过配置尺度寄存器（CAN_FS1R）可将筛选器尺度配置为"双 16 位"或"单 32 位"。

第三，配置筛选器的 FIFO 关联情况（FIFO Assignment for Filterx）。用户通过配置 FIFO 分配寄存器（CAN_FFA1R）可将筛选器与"FIFO0"或"FIFO1"相关联。

不同的筛选器模式与尺度的组合构成了筛选器的 4 种工作状态（见表 5-2-7）。

项目 5 智能车通信管理系统的设计与实现

表 5-2-7 筛选器的 4 种工作状态

序号	工作状态	模式	尺度/bit	说明
1	1 个 32 位筛选器	标识符掩码	32	CAN_FxR1 存储 ID，CAN_FxR2 存储掩码，2 个寄存器表示 1 组待筛选的 ID 与掩码。可适用于标准 ID 和扩展 ID
2	2 个 32 位筛选器	标识符列表	32	CAN_FxR1 和 CAN_FxR2 各存储 1 个 ID，2 个寄存器表示 2 个待筛选的位 ID。可适用于标准 ID 和扩展 ID
3	2 个 16 位筛选器	标识符掩码	16	CAN_FxR1 高 16 位存储 ID，低 16 位存储相应的掩码，CAN_FxR2 高 16 位存储 ID，低 16 位存储相应的掩码，2 寄存器表示 2 组待筛选的 16 位 ID 与掩码。只适用于标准 ID
4	4 个 16 位筛选器	标识符列表	16	CAN_FxR1 存储 2 个 ID，CAN_FxR2 存储 2 个 ID，2 个寄存器表示 4 个待筛选的 16 位。只适用于标准 ID

根据 ISO 11898 标准中的定义，标准 ID 的长度为 11bit，扩展 ID 的长度为 29bit，因此筛选器的 16bit 尺度只能适用于标准 ID 的筛选，32bit 尺度则可适用于标准 ID 或扩展 ID 的筛选。

图 5-2-6 中标号⑤处为 CAN2 外设的结构。CAN2 外设与 CAN1 外设共用筛选器，且由于存储访问控制器由 CAN1 控制，所以要使用 CAN2 时必须使能 CAN1 的时钟。

任务实施

1. 硬件组装

（1）板间连接

本任务将主机 STM32F407 核心控制模块 A 和从机 STM32F407 核心控制模块 B 通过 CAN 相连，将核心控制模块 A 通过功能拓展模块与光敏电阻传感器模块相连，核心控制模块 B 与通信显示模块相连。板间连接示意图如图 5-2-8 所示。

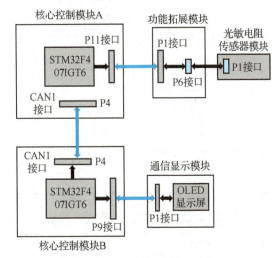

图 5-2-8 板间连接示意图

在本书配套资源的"实验箱配套原理图"文件夹中，打开"智能车核心控制模块（STM32F4）V3.7.pdf"和"功能拓展模块 V2.0.pdf"。由图 5-2-8 可知，P11 接口是核心控制模块 STM32F407 的预留接口。将图 5-2-1 所示的光敏电阻传感器扩展板 P1 接口的 AOUT1 端与功能拓展模块 P6 接口的 A0 端相连，如图 5-2-9 所示；将智能车核心控制模块的 P11 接口与功能拓展模块的 P1 接口连接，这样使 STM32F407 的 ADC1_IN1,PA1 引脚测量光敏电阻传感器模块输出的电压值。

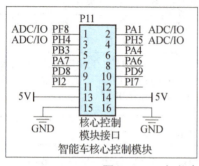 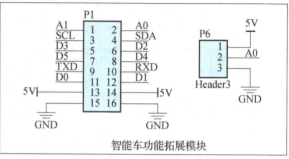

图 5-2-9　智能车核心控制模块与功能拓展模块的接口

（2）电路连接

本任务用 CAN 总线实现智能车环境检测的硬件连接见表 5-2-8 和表 5-2-9。先将核心控制模块 A 与光敏电阻传感器模块、核心控制模块 B 与通信显示模块连接，再将核心控制模块 A 与核心控制模块 B 相连。

表 5-2-8　核心控制模块 A 的连接

接口名称		STM32F407IGT6 引脚	收发器 TJA1050T	功能说明
CAN1 控制器	CAN1_RX	PA11	RXD	从 CAN 总线接收信号
	CAN1_TX	PA12	TXD	将信号发送到 CAN 总线
CANS		PD7	S	发送器静音模式选择引脚
ADC1	IN1	PA1	光敏电阻传感器 AOUT1	光敏电阻传感器测量值经 ADC1_IN1 输入

表 5-2-9　核心控制模块 B 的连接

接口名称		STM32F407IGT6 引脚	外设引脚	功能说明
CAN1 控制器	CAN1_RX	PA11	TJA1050T 的 RXD	从 CAN 总线接收信号
	CAN1_TX	PA12	TJA1050T 的 TXD	将信号发送到 CAN 总线
CANS		PD7	S	发送器静音模式选择引脚
LED1		PF9		左前近光灯
LED2		PF10		左前远光灯
LED3		PH14		右前近光灯
LED4		PH15		右前远光灯
BEEP		PH7		蜂鸣器
接口名称		STM32F407IGT6 引脚	OLED 显示屏	功能说明
GPIO 模拟 SPI 接口	SCK	PB10	OLED_SCK（D0）	时钟引脚
	MOSI	PB15	OLED_MOSI（D1）	数据引脚（微控制器向 OLED 输入数据）
	NSS	PA8	OLED_CS	片选引脚
OLED 复位		PC5	OLED_RES	复位引脚
OLED 控制		PC4	OLED_DC	数据和命令控制引脚

2. 软件编程

（1）配置 STM32CubeMX

> 基础配置

在 C 盘下的"STM32F407"文件夹下建立"TASK5-2"文件夹，并打开 STM32CubeMX，建立基础配置工程的操作步骤与之前的项目一样，在此不再赘述。下面是本任务所需其他配置。

> ADC 配置

本任务使用 ADC1 的外部通道 1 将光照传感器检测到的模拟信号转化为数字信号传输给微控制器。如表 5-2-8 所示，ADC1 的外部通道 1 对应的引脚为 PA1。在 STM32CubeMX 界面右侧的 Pinout view 搜索框中输入要分配的引脚名称 PA1，配置其引脚工作模式为 ADC1_IN1。打开 STM32CubeMX 界面中的 Pinout & Configuration 标签页，展开界面左侧的 Analog 列表，选中 ADC1。在右侧 ADC1 Mode and Configuration 的 Mode 列表中勾选 IN1 通道，在 Parameter Settings 标签页下配置 ADC1 参数。如图 5-2-10 所示，为 ADC1 选用软件触发方式，将各种参数设置为独立模式、12 位的分辨率、右对齐数据方式、单通道单次采样转换、无 DMA 请求以及通道结束时产生转换标志 EOC。因为只用到一个通道，所以设置规则组的通道数为 1，并选择软件触发方式。

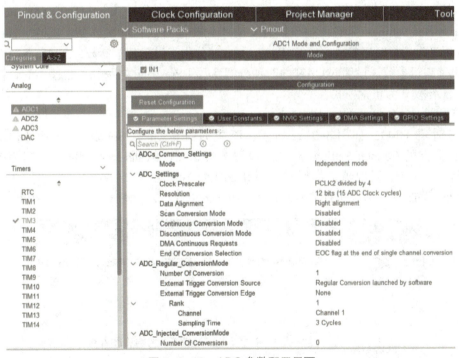

图 5-2-10 ADC 参数配置界面

> CAN1 控制器配置

本任务使用 CAN1 控制器，如表 5-2-8 所示，CAN1_RX 引脚为 PA11，CAN1_TX 引脚为 PA12，打开 STM32CubeMX 界面主界面中的 Pinout & Configuration 标签页，展开界面左侧的 System Core 列表，选中 GPIO。在右侧的 Pinout view 搜索框中输入要分配的引脚名称 PA11，配置其引脚工作模式为 CAN1_RX，如图 5-2-11 所示。同样，选中 PA12 引脚，配置其引脚工作模式为 CAN1_TX。

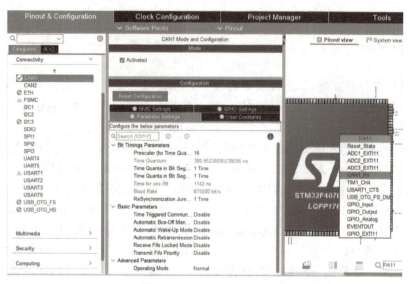

图 5-2-11 CAN1 配置

在 Pinout & Configuration 标签页中展开 Connectivity 列表，选中 CAN1。在右侧的 CAN1 Mode and Configuration 标签页中设置 CAN1 的各个参数。勾选 Mode 下的 Activated，使能 CAN1。Parameter Settings 标签页用于设置 CAN1 异步串行通信相关参数。其中，Bit Timings Parameters 用于设置位时序参数，Basic Parameters 部分用于设置基本参数，Advanced Parameters 部分用于设置高级参数。设置 bxCAN 的时钟分频系数（Prescaler）为 16，位段 1 和位段 2 长度为均 1 T_q，工作模式为正常模式。

> 定时器配置

配置定时器 TIM3，如图 5-2-12 所示，配置时钟源 Clock Source 为内部时钟（Internal Clock），在下方的 Counter Settings 部分中设置分频值（Prescaler）为 8400-1。因为 TIM3 挂在外设总线 APB1 上，定时器工作频率 =84MHz/8400=10kHz。Counter Mode 设置为向上计数。Counter Period 设置为 10-1，可计算溢出频率 =10kHz/10=1kHz，即 1ms 产生一次中断。

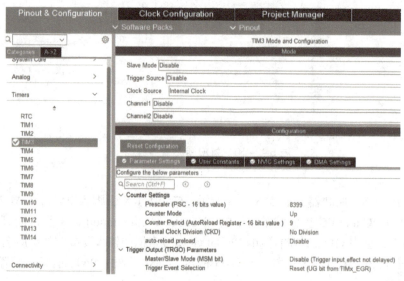

图 5-2-12 TIM3 配置

➢ NVIC 配置

在 System Core 的 NVIC 中设置 CAN1 RX0 和 TIM3 中断的优先级分组为第 2 组，不设置抢占优先级，响应优先级分别为 1、2，最后中断使能（Enable）即可，如图 5-2-13 所示。

NVIC Interrupt Table	Enabled	Preemption Priority	Sub
Non maskable interrupt	☑	0	0
Hard fault interrupt	☑	0	0
Memory management fault	☑	0	0
Pre-fetch fault, memory access fault	☑	0	0
Undefined instruction or illegal state	☑	0	0
System service call via SWI instruction	☑	0	0
Debug monitor	☑	0	0
Pendable request for system service	☑	0	0
Time base: System tick timer	☑	1	0
PVD interrupt through EXTI line 16	☐	0	0
Flash global interrupt	☐	0	0
RCC global interrupt	☐	0	0
ADC1, ADC2 and ADC3 global interrupts	☐	0	0
CAN1 TX interrupts	☐	0	0
CAN1 RX0 interrupts	☑	0	1
CAN1 RX1 interrupt	☐	0	0
CAN1 SCE interrupt	☐	0	0
TIM3 global interrupt	☑	0	2
FPU global interrupt	☐	0	0

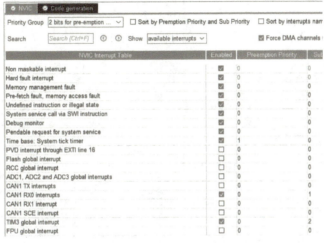

图 5-2-13　NVIC 配置

➢ GPIO_Output 配置

将 PA8、PB10、PB15、PC4、PC5、PD7、PF9、PF10、PH7、PH14、PH15 配置为 GPIO_Output 模式，并按照表 5-2-8 所示为引脚取别名，具体配置如图 5-2-14 所示。

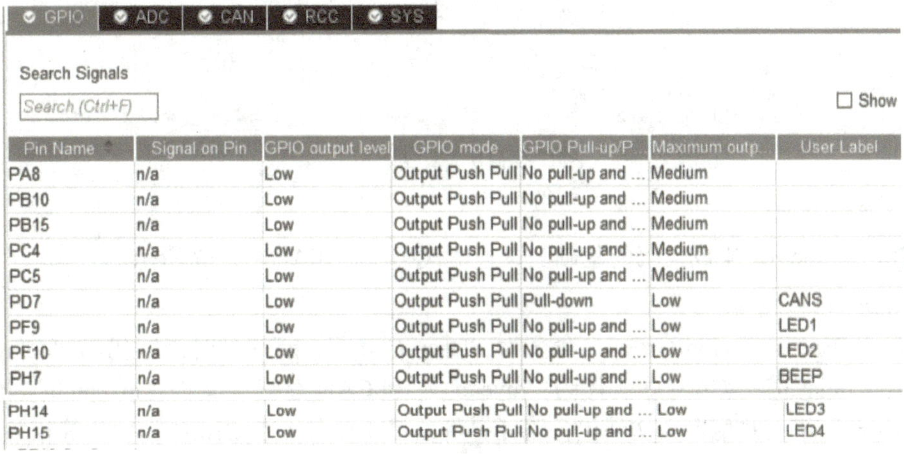

Pin Name	Signal on Pin	GPIO output level	GPIO mode	GPIO Pull-up/P...	Maximum outp...	User Label
PA8	n/a	Low	Output Push Pull	No pull-up and ...	Medium	
PB10	n/a	Low	Output Push Pull	No pull-up and ...	Medium	
PB15	n/a	Low	Output Push Pull	No pull-up and ...	Medium	
PC4	n/a	Low	Output Push Pull	No pull-up and ...	Medium	
PC5	n/a	Low	Output Push Pull	No pull-up and ...	Medium	
PD7	n/a	Low	Output Push Pull	Pull-down	Low	CANS
PF9	n/a	Low	Output Push Pull	No pull-up and ...	Low	LED1
PF10	n/a	Low	Output Push Pull	No pull-up and ...	Low	LED2
PH7	n/a	Low	Output Push Pull	No pull-up and ...	Low	BEEP
PH14	n/a	Low	Output Push Pull	No pull-up and ...	Low	LED3
PH15	n/a	Low	Output Push Pull	No pull-up and ...	Low	LED4

图 5-2-14　GPIO_Output 配置

完成以上所有配置后，单击软件右上角 GENERATE CODE 按钮，生成代码。如图 5-2-15 所示，STM32CubeMX 自动生成 main.c、gpio.c、adc.c、can.c、tim.c、stm32f4xx_it.c、stm32f4xx_hal_msp.c 文件，其中 gpio.c、adc.c、can.c、tim.c、stm32f4xx_hal_msp.c 已经满足了 GPIO、ADC、CAN 控制器及定时器的配置需求，它们的代码无须改动，但需要知道自动生成的 GPIO 和定时器宏定义，以备后面代码调用。

工程宏定义如图 5-2-16 所示。main.h 中宏定义了图 5-2-14 中的 GPIO，adc.h 中的宏定义了图 5-2-10 中的 ADC 句柄结构体，can.h 中的宏定义了图 5-2-11 中的 CAN 控制器句柄结构体，tim.h 中的宏定义了图 5-2-12 中的定时器句柄结构体。

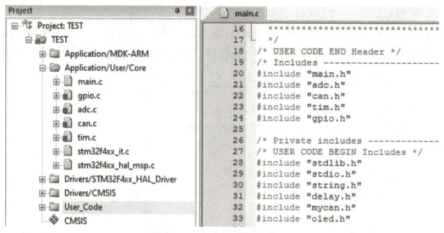

图 5-2-15 生成初始代码

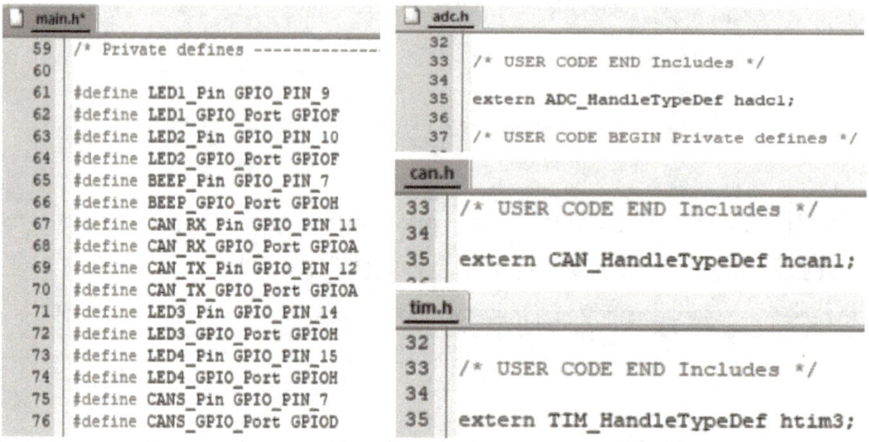

图 5-2-16 工程宏定义

（2）代码流程

在 STM32CubeMX 生成代码的基础上，整体代码流程如图 5-2-17 所示。

（3）MDK 代码编写

在工程"TEST"下 Add Group，命名为"User_Code"，新建延时函数代码"delay.c"和延时函数文件"delay.h"、CAN 总线代码"mycan.c"和 CAN 总线头文件"mycan.h"，将它们加入"User_Code"组，并配置头文件包含路径。将项目 4 任务 1 中 OLED 初始化等相关函数所在的 oled.c 加载到自建的"User_code"组，并在 main.c 中加载 oled.h。

➢ delay.c 编写

在"delay.h"中输入以下代码：

```
#ifndef _DELAY_H
#define _DELAY_H
#include <main.h>
void Delay_Init(uint8_t SYSCLK);
void Delay_ms(uint16_t nms);
void Delay_us(uint32_t nus);
#endif
```

项目 5 智能车通信管理系统的设计与实现

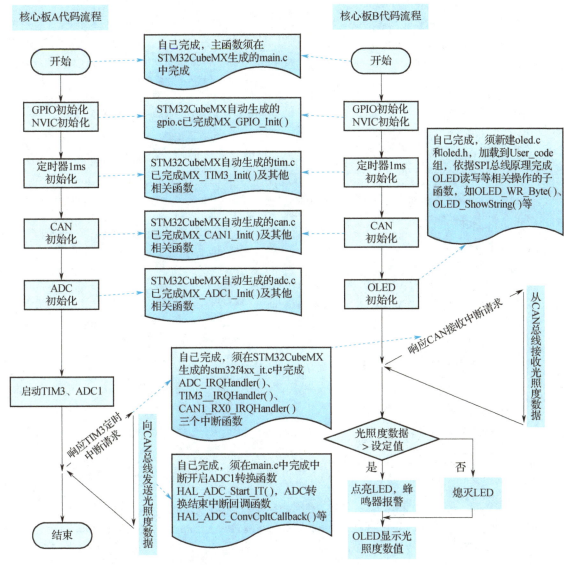

图 5-2-17 代码流程图

在"delay.c"中输入以下代码:

```
#include "delay.h"
#include "main.h"
static uint32_t fac_us=0;              //μs 延时倍乘数
// 当使用 ucos 的时候,此函数会初始化 ucos 的时钟节拍
void Delay_Init(uint8_t SYSCLK)   // 初始化延迟函数,SYSTICK 的时钟固定为 AHB 时钟
{
HAL_SYSTICK_CLKSourceConfig(SYSTICK_CLKSOURCE_HCLK); //SysTick 频率为 HCLK
    fac_us=SYSCLK; // 不论是否使用 OS,fac_us 都需要使用
}
//nμs 为要延时的 μs 数
//nμs: 0~190887435(最大值即 2^32/fac_μs@fac_μs=22.5)
void Delay_us(uint32_t nus)       // 延时 nμs
{
```

```
    uint32_t ticks;
    uint32_t told, tnow, tcnt=0;
    uint32_t reload=SysTick->LOAD;              //LOAD 的值
    ticks=nus*fac_us;                           // 需要的节拍数
    told=SysTick->VAL;                          // 刚进入时的计数器值
    while(1)
    {
        tnow=SysTick->VAL;
        if(tnow!=told)
        {
            if(tnow<told) tcnt+=told-tnow;      // SysTick 是一个递减的计数器
            else tcnt+=reload-tnow+told;
            told=tnow;
            if(tcnt>=ticks) break;              // 时间超过或等于要延迟的时间,则退出
        }
    };
}
Void  Delay_ms(uint16_t nms)  // 延时 nms, nms: 要延时的 ms 数
{
    uint32_t i;
    for(i=0; i<nms; i++)
        Delay_us(1000);
}
```

➢ mycan.c 编写

在"mycan.h"中输入以下代码:

```
#ifndef __MYCAN_H
#define __MYCAN_H
//CAN1 接收 RX0 中断使能
#define CAN1_RX0_INT_ENABLE       0                    //0, 不使能; 1, 使能
char CAN1_Mode_Init(int tsjw, int tbs2, int tbs1, int brp, int mode);   //CAN初始化
void CAN_Config(void);
char CAN1_Send_Msg(char* msg, char len);     // 发送数据
char CAN1_Receive_Msg(char *buf);            // 接收数据
#endif
```

在"mycan.c"中输入以下代码:

```
#include "mycan.h"
#include "delay.h"
CAN_HandleTypeDef CAN1_Handler;        //CAN1 句柄
CAN_TxHeaderTypeDef    TxHeader;       // 发送
CAN_RxHeaderTypeDef    RxHeader;       // 接收
/******************* CAN 初始化 *********************************
tsjw: 重新同步跳跃时间单元, 范围: CAN_SJW_1TQ~CAN_SJW_4TQ
tbs2: 时间段 2 的时间单元, 范围: CAN_BS2_1TQ~CAN_BS2_8TQ
tbs1: 时间段 1 的时间单元, 范围: CAN_BS1_1TQ~CAN_BS1_16TQ
brp : 波特率分频器 . 范围: 1~1024; tq=(brp)*tpclk1
波特率=Fpclk1/((tbs1+tbs2+1)*brp); 其中 tbs1 和 tbs2 我们只用关注标识符上标志的序号, 例如
```

CAN_BS2_1TQ，我们就认为tbs2=1来计算即可。

　　mode：CAN_MODE_NORMAL，普通模式；CAN_MODE_LOOPBACK，回环模式；

　　Fpclk1的时钟在初始化的时候设置为42M，如果设置CAN1_Mode_Init（CAN_SJW_1tq，CAN_BS2_6tq，CAN_BS1_7tq，6，CAN_MODE_LOOPBACK）；则波特率为：42M/（(6+7+1)*6）=500Kbps

　　返回值：0，初始化正常；
**/

```
char CAN1_Mode_Init(inttsjw, int tbs2, int tbs1, intbrp, intmode)
{
   CAN_InitTypeDef CAN1_InitConf;
    CAN1_Handler.Instance = CAN1;
   CAN1_Handler.Init = CAN1_InitConf;
   CAN1_Handler.Init.Prescaler = brp;              // 分频系数（Fdiv）为brp+1
   CAN1_Handler.Init.Mode= mode;                   // 模式设置
   CAN1_Handler.Init.SyncJumpWidth= tsjw;
// 重新同步跳跃宽度（Tsjw）为tsjw+1个时间单位 CAN_SJW_1TQ~CAN_SJW_4TQ
   CAN1_Handler.Init.TimeSeg1= tbs1;               //tbs1 范围 CAN_BS1_1TQ~CAN_BS1_16TQ
   CAN1_Handler.Init.TimeSeg2= tbs2;               //tbs2 范围 CAN_BS2_1TQ~CAN_BS2_8TQ
   CAN1_Handler.Init.TimeTriggeredMode= DISABLE;   // 非时间触发通信模式
   CAN1_Handler.Init.AutoBusOff= DISABLE;          // 软件自动离线管理
   CAN1_Handler.Init.AutoWakeUp= DISABLE;
// 睡眠模式通过软件唤醒（清除CAN->MCR的SLEEP位）
   CAN1_Handler.Init.AutoRetransmission= ENABLE;   // 使能报文自动传送
   CAN1_Handler.Init.ReceiveFifoLocked= DISABLE;   // 报文不锁定，新的覆盖旧的
   CAN1_Handler.Init.TransmitFifoPriority= DISABLE;// 优先级由报文标识符决定
   if(HAL_CAN_Init(&CAN1_Handler)!=HAL_OK)         // 初始化
    return 1;
    return 0;
}
/************************Configure the CAN Filter *********************/
void CAN_Config(void)
{
 CAN_FilterTypeDef  sFilterConfig;
   sFilterConfig.FilterBank= 0;
  sFilterConfig.FilterMode= CAN_FILTERMODE_IDMASK;
  sFilterConfig.FilterScale= CAN_FILTERSCALE_32BIT;
  sFilterConfig.FilterIdHigh= 0x0000;
  sFilterConfig.FilterIdLow= 0x0000;
  sFilterConfig.FilterMaskIdHigh= 0x0000;
  sFilterConfig.FilterMaskIdLow = 0x0000;
  sFilterConfig.FilterFIFOAssignment = CAN_RX_FIFO0;
  sFilterConfig.FilterActivation= ENABLE;
  sFilterConfig.SlaveStartFilterBank= 14;
  if(HAL_CAN_ConfigFilter(&CAN1_Handler, &sFilterConfig) != HAL_OK){
    /* Filter configuration Error */
   while(1){
   }
  }
    /************************ Start the CAN peripheral ********************/
   if(HAL_CAN_Start(&CAN1_Handler) != HAL_OK){
    /* Start Error */
    while(1){
```

```c
        }
    }
    /*************************  CAN RX notification ***********************/
    if(HAL_CAN_ActivateNotification(&CAN1_Handler, CAN_IT_RX_FIFO0_MSG_PENDING) != HAL_OK)
    {
        /* Notification Error */
        while(1){
        }
    }
    /************************Configure Transmission process *******************/
    TxHeader.StdId = 0x321;
    TxHeader.ExtId= 0x01;
    TxHeader.RTR= CAN_RTR_DATA;
    TxHeader.IDE= CAN_ID_STD;
    TxHeader.DLC= 2;
    TxHeader.TransmitGlobalTime= DISABLE;
}
/*CAN 发送一组数据（固定格式：ID 为 0X12，标准帧，数据帧）；len：数据长度（最大为 8),msg：数据指针，
最大为 8 个字节；返回值：0-成功，其他-失败；*/
char CAN1_Send_Msg(char* msg, char len)
{
    char i=0;
    uint32_t TxMailbox;
    uint8_t message[8];
    TxHeader.StdId= 0X12;          // 标准标识符
    TxHeader.ExtId= 0x12;          // 扩展标识符（29 位）
    TxHeader.IDE  = CAN_ID_STD;    // 使用标准帧
    TxHeader.RTR= CAN_RTR_DATA;    // 数据帧
    TxHeader.DLC= len;
    for(i=0; i<len; i++){
        message[i]=msg[i];
    }
if(HAL_CAN_AddTxMessage(&CAN1_Handler, &TxHeade, message, &TxMailbox) !=HAL_OK)
{// 发送
        return 1;
    }
    while(HAL_CAN_GetTxMailboxesFreeLevel(&CAN1_Handler) != 3){}
    return 0;
}
/*CAN 口接收数据查询；buf：数据缓存区；返回值：0，无数据被收到；其他，接收的数据长度；*/
char CAN1_Receive_Msg(char *buf)
{
    int i;
    uint8_t RxData[8];
    if(HAL_CAN_GetRxFifoFillLevel(&CAN1_Handler, CAN_RX_FIFO0) != 1)
    {
        return 0xF1;
```

```c
    }
    if(HAL_CAN_GetRxMessage(&CAN1_Handler, CAN_RX_FIFO0, &RxHeader, RxData)!=HAL_OK)
    {
        return 0xF2;
    }
    for(i=0; i<RxHeader.DLC; i++)
    buf[i] = RxData[i];
    return RxHeader.DLC;
}
```

> ● stm32f4xx_it.c 编写

在 stm32f4xx_it.c 中写入以下代码。

```c
/* USER CODE BEGIN PV */
unsigned int TIME_MS, i;
extern unsigned int ADC_Buff[];
extern unsigned int BEEP_FLAG;
/* USER CODE END PV */
/* USER CODE BEGIN EV */
extern unsigned char CanRx_LEN;
extern unsigned int ADC_Value;
/* USER CODE END EV */
/* 完善 CAN1 接收中断处理函数 CAN_RX0_IRQHandler()和 TIM3 中断处理函数 */
TIM3_IRQHandler():
void CAN1_RX0_IRQHandler(void)
{
    HAL_CAN_IRQHandler(&hcan1);
    /* USER CODE BEGIN CAN1_RX0_IRQn 1 */
    CanRx_LEN = CAN1_Receive_Msg((char *)RxBuff_Can);
    /* USER CODE END CAN1_RX0_IRQn 1 */
}
void TIM3_IRQHandler(void)
{
    HAL_TIM_IRQHandler(&htim3);
    /* USER CODE BEGIN TIM3_IRQn 1 */
    if(BEEP_FLAG){
        TIME_MS+=1;
        if(TIME_MS > 100){
            TIME_MS = 0;
            HAL_GPIO_TogglePin(BEEP_GPIO_Port, BEEP_Pin);
        }
    }
    /* USER CODE END TIM3_IRQn 1 */
}
```

> ● main.c 编写

在 main.c 中添加以下头文件:

```c
/* USER CODE BEGIN Includes */
#include "stdlib.h"
```

```c
#include "stdio.h"
#include "string.h"
#include "delay.h"
#include "mycan.h"
#include "oled.h"
/* USER CODE END Includes */
```

定义 main.c 中用到的变量：

```c
/* USER CODE BEGIN 0 */
unsigned char TxBuff[10];
unsigned char RxBuff[20];
unsigned char RxBuff_Can[20];
unsigned char CanRx_LEN = 0;
unsigned int ADC_Value;
unsigned int ADC_Buff[10];
unsigned int BEEP_FLAG = 0;
int a;
/* USER CODE END 0 */
```

调用延时函数 Delay_Init（）：

```c
/* USER CODE BEGIN SysInit */
    Delay_Init(168); // 延时函数初始化
/* USER CODE END SysInit */
```

接下来，调用 mycan.c 中的 CAN1_Mode_Init（）和 CAN_Config（）函数，进行 CAN 初始化，波特率设置为 500kbit/s。调用 oled.c 中的 OLED_Init（）函数，进行 oled 初始化。

```c
/* USER CODE BEGIN 2 */
CAN1_Mode_Init(CAN_SJW_1TQ, CAN_BS2_6TQ, CAN_BS1_7TQ, 6, CAN_MODE_NORMAL);
    CAN_Config();
    OLED_Init();
/* USER CODE END 2 */
```

调用 OLED 显示字符串函数 OLED_Show_Str（），在指定位置显示"CAN"，调用 HAL_TIM_Base_Start_IT（），以中断方式启动定时器计数。

```c
/* USER CODE BEGIN WHILE */
    OLED_Show_Str(16*3, 1, "CAN", 16);
    HAL_TIM_Base_Start_IT(&htim3);
    while (1)
    {
    /* USER CODE END WHILE */
```

调用 HAL_ADC_Start_IT（），以中断方式启动定时器采样，将光照度数据上传至 CAN 总线，并在核心控制模块 B 所连的 OELD 上显示。当光照度数据达到设定值时，点亮 LED，蜂鸣器报警。代码如下：

```c
/* USER CODE BEGIN 3 */
        //CAN 发送
HAL_ADC_Start_IT(&hadc1); // 以中断方式开启 ADC1 的转换
```

```
    sprintf((char *)TxBuff, "%d", ADC_Buff[2]);         // 将光照度数据保存至 TxBuff
    CAN1_Send_Msg((char *)TxBuff, 5);                    // 上传光照度数据到 CAN 总线
        //CAN 接收
    if(CanRx_LEN){
    sprintf((char *)RxBuff, "ADC:%s", RxBuff_Can);       // 读取 CAN 总线数据至 RxBuff
        OLED_Show_Str(16*0, 4,(char *)RxBuff, 16);       // 将数据打印到 OLED
        if(atoi((char *)RxBuff_Can) > 500){
        BEEP_FLAG = 1;
        HAL_GPIO_WritePin(LED1_GPIO_Port, LED1_Pin, GPIO_PIN_SET);
        HAL_GPIO_WritePin(LED2_GPIO_Port, LED2_Pin, GPIO_PIN_SET);
        HAL_GPIO_WritePin(LED3_GPIO_Port, LED3_Pin, GPIO_PIN_SET);
        HAL_GPIO_WritePin(LED4_GPIO_Port, LED4_Pin, GPIO_PIN_SET);
            }else{
BEEP_FLAG = 0;
HAL_GPIO_WritePin(BEEP_GPIO_Port, BEEP_Pin, GPIO_PIN_RESET);
HAL_GPIO_WritePin(LED1_GPIO_Port, LED1_Pin, GPIO_PIN_RESET);
HAL_GPIO_WritePin(LED2_GPIO_Port, LED2_Pin, GPIO_PIN_RESET);
HAL_GPIO_WritePin(LED3_GPIO_Port, LED3_Pin, GPIO_PIN_RESET);
HAL_GPIO_WritePin(LED4_GPIO_Port, LED4_Pin, GPIO_PIN_RESET);
            }
        }
        HAL_Delay(100);
    }
  /* USER CODE END 3 */
}
```

编写 ADC 转换结束中断回调函数 HAL_ADC_ConvCpltCallback( ):

```
/* USER CODE BEGIN 4 */
void HAL_ADC_ConvCpltCallback(ADC_HandleTypeDef* hadc)
{
    for(a = 0; a < 100; a++){
        ADC_Buff[1] = HAL_ADC_GetValue(&hadc1);
        ADC_Buff[2] += ADC_Buff[1];
    }
    ADC_Buff[2] = ADC_Buff[2] / 100;
}
/* USER CODE END 4 */
```

完善 Error_Handler( ) 函数:

```
void Error_Handler(void)
{
  /* USER CODE BEGIN Error_Handler_Debug */
    __disable_irq();
    while(1)
    {
    }
  /* USER CODE END Error_Handler_Debug */
}
```

3. 软硬件联调

程序设计好后，编译并生成目标代码，下载到核心控制模块中，实现任务功能。

实验实施视频

学后思

请大家根据问题完成复盘。

任务复盘表

回顾目标	评价结果	分析原因	总结经验
是否完成了任务？和你做的计划一致吗？	完成任务的过程中你做得好的地方有哪些？存在哪些问题？	完成任务的关键因素有哪些？出现问题的原因是什么？	如果让你再做一遍，你会如何改进？写下你的创意想法。

任务拓展

CAN 总线的面世解决了汽车上众多传感器与执行器之间的数据交换问题，它将汽车上的各种电子装置与设备连成一个网络，实现相互之间的信息共享，既减少了线束，又可更好地控制和协调汽车的各个系统，使汽车性能达到最佳。例如，位于车辆前挡风玻璃后的光照传感器又称为雨量传感器，该传感器不但可以监测光照情况，还可以监测挡风玻璃上的雨水量。利用该传感器采集到的数据，可以实现自动大灯、自动雨刮等功能。请结合项目 4 和项目 5 的知识点，设计一个自动雨刮控制系统，将利用核心控制模块 A 连接光照传感器采集到的光照数据，经 CAN 总线传输到核心控制模块 B，当光照数据达到一定值时（假设为 300），核心控制模块 B 驱动雨刮电动机运行。

拓中思

汽车上的雨刮电动机可以根据雨量大小自动调整转速，你能根据光照数据实现该功能吗？试着写出自己的思路。

任务 3　智能车 ZigBee 无线通信

任务导引

ZigBee 是一种低功耗、近距离、低速率的无线通信技术，可以实现无线传感器网络的远程控制和监测，并可以通过无线信号控制各种设备，如灯光、电器、门窗等。本任务实现智能车

项目 5　智能车通信管理系统的设计与实现

通过 ZigBee 网络给道闸标志物发送信息，控制道闸的打开和关闭。

知识准备

学前思

在了解了任务需求后，请写出你知道的通信方式有哪些？并认真思考完成以上任务时可能会存在的问题。

_____

_____

下面带着问题一起来进行知识探索。

1. 无线传感器网络

无线传感器网络（Wireless Sensor Network，WSN）是当前在国际上备受关注的、涉及多学科高度交叉、知识高度集成的前沿热点研究领域。无线传感器网络是由部署在检测区域内的大量廉价微型传感器节点组成的，它们通过无线通信的方式形成一个多跳的自组织的网络系统。无线传感器网络综合了传感器、嵌入式计算、现代网络及无线通信和分布式信息处理等技术。作为一种全新的信息获取平台，它能够实时监测和采集网络区域内各种监控对象的信息，并将这些采集信息传送到网关节点。无线传感器网络是一个由大量各种类型的传感器节点（如电磁、气体、温度、湿度、噪声、光强度、压力、土壤成分等传感器）组成的无线自组织网络。

每个传感器节点由传感单元、信息处理单元、无线通信单元和能量供给单元等构成。网络中节点是同构的，成本较低，体积和耗电量较小，大部分节点不移动，被随意地散布在监测区域，使网络具有尽可能长的工作时间和使用寿命。无线传感器网络在农业、医疗、工业、交通、军事、物流以及智能家居等众多领域都具有广泛的应用。

与各种现有网络相比，无线传感器网络具有以下 3 个显著特点。

1）节点数量多，网络密度高。无线传感器网络通常密集部署在大范围无人的监测区域中，通过网络中大量冗余节点的协同工作来提高系统的工作质量。

2）分布式的拓扑结构。无线传感器网络中没有固定的网络基础设施，所有节点的地位平等，通过分布式协议协调各个节点以协作完成特定任务。节点可以随时加入或离开网络，不会影响网络的正常运行，具有很强的抗毁性。

3）自组织特性。无线传感器网络所应用的物理环境及网络自身具有很多不可预测因素，因此需要网络节点具有自组织能力，即在无人干预和其他任何网络基础设施支持的情况下，可以随时随地自动组网，自动进行配置和管理，并使用适合的路由协议实现监测数据的转发。

目前，无线传感器网络可以采用的无线通信技术主要有 ZigBee、蓝牙（Bluetooth）、WiFi 和红外等。其中，红外技术的实现和操作相对简单、成本低廉，但红外光线易受遮挡、可移动性差，只支持点对点连接，无法灵活地构建网络；蓝牙技术是工作在 2.4GHz 频段的无线技术，目前在计算机外设方面应用较广泛，但协议本身较复杂、开发成本高、节点功耗大等特点，限制了其在工业方面的进一步推广；WiFi 技术的通信速率为 11Mbit/s，通信距离为 50~100m，适合多媒体的应用，但其本身实现成本高、功耗大、安全性能低，因此在无线传感器网络中应用较少；ZigBee 技术以其经济、可靠、高效等优点在无线传感器网络中有着广泛的应用前景。

2. ZigBee 简介

随着物联网（IoT）行业的发展，越来越多的无线通信技术应运而生，如图 5-3-1 所示。

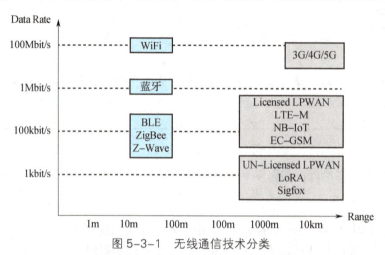

图 5-3-1　无线通信技术分类

在物联网行业中，有两种典型的网络：一种是 WAN（广域网），另一种是 PAN（个人区域网）。LoRA、NB-IoT、3G/4G/5G 等无线技术的传输距离一般都超过 1km，因此它们主要用于广域网（WAN）。WiFi、蓝牙、BLE、ZigBee 和 Z-Wave 等无线技术的传输距离一般小于 1km，因此它们主要用于个人局域网（PAN）。

ZigBee 是 IoT 网络（尤其是家庭自动化行业）中最流行的无线技术之一，其主要特点包括：

短距离 – 无线覆盖范围为 10~100m；

低速率 – 最大数据速率为 250kbit/s；

低功耗 – 处于睡眠状态的终端设备在睡眠模式下可以使用低于 5μA 的电流；

网状网 – 网络可以轻松扩展到很大，理论上最大节点数为 65535。

（1）ZigBee 标准

ZigBee 技术是一种短距离、低复杂度、低功耗、低速率、低成本的双向无线通信技术，主要用于在距离短、功耗低且传输速率不高的各种电子设备之间进行数据传输以及典型的周期性数据、间歇性数据和低反应时间数据传输的应用，因此非常适合家电和小型电子设备的无线控制指令传输。其典型的传输数据类型有周期性数据（如传感器）、间歇性数据（如照明控制）和重复低反应时间数据（如鼠标）。ZigBee 技术诞生于 2003 年，是 ZigBee 联盟发布和修订的开放标准，历史悠久，如图 5-3-2 所示。

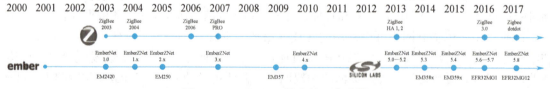

图 5-3-2　ZigBee 技术的历史发展

ZigBee 标准是一种新兴的短距离无线网络通信技术，它基于 IEEE 802.15.4 协议栈，主要是针对低速率的通信网络设计的。它功耗低，是最有可能应用在工控场合的无线方式，可工作在 2.4GHz（全球流行）、868MHz（欧洲流行）和 915MHz（美国流行）这 3 个频段上，分别具有最高 250kbit/s、20kbit/s 和 40kbit/s 的传输速率，它的传输距离在 10~75m 范围内，但可以继续增加。另外，它可与 254 个包括仪器和家庭自动化应用设备的节点联网。它本身的特点使得其在工业监控、传感器网络、家庭监控、安全系统等领域有很大的发展空间。ZigBee 自身的技术优势主要表现在以下 8 个方面。

1）功耗低。ZigBee 网络节点设备的工作周期较短、收发数据信息功耗低，且使用了休眠模式（当不需要接收数据时处于休眠状态，当需要接收数据时由"协调器"唤醒它们），因此，ZigBee 技术特别省电。据估算，ZigBee 设备仅靠两节 5 号电池就可以维持长达 6 个月到两年的使用时间，这是其他无线设备望尘莫及的，避免了频繁更换电池或充电，从而减轻了网络维护的负担。

2）成本低。由于 ZigBee 协议栈设计非常简单，所以其研发和生产成本较低。普通网络节点硬件只需 8 位微处理器，以及 4~32KB 的 ROM，且软件实现也很简单。低成本对于 ZigBee 也是一个关键的优势。

3）可靠性高。由于采用了碰撞避免机制并且为需要固定带宽的通信业务预留了专用时隙，避免了收发数据时的竞争和冲突，且 MAC 层采用完全确认的数据传输机制，每个发送的数据包都必须等待接收方的确认信息，所以从根本上保证了数据传输的可靠性。如果传输过程中出现问题可以进行重发。

4）容量大。一个 ZigBee 网络最多可以容纳 254 台从设备和 1 台主设备，一个区域内最多可以同时存在 100 个 ZigBee 网络，而且网络组成灵活。

5）时延小。ZigBee 技术与蓝牙技术的时延相比，其各项指标值都非常小。通信时延和从休眠状态激活的时延都非常短，典型搜索设备的时延为 30ms，而蓝牙为 3~10s。休眠激活的时延是 15ms，活动设备信道接入的时延为 15ms。因此，ZigBee 技术适用于对时延要求苛刻的无线控制（如工业控制场合等）应用。

6）安全性好。ZigBee 技术提高了数据完整性检查和鉴权功能，加密算法使用 AES-128，且各应用可以灵活地确定安全属性，从而使网络安全能够得到有效的保障。

7）有效范围小。有效覆盖范围为 10~75m，具体依据实际发射功率的大小和各种不同的应用模式而定，基本上能够覆盖普通的家庭或办公室环境。

8）兼容性好。ZigBee 技术与现有的控制网络标准无缝集成。通过网络协调器自动建立网络，采用载波侦听/冲突检测（CSMACA）方式进行信道接入。为了可靠传递，还提供全握手协议。

（2）识读 ZigBee 模块电路

本任务用到两个 ZigBee 模块电路，一个是智能车通信显示模块上的 ZigBee 模块电路，另一个是道闸标志物上的 ZigBee 模块电路。常见的 ZigBee 模块都遵循国际标准 IEEE 802.15.4，并且运行在 2.4GHz 的频段上。图 5-3-3 是 ZigBee 协议架构。

1）道闸标志物的 ZigBee 模块。

如图 5-3-4 和图 5-3-5 所示，信道是指在 ZigBee 网络中用于传输数据的无线频段。ZigBee 模块支持多个信道，常用的信道有 16 个，分别为信道 11~信道 26。不同的信道具有不同的工作频率，可以避免相互之间的干扰。

网络 ID 是在 ZigBee 网络中用于唯一标识一个网络的标识符。每个 ZigBee 网络都有一个唯一的网络 ID，用于区分不同的网络。网络 ID 通常是一个 16 位的十六进制数，由网络协调器（Coordinator）分配。

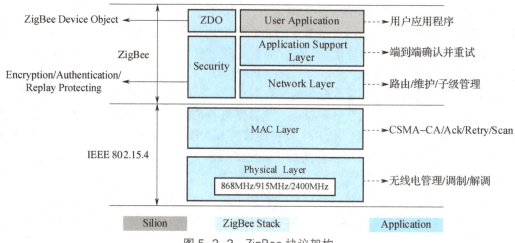

图 5-3-3 ZigBee 协议架构

节点 ID 是在 ZigBee 网络中用于唯一标识一个设备（节点）的标识符。每个设备都有一个唯一的节点 ID，用于区分不同的设备。节点 ID 通常是一个 16 位的十六进制数，由网络协调器分配。节点 ID 可以用于设备之间的通信和数据交换。

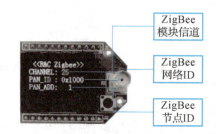

图 5-3-4 道闸标志物的 ZigBee 模块

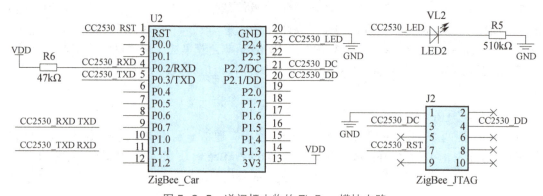

图 5-3-5 道闸标志物的 ZigBee 模块电路

2）智能车通信显示模块的 ZigBee 模块。

E18 ZigBee 组网模块采用 UART 串口通信方式，用户可通过任意带 UART 功能的 MCU 与其连接，进行数据交互，ZigBee 模块的 P0_2、P0_3 引脚分别为其内部串口的 RX、TX 引脚，具体的 E18 系列模块引脚如表 5-3-1 所示。

表 5-3-1 E18 系列模块引脚表

序号	引脚	序号	引脚	序号	引脚	序号	引脚
1	GND	7	P1.6	13	P1.2	19	P0.4
2	VCC	8	NC	14	P1.1	20	P0.3
3	P2.2	9	NC	15	P1.0	21	P0.2
4	P2.1	10	P1.5	16	P0.7	22	P0.1
5	P2.0	11	P1.4	17	P0.6	23	P0.0
6	P1.7	12	P1.3	18	P0.5	24	RESET

智能车通信显示模块的 ZigBee 模块如图 5-3-6 所示，具体连接方式如图 5-3-7 所示。

图 5-3-6 智能车通信显示模块的 ZigBee 模块

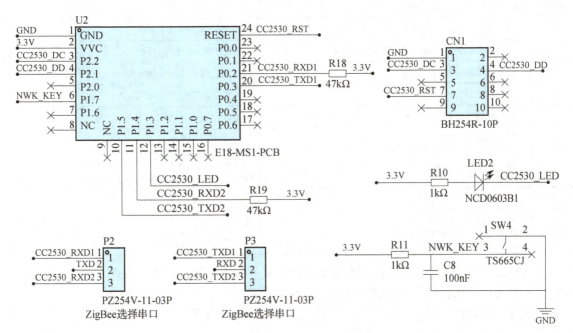

图 5-3-7 智能车通信显示模块的 ZigBee 模块电路

3. 道闸标志物

在实训环境沙盘中，不同的标志物中都集成了 ZigBee 发射器，并进行了编号。沙盘标志物如图 5-3-8 所示。

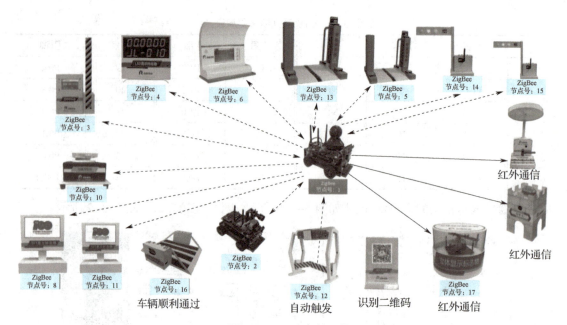

图 5-3-8 沙盘标志物

沙盘标志物信道编号如表 5-3-2 所示。

表 5-3-2 沙盘标志物信道编号

序号	信道编号	序号	信道编号
1	移动终端与嵌入式智能车开发单元（A）	11	多功能信息显示（A）
2	移动终端与嵌入式智能车开发单元（B）	12	智能 ETC 系统标志物
3	智能道闸标志物	13	智能立体车库标志物（A）
4	智能显示标志物	14	智能交通信号灯标志物（A）
5	智能立体车库标志物（B）	15	智能交通信号灯标志物（B）
6	智能公交站标志物	16	特殊地形标志物
7	智能报警台标志物	17	智能立体显示标志物（板载 ZigBee 模块排针），烧录需要 2×5P 双排针
8	多功能信息显示（B）	18	多功能信息显示（C）
9	智能路灯标志物	19	智能交通信号灯标志物（C）
10	智能无线充电标志物	20	智能交通信号灯标志物（D）

道闸标志物的功能是控制道闸的打开和关闭，以使智能车顺利出库和入库，嵌入式智能车向道闸发送命令的数据结构由以下 8 个字节构成：前两个字节为帧头（固定不变）；第 3 个字节为主指令；第 4 个字节至第 6 个字节为副指令；第 7 个字节为校验和；第 8 个字节为帧尾（固定不变）。通信方式为 ZigBee 无线通信。

帧头		主指令	副指令			校验和	帧尾
0x55	0x03	0xXX	0xXX	0xXX	0xXX	0xXX	0xBB

主指令	副指令 1	副指令 2	副指令 3	说明
0x01	0x01（开启）	0x00	0x00	道闸闸门控制
	0x02（关闭）			

任务实施

1. 硬件组装

（1）板间连接

本任务将 STM32F407 核心控制模块与通信显示模块上的 ZigBee 模块相连，它们与道闸标志物组成无线传感器网络，板间连接示意图如图 5-3-9 所示，参看任务 1 板间连接智能车核心控制模块 P9 接口与通信显示模块 P1 接口相连电路。

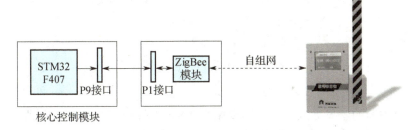

图 5-3-9　板间连接示意图

（2）电路连线

本任务的硬件连接见表 5-3-3。

表 5-3-3　本任务的硬件连接

接口名称		STM32F407IGT6 的引脚	ZigBee 模块	功能说明
USART6	USART6_RX	PC7	P0.3CC2530 TXD	
	USART6_TX	PC6	P0.2CC2530RXD	
S1 按键		PE4		开启道闸
S2 按键		PE3		关闭道闸

2. 软件编程

（1）配置 STM32CubeMX

➤ 基础配置

在 C 盘下的"STM32F407"文件夹下建立"TASK5-3"文件夹，打开 STM32CubeMX 建立基础配置工程的操作步骤与之前的项目一样，在此不再赘述，下面是本任务所需其他配置。

➤ GPIO_EXTI 配置

GPIO_EXTI 配置界面如图 5-3-10 所示，在该界面中分别搜索并配置 PE2、PE3、PE4 和 PA0 引脚。首先单击引脚，选择 GPIO-EXTIx，将对应引脚设置为外部中断线输入端 GPIO_EXTIx。在配置按键的参数时需要注意的是，【GPIO mode】表示需要配置的边沿触发，选择是上升沿、下降沿还是双边沿触发。这里根据具体情况进行选择，配置 PE2、PE3、PE4 都为上升沿触发（External Interrupt Mode with Rising edge detection）。【GPIO Pull-up/Pull-down】是选择是否需要上拉电阻、下拉电阻或者不需要上下拉电阻，这里选择下拉电阻。最后一个选项【User Label】表示用户标签，分别标注 S1、S2、S3、S4。

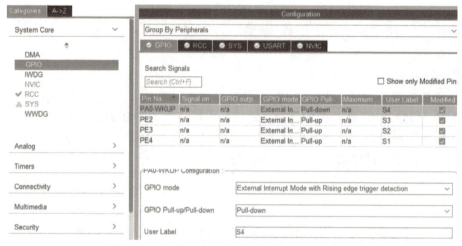

图 5-3-10　GPIO_EXTI 配置

> ➢ NVIC 配置

配置好外部中断的触发方式后，还需要配置 NVIC（嵌套矢量中断控制器）。如图 5-3-11 所示，在【System Core】中找到 NVIC 这一选项，在中间的配置窗口中进行 NVIC 详细配置。首先在下拉列表 PriorityGroup 中设置优先级分组，此处选择优先级分组为第 4 组。不设置抢占优先级和响应优先级，中断使能（Enable）即可。

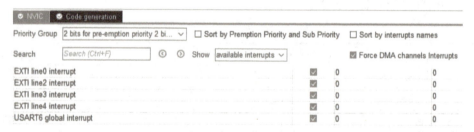

图 5-3-11　NVIC 配置

> ➢ UART 配置

本任务使用 USART6，连接见表 5-3-3，USART6_TX 引脚为 PC6，USART6_RX 引脚为 PC7。进入 STM32CubeMX 主界面中的 Pinout & Configuration 标签页，单击界面左侧的【System Core】，选中 GPIO。在右侧的 Pinout view 搜索框中输入要分配的引脚名称 PC6，配置其引脚工作模式为 USART6_TX。同样，选中 PC7 引脚，配置其引脚工作模式为 USART6_RX。

在 Pinout & Configuration 标签页中展开 Connectivity 列表，选中 USART6。在弹出的 USART6 Mode and Configuration 面板中设置 USART6 的各个参数。

Mode 区域用于选择 USART6 的工作方式，本任务选择 Asynchronous，表示采用异步通信方式。Parameter Settings 选项卡用于设置 USART6 异步串行通信相关参数。其中，Basic Parameters 部分用于设置基本参数，Advanced Parameters 部分用于设置高级参数。

【Baud Rate】用于设置波特率参数，可选择十进制或十六进制，需要手动输入波特率数值。【Word Length】用于设置包含校验位的数据帧长度。【Parity】用于设置奇校验、偶校验或无校验。【Stop Bits】用于选择停止位，可选 1 位或 2 位。【Data Direction】用于选择数据传输方向，可选双向、只发送或只接收。【Over Sampling】用于设置过采样参数，可选 16 倍或 8 倍。

根据本任务的要求，设置 USART6 的波特率为 115 200 bit/s、数据帧长度为 8、无须校验、1 个停止位、双向数据传输以及 16 倍过采样，如图 5-3-12 所示。

使能（Enable）USART5 globalinterrupt，在 NVIC 中设置优先级分组为第 4 组，不设置它的抢占优先级和响应优先级。

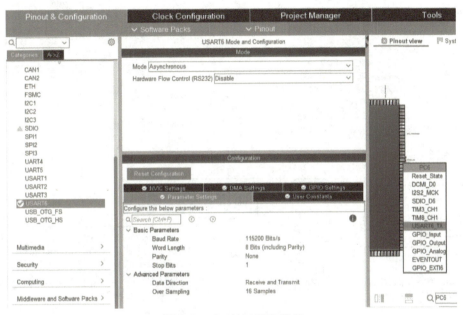

图 5-3-12 USART6 配置

完成以上所有配置后，单击软件界面右上角的【GENERATE CODE】，生成代码。如图 5-3-13 所示，STM32CubeMX 自动生成 main.c、gpio.c、usart.c、stm32f4xx_it.c、stm32f4xx_hal_msp.c 文件，其中 gpio.c、usart.c、stm32f4xx_hal_msp.c 已经满足了定时器及 GPIO 的配置需求，它们的代码无须改动，但需要知道自动生成的 GPIO 和 USART 串口宏定义，以备后面代码调用。

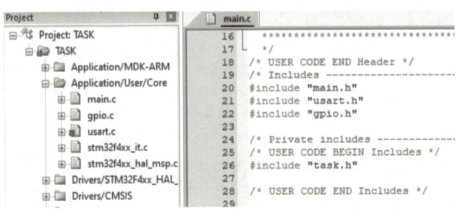

图 5-3-13 本任务自动生成的代码

main.h 中的宏定义了图 5-3-14 中的 GPIO，usart.h 中的宏定义了图 5-3-15 中的 UART 句柄结构体。

（2）代码流程

在 STM32CubeMX 生成代码的基础上，整体代码流程如图 5-3-16 所示。

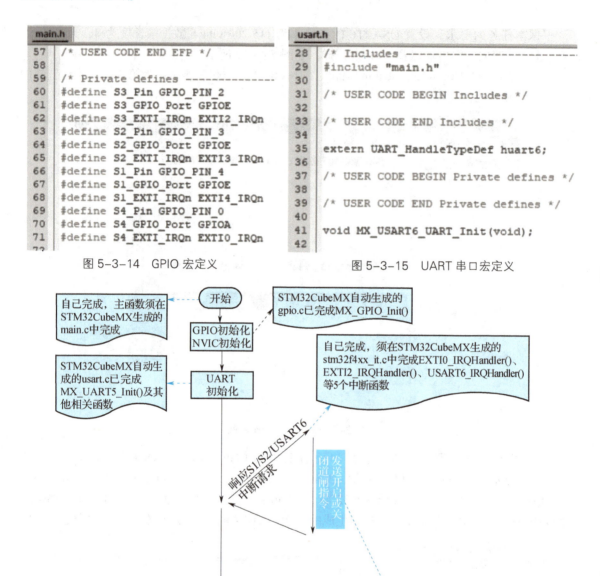

图 5-3-14　GPIO 宏定义　　　　图 5-3-15　UART 串口宏定义

图 5-3-16　整体代码流程

（3）MDK 代码编写

在工程"TEST"下 Add Group，命名为"User_Code"，新建函数"task.c"和调函数头文件"task.h"、Zigbee 初始化代码"zigbee.c"和 zigbee 头文件"zigbee.h"，将它们加入"User_Code"组，并配置头文件包含路径。

> task.h 编写

在"task.h"中输入以下代码：

```
#ifndef __TASK_H
#define __TASK_H
#include "main.h"
#include "zigbee.h"
```

```
void TASK_Init(void);
void TASK_Test(void);
#endif
```

➢ task.c 编写

在"task.c"中输入以下代码:

```
#include "task.h"
void TASK_Init()
{
}
void TASK_Test()
{
}
/** 函数功能: 按键外部中断回调函数
  * 输入参数: GPIO_Pin: 中断引脚
  * 返 回 值: 无
  * 说    明: 无 */
void HAL_GPIO_EXTI_Callback(uint16_t GPIO_Pin)
{
    if(GPIO_Pin==S1_Pin)
    {
            Send_ZigbeeData_To_Fifo(Gate_Open,8);
    }
    if(GPIO_Pin==S2_Pin)
    {
            Send_ZigbeeData_To_Fifo(Gate_Close,8);
    }

}
```

➢ zigbee.c 编写

在"zigbee.h"中输入以下代码:

```
#ifndef __ZIGBEE_H
#define __ZIGBEE_H
#include "usart.h"
static uint8_t Gate_Open[8]={0x55,0x03,0x01,0x01,0x00,0x00,0x02,0xBB};
// 道闸 开启
static uint8_t Gate_Close[8]={0x55,0x03,0x01,0x02,0x00,0x00,0x03,0xBB};
    // 道闸 关闭
void Send_ZigbeeData_To_Fifo(char *p,char len);
#endif
```

在"zigbee.c"中输入以下代码:

```
#include "zigbee.h"
/** 函数功能: 将数据发送至 ZigBee 模块
参    数: 无
返 回 值: 无 */
void Send_ZigbeeData_To_Fifo(char *p,char len)
{
    HAL_UART_Transmit(&huart6,p,len,10);
```

}
```

➢ **stm32f4xx_it.c 编写**

```
void NMI_Handler(void)
{
  /* USER CODE BEGIN NonMaskableInt_IRQn 1 */
  while(1)
  {
  }
  /* USER CODE END NonMaskableInt_IRQn 1 */
}
```

➢ **main.c 编写**

在 main.c 中完善代码。

```
/* USER CODE BEGIN Includes */
#include "task.h"
/* USER CODE END Includes */
/* USER CODE BEGIN WHILE */
    OLED_Show_Str(16*3,1,"RS485",16);
    while(1)
    {
    /* USER CODE END WHILE */
void Error_Handler(void)
{
  /* USER CODE BEGIN Error_Handler_Debug */
    __disable_irq();
    while(1)
    {
    }
  /* USER CODE END Error_Handler_Debug */
}
```

3. 软硬件联调

程序设计好后，编译并生成目标代码，下载到核心控制模块中，实现任务功能。

学后思

请大家根据问题完成复盘。

实验实施视频

任务复盘表

回顾目标	评价结果	分析原因	总结经验
是否完成了任务？和你做的计划一致吗？	完成任务的过程中你做得好的地方有哪些？存在哪些问题？	完成任务的关键因素有哪些？出现问题的原因是什么？	如果让你再做一遍，你会如何改进？写下你的创意想法。
```

任务拓展

可以连接具有 ZigBee 模块的其他标志物,例如图 5-3-8 中的无线充电标志物、交通灯标志物等,注意不同的标志物有不同的 ZigBee 节点号。建议查阅相关的用户手册和文档,以了解更多的协议和设备配置信息。

拓中思

请设计一个应用场景,试着连接 3 个以上具有 ZigBee 模块的标志物,你认为连接的标志物数量较多时,会影响通信速度吗?

_____
_____

项目 6

智能车电机控制系统的设计与实现

智能车电机控制系统的设计与实现

随着国内新能源汽车的大力推广，越来越多领域会用到新能源汽车。目前，新能源汽车上都会有几十个到几百个各种类型的电机，在尾箱、天窗、摇窗、制动机构、水泵、风扇、雨刷等地方都可以看到电机的应用。各种智能化产品中也可以看到电机的身影，如电动牙刷、自动感光窗帘、自动浇花器、自动输液仪、无人机、机器人和智能车等。这些产品的研发都需要在嵌入式技术的支撑下实现灵活控制电机，不管是 51 单片机、Arduino、STM32、树莓派等，电机控制系统设计都是嵌入式技术领域中必备的技能。

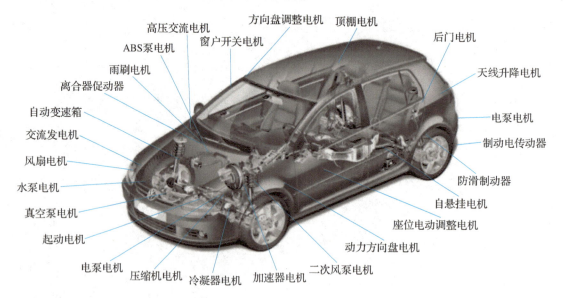

本项目的目的正是结合现代新能源汽车和智能化电子产品的特点，帮助学生学会用 STM32F407 系列微控制器中高级定时器、基本定时器输出的 PWM 脉冲信号来控制电机，使电机能够灵活变速，从而控制本课程所用的智能车进行变速行驶；学会使用霍尔编码器进行测速，在串口屏上模拟转速仪表盘显示转速，并设定速度阈值，实现超速告警。通过学习本项目，学生能够提高实践能力，打下一定的嵌入式系统技术基础。

素质目标：（1）能阅读芯片手册和硬件框图，养成阅读芯片手册的习惯。
　　　　　（2）培养学生根据已学知识解决复杂问题的能力。
能力目标：（1）能够在项目实施前分析、调研实现智能车电机变速行驶和超速告警的具体功能需求。
　　　　　（2）能够实现智能车电机驱动硬件电路的分析与搭建，能够实现霍尔编码传感器的数据采集与应用。
　　　　　（3）能够编写STM32F407输出不同占空比PWM以实现电机变速的程序，能够编写采集霍尔编码传感器数据，并转换为速度显示在串口屏上的程序。
　　　　　（4）能够对电机进行软硬件联调，能够排除硬件和程序的一般故障。
知识目标：（1）能够分辨直流电机、步进电机、伺服电机，并理解智能车电机驱动模块的结构。
　　　　　（2）理解PWM的基本概念，并掌握定时器输出PWM信号的编程配置方法。
　　　　　（3）掌握STM32F407系列微控制器下霍尔编码器的使用及转速换算。
　　　　　（4）掌握串口显示屏显示。
建议学时：8学时
知识地图：

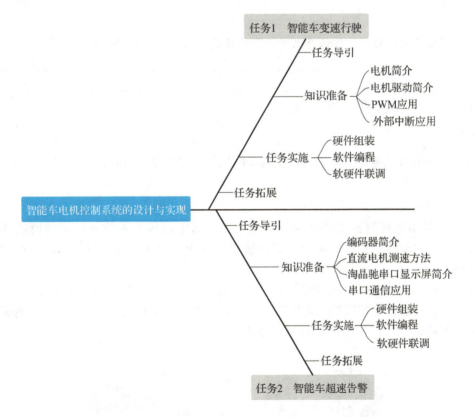

任务1 智能车变速行驶

任务导引

我国新能源汽车产销量自 2015 年起连续 8 年位居全球第一位,仅用十余年就赶超了德国积累了上百年的内燃机技术优势。新能源汽车最重要的就是电机、电池及电控系统。在每一辆汽车中,都可以通过踩加速踏板或制动踏板来控制电机,继而控制车速,踩加速踏板或制动踏板的力度与车速快慢有关。

在本任务中,智能车中设定两个按键来模拟加速踏板和制动踏板,通过按键调整 PWM 脉宽调制信号来控制电机的加速和减速。每次按加速踏板按键可以加速,且每次按键增加的速度量相等,模拟制动踏板的按键则正好相反,每次按键减少的速度量相等。

知识准备

学前思

在了解了任务需求后,请你认真思考并写出完成以上任务时可能会存在的问题。
_____
_____

下面带着问题一起来进行知识探索。

1. 电机简介

常见的电机有直流电机、步进电机、伺服电机等,它们在嵌入式智能控制的应用系统中使用非常广泛。

(1)直流电机

直流电机是指能将直流电能转换成机械能(直流电动机)或将机械能转换成直流电能(直流发电机)的旋转电机,是实现直流电能和机械能互相转换的电机。直流电机的实物如图 6-1-1 所示。

图 6-1-1a 所示直流电机的两个直流输入端没有正负之分,在其一端连接正极、另一端连接负极就可转动,交换两个接线端的连接后,电机会反转。使用直流电机时,需要了解直流电机的额定电压和额定功率,不要让电机超负荷运转。

a)无编码器的直流电机

b)带编码器的直流电机

图 6-1-1 直流电机实物

图 6-1-1b 所示为一种带编码器的直流电机。编码器是将旋转位移转换成一串数字脉冲信号的旋转式传感器，这些脉冲能用来控制角位移，如果编码器与齿轮条或螺旋丝杠结合在一起，也可用于测量直线位移，这为后续电机测速带来很多便利。

（2）步进电机

步进电机是一种将电脉冲信号转换成相应角位移或线位移的电机。每输入一个脉冲信号，转子就转动一个角度或前进一步，其输出的角位移或线位移与输入的脉冲数成正比，转速与脉冲频率成正比。因此，步进电机又称脉冲电机。

步进电机的输入端主要由电机内部的线圈绕组数决定。图 6-1-2 所示的五线四相电机和四线二相电机的输入端分别是五位和四位。步距角（步长）是步进电机的主要性能指标之一，不同的应用场合对步距角大小的要求不同，步距角越小，步进电机的转动控制就越精确。用好步进电机也并非易事，它涉及机械、电机、电子及计算机等专业的知识。

（3）伺服电机

伺服电机是绝对服从控制信号指挥的电机，是指在伺服系统中被控制的电机。其主要特点是当信号电压为 0 时无自转现象，转速随着转矩的增加而匀速下降。在嵌入式开发中经常用到的是舵机，它是一种典型的伺服电机，由小型直流电机、控制电路板、电位杆和齿轮组构成，用途广泛。舵机可按照信号类型、齿轮及用途进行分类。舵机包括 90°舵机、180°舵机、270°舵机和 360°舵机，其中 180°舵机最常见。舵机和由舵机搭成的云台实物如图 6-1-3 所示。

图 6-1-2　步进电机实物　　　　　　图 6-1-3　舵机和由舵机搭成的云台实物

2. 电机驱动简介

电机为什么要驱动？电机带有驱动电路有两方面的考虑。第一，方便对电机的转速进行控制。普通电机一通电就可以转，但当要控制其转速时就不行了，通过驱动电路控制通电电压，可以改变电机转速。第二，满足电机的功率要求。一些电机工作时是有功率要求的，加入驱动电路便于调节电路以满足电机工作条件。

> **一查到底**　查一查常用的直流电机驱动芯片型号，至少写出 3 个型号，并简述区别。
> _____
> _____

（1）DRV8848 原理简介

DRV8848 是一款双路 H 桥电机驱动器芯片，该芯片可用于驱动一个或两个直流电机、一个双极性步进电机或其他负载。利用一个简单的 PWM 接口便可轻松将它连接到控制器电路。

H 桥式驱动电路的形状酷似字母 H，包括 4 个三极管和一个电机。要使电机运转，必须导通对角线上的一对三极管。根据不同三极管对的导通情况，电流可能会从左至右或从右至左流过电机，从而控制电机的转向。H桥式驱动电路驱动电机转动如图6-1-4所示。

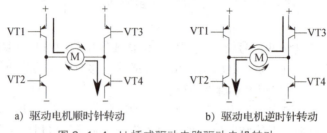

a）驱动电机顺时针转动　　　　　b）驱动电机逆时针转动

图6-1-4　H桥式驱动电路驱动电机转动

每个H桥式驱动电路的输出块都包含配置为全H桥的N通道和P通道功率MOSFET，用于驱动电机绕组。每个H桥都含有一个调节电路，可通过固定关断时间斩波方案调节绕组电流。DRV8848能够从每个驱动输出高达2A的电流，在并联模式下输出高达4A的电流（正常散热，为12V且$T_A=25℃$时）。

该芯片通过低功耗睡眠模式可将部分内部电路关断，从而实现极低的静态电流和功耗。这种睡眠模式可通过专用的nSLEEP引脚来设定。

该芯片还提供UVLO、OCP、短路保护和过热保护等内部保护功能，故障条件通过nFAULT引脚指示。DRV8848的引脚分布如图6-1-5所示。

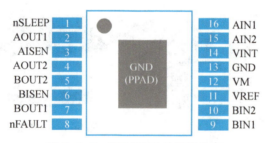

图6-1-5　DRV8848的引脚分布

（2）识读电机驱动电路

DRV8848电机驱动模块电路如图6-1-6所示，PWMA1和PWMA2两路脉宽调制信号经过DRV8848输出MA1和MA2，用于控制P2接口所连接的左前电机，从而达到电机驱动模块驱动左前电机的目的。同理，PWMB1和PWMB2两路脉宽调制信号经过DRV8848输出MB1和MB2，用于控制P3接口所连接的右前电机。一个电机驱动模块上有两个DRV8848芯片，可以控制4个电机。

由图6-1-6可知，SLEEP_AB和SLEEP_CD为逻辑高电平时使能器件，输出高电平时DRV8848才能工作，其余引脚功能见表6-1-1。

表6-1-1　DRV8848部分引脚功能

引脚		类型	说明	
名称	序号			
AIN1	16	I	桥接A输入1	控制AOUT1，三级输入
AIN2	15	I	桥接A输入2	控制AOUT2，三级输入

（续）

引脚名称	序号	类型	说明	
AISEN	3	O	绕组 A 感	连接至桥 A 的电流检测电阻器或不需要电流调节的 GND
AOUT1	2	O	绕组 A 输出	
AOUT2	4			
BIN1	9	I	桥接 B 输入 1	控制 BOUT1，三级输入
BIN2	10	O	桥接 B 输入 2	控制 BOUT2，三级输入
BISEN	6	O	绕组 B 感	连接至桥 B 的电流检测电阻器或不需要电流调节的 GND
BOUT1	7	O	绕组 B 输出	
BOUT2	5			
GND	13	PWR	设备接地	GND 引脚和芯片 PowerPAD 都必须接地
	PPAD			
nFAULT	8	OD	故障指示引脚	在故障条件下拉低电平逻辑；开漏输出需要外部上拉
nSLEEP	1	I	睡眠模式输入	逻辑高电平使能器件；逻辑低电平进入低功耗睡眠模式；内部下拉
VINT	14	—	内部调节器	内部电源电压；通过 2μF、6.3V 电容旁路至 GND
VM	12	PWR	电源供应	连接电机电源
VREF	11	I	满量程电流参考输入	引脚上的电压设置满量程斩波电流；如果不提供外部参考电压，则与 VINT 短路

3.PWM 应用

（1）PWM 参数

PWM 已在项目 3 任务 2 的知识准备中进行了基础介绍，结合图 3-2-11 可知，除基本定时器外，每个定时器具备 1~4 个独立的通道，各个通道具有独立的输入捕获单元、捕获/比较寄存器和输出比较单元，但是共享同一个时基单元。时基单元包含一个自动重装载寄存器 ARR、一个计数器 CNT（可向上/下计数）、一个可编程预分频器 PSC，还有一个重复计数器 RCR。

结合图 3-2-12 可知，自动重装载寄存器 TIMx_ARR 的值控制 PWM 信号的周期，捕获/比较寄存器 TIMx_CCRy 的值控制 PWM 信号的占空比，计算公式如下：

$$\text{Period} = \frac{(ARR+1)(PSC+1)}{TIM\_CLK}$$ （周期计算公式）

$$\text{Duty} = [CRR/(ARR+1)] \times 100\%$$

有效电平和无效电平的高低取决于捕获/比较使能寄存器 TIMx_CCER 的 CCxP 位。如果 CCxP 位配置为 0，则高电平为有效电平；如果 CCxP 位配置为 1，则低电平为有效电平。

这几个寄存器在项目 3 中介绍过，也由于本书采用基于 STM32CubeMX 和 HAL 库来进行开发，读者只需了解它们的功能即可，无须采用寄存器方式编写代码。在 STM32CubeMX 中进行 PWM 输出配置时，需要知道配置项与以上相关寄存器的对应关系。

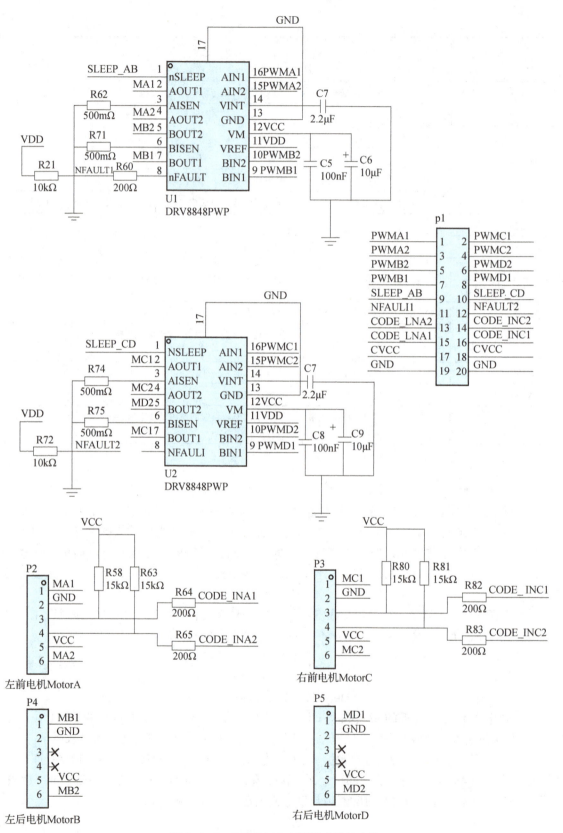

图 6-1-6 DRV8848 电机驱动模块电路

小试牛刀　在本任务中，驱动电机的 PWM 脉冲频率为 1kHz，假设使用 TIM1 的通道 1 和通道 2 来驱动左前电机，并根据 PWM 频率计算公式和表 3-2-1，查阅 TIM1 的外设总线频率 TIM_CLK=_____，预分频器 PSC=_____，计数值 APR=_____。如果设置 PWM 占空比为 50%，则 CRR=_____。通过比较图 6-1-7 和图 3-2-4，能否知道这些寄存器设置值对应图 6-1-7 中的哪些参数位置。

在图 6-1-7 中，请对 STM32CubeMX 关于定时器 PWM 参数设置（Parameter Settings）标签页中所框选的部分进行翻译，并写出它们对什么参数进行设置。

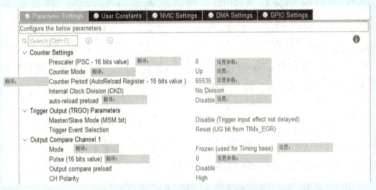

图 6-1-7　定时器 PWM 参数设置

（2）PWM 通道引脚

STM32F407 微控制器有 2 个高级控制定时器、10 个通用定时器和 2 个基本定时器，还有 2 个看门狗定时器。看门狗定时器不在本任务讨论范围。微控制器中的所有定时器都是彼此独立的，不共享任何资源。

STM32F407 微控制器中高级控制/通用定时器具体的 I/O 引脚分配见表 6-1-2。配套智能车开发板因为 I/O 资源紧缺，定时器的 I/O 引脚很多已经复用它途，表 6-1-2 中的 I/O 引脚只有部分可供定时器使用。

表 6-1-2　高级控制和通用定时器通道引脚分布

	TIMx 通道	CH1	CH1N	CH2	CH2N	CH3	CH3N	CH4	ETR
高级控制	TIM1	PA8/PE9	PA7/PE8/PB13	PE11/PA9	PB0/PE10/PB14	PE13/PA10	PB1/PE12/PB15	PE14/PA11	PE7/PA12
	TIM8	PC6	PA5/PA7	PC7	PB0/PB14	PC8	PB1/PB15	PC9	PA0/PI3
通用定时器	TIM2	PA0/PA5		PA1/PB3		PA2/PB10		PA3/PB11	PA0/PA5/PA15
	TIM5	PA0		PA1		PA2		PA3	
	TIM3	PA6/PC6/PB4		PA7/PC7/PB5		PB0/PC8		PB1/PC9	PD2
	TIM4	PD12/PB6		PD13/PB7		PD14/PB8		PD15/PB9	PE0
	TIM9	PE5/PA2		PE6/PA3					

(续)

TIMx通道		CH1	CH1N	CH2	CH2N	CH3	CH3N	CH4	ETR
通用定时器	TIM10	PF6/PB8							
	TIM11	PF7/PB9							
	TIM12	PB14		PB15					
	TIM13	PF8/PA6							
	TIM14	PF9/PA7							

注意：ETR 为外部脉冲输入引脚，即以外部脉冲为定时器计数驱动源。TIM2 的 CH1 和 ETR 引脚共用，只能选择一个功能。

本任务要求控制 4 个直流电机，一个直流电机的控制需要两路 PWM 信号，由表 3-2-1 和表 6-1-2 可知选择有输出 PWM 通道的高级控制定时器和通用定时器即可，需特别注意所选定时器所挂外设总线 APB1/APB2 的最大定时器时钟频率。

4. 外部中断应用

PWM 占空比的调整在本任务中需要 3 个按键用外部中断 EXTI 来完成，S1 键模拟停车键，S2 键模拟制动踏板键，S3 键模拟加速踏板键。每次按 S3 键可以加速，且每次按键增加的速度量相等，按 S2 键正好相反，每次按键减少的速度量相等。

因此，需要用到项目 3 任务 1 中 EXTI 的使用，设定它们的优先级顺序为 S1>S2>S3。

> **温故知新**　请读者找到项目 3 中的 EXTI 相关内容，并写出外部中断使用需要注意哪些方面的设置。
>
> _____
>
> _____

任务实施

1. 硬件组装

（1）板间连接

➤ 板间端口连接

本任务涉及智能车核心控制模块上的 STM32F407 控制器，驱动电机驱动模块上的 DRV8848 驱动芯片，DRV8848 再进一步驱动电机。智能车核心控制模块和电机驱动模块间连接示意图如图 6-1-8 所示。

在本书配套电子资源中的"实验箱配套原理图"文件夹中，打开文件"智能车核心控制模块 .pdf"和"电机驱动模块 .pdf"，综合分析图 6-1-6、图 6-1-8 和图 6-1-9 可知，智能车核心控制模块 P10 排线口是 STM32F407 预留的控制电机驱动模块的接口，与电机驱动模块 P1 排线口用排线连接，从而达到 STM32F407 的 PE9、PE11、PE13、PE14、PB0、PB1、PD12、PD13 分别控制 4 个电机的目的，且 DRV8848 驱动芯片的 SLEEP_AB 和 SLEEP_CD 端口分别接于 PB11 和 PD14 引脚。

硬件组装视频

项目 6　智能车电机控制系统的设计与实现

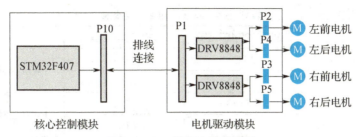

图 6-1-8　板间连接示意图

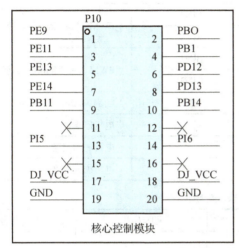
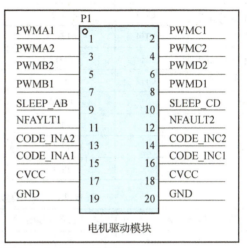

图 6-1-9　智能车核心控制模块与电机驱动模块的接口

> **PWM 通道对接**

经过上述分析，左前电机（MotorA）的 PWMA1 和 PWMA2 两路脉宽调制信号接于 PE9 和 PE11 引脚，结合表 6-1-3 可知，PE9 和 PE11 引脚对应 TM1 的 CH1 和 CH2 通道，左后电机（MotorB）的 PWMB1 利 PWMB2 两路脉宽调制信号接于 PE13 和 PE14 引脚，对应 TM1 的 CH3 和 CH4 通道。

> **小试牛刀**　请依据上述方法，分析右前电机（MotorC）、右后电机（MotorD）所对应的 PWM 通道，讲一讲表 6-1-3 中 4 个电机的 PWM1 和 PWM2 通道是怎么得到的，这些通道又映射到 STM32F407 的哪些引脚，并完善表 6-1-3 剩余的内容。

表 6-1-3　定时器 PWM 通道驱动智能车电机

电机标号	STM32F407 引脚	PWM1 通道	STM32F407 引脚	PWM2 通道
左前电机	PE9	TIM1_CH1	PE11	TIM1_CH2
左后电机	PE13	TIM1_CH3	PE14	TIM1_CH4
右前电机				
右后电机				

（2）电路连接

本任务的硬件连接线见表 6-1-4 和表 6-1-5，将 4 个电机、DRV8848 和 STM32F407 相连。

表 6-1-4 本任务的硬件连接线

接口名称		STM32F407 引脚	DRV8848 引脚	功能说明
PWM 信号输出控制（TIM1）	CH1	PE9	AIN1	PWM 控制 MotorA 转速
	CH2	PE11	AIN2	
PWM 信号输出控制（TIM1）	CH3	PE13	BIN1	PWM 控制 MotorB 转速
	CH4	PE14	BIN2	
DRV8848（U1）唤醒		PB11	nSLEEP	唤醒 MotorA 和 MotorB 驱动
PWM 信号输出控制（TIM3）	CH3	PB0	AIN1	PWM 控制 MotorC 转速
	CH4	PB1	AIN2	
PWM 信号输出控制（TIM4）	CH1	PD12	BIN1	PWM 控制 MotorD 转速
	CH2	PD13	BIN2	
DRV8848（U2）唤醒		PD14	nSLEEP	唤醒 MotorC 和 MotorD 驱动
S1 按键		PE2		电机停止按键
S2 按键		PE3		电机制动按键
S3 按键		PE4		电机加速按键

表 6-1-5 电机驱动模块与电机连接

DRV8848 输入		DRV8848 输出	四驱电机	功能说明
U1	AIN1	AOUT1	MotorA	左前电机
	AIN2	AOUT2		
	BIN1	BOUT1	MotorB	左后电机
	BIN2	BOUT2		
U2	AIN1	AOUT1	MotorC	右前电机
	AIN2	AOUT2		
	BIN1	BOUT1	MotorD	右后电机
	BIN2	BOUT2		

2. 软件编程

（1）配置 STM32CubeMX

本任务中除了基础配置工程外，还需要完成其余 3 项 STM32CubeMX 配置。

1）GPIO_EXTI 配置：S1、S2、S3 采用 EXTI 外部中断。

2）定时器 PWM 配置：使用定时器 TIM1 的 CH1 与 CH2 来输出 PWM 脉宽调整信号控制 MotorA 的转速，其余电机控制见表 6-1-5。

3）GPIO_Output 配置：DRV8848（U1）和 DRV8848（U2）的使能引脚采用 GPIO 输出控制。

STM32CubeMX 配置

完善 MDK 代码

➢ 基础配置

在 C 盘下的"STM32F407"文件夹中建立"TASK6-1"文件夹。打开 STM32CubeMX 软件，依据项目 1 任务 2 搭建基础配置工程的步骤，建立项目 6 任务 1 的基础配置工程，操作步骤不再赘述。在"TEST.ioc"中继续完善 STM32CubeMX 的其他配置。

项目 6　智能车电机控制系统的设计与实现

➢ GPIO_EXTI 配置

分别搜索 PE2、PE3、PE4 引脚，单击引脚，选择 GPIO-EXTIx，将对应引脚设置为外部中断输入端 GPIO_EXTIx，如图 6-1-10 所示。在配置按键的参数时需要注意的是，【GPIO mode】表示需要配置的边沿触发，可选择是上升沿、下降沿还是双边沿触发。这里根据具体情况进行选择，配置 PE2、PE3、PE4 都为上升沿触发（External Interrupt Mode with Rising edge detection）。【GPIO Pull-up/Pull-down】表示是否需要上拉电阻、下拉电阻或者不需要上下拉电阻，这里选择上拉电阻。最后一个选项【User Label】表示用户标签，分别标注 S1、S2、S3。

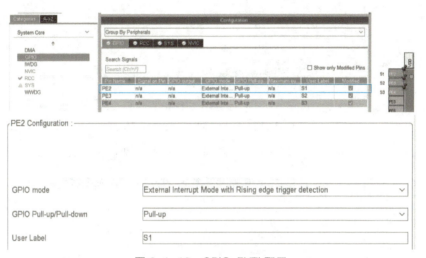

图 6-1-10　GPIO_EXTI 配置

➢ NVIC 配置

配置好外部中断的触发方式后，还需要配置 NVIC（嵌套矢量中断控制器），因为最终芯片上的所有中断都是归 NVIC 进行调配。在软件界面左侧的【System Core】中找到【NVIC】这个选项，不要直接从刚刚设置 GPIO 那里设置，因为那里 NVIC 设置不全面。选定【NVIC】后可以看到【Priority Group】，这是设置优先级分组。在这里，首先选择优先级分组为第 2 组，抢占优先级和响应优先级各 2 位，然后在下面的选项中分别设置 EXTI line2 interrupt、EXTI line3 interrupt 及 EXTI line4 interrupt 的抢占优先级（Preemption Priority）、响应优先级（Sub Priority），最后中断使能（Enable）即可，如图 6-1-11 所示。

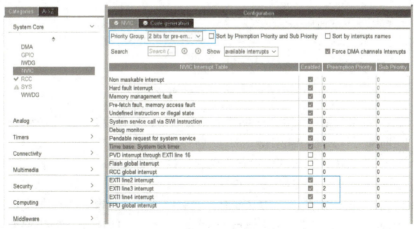

图 6-1-11　NVIC 配置

237

➢ 定时器 PWM 配置

根据表 6-1-5，左前电机的 PWMA1 和 PWMA2 来自 TIM1 的 CH1 和 CH2。配置定时器时钟源（Clock Source）为内部时钟（Internal Clock），通道 1 选择 TIM1 的 PWM Generation CH1，通道 2 选择 TIM1 的 PWM Generation CH1，如图 6-1-12 所示。

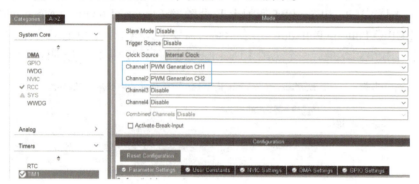

图 6-1-12　PWMA1 和 PWMA2 配置

图 6-1-13 为 TIM1 的参数设置界面，下面依次对重要参数进行配置。

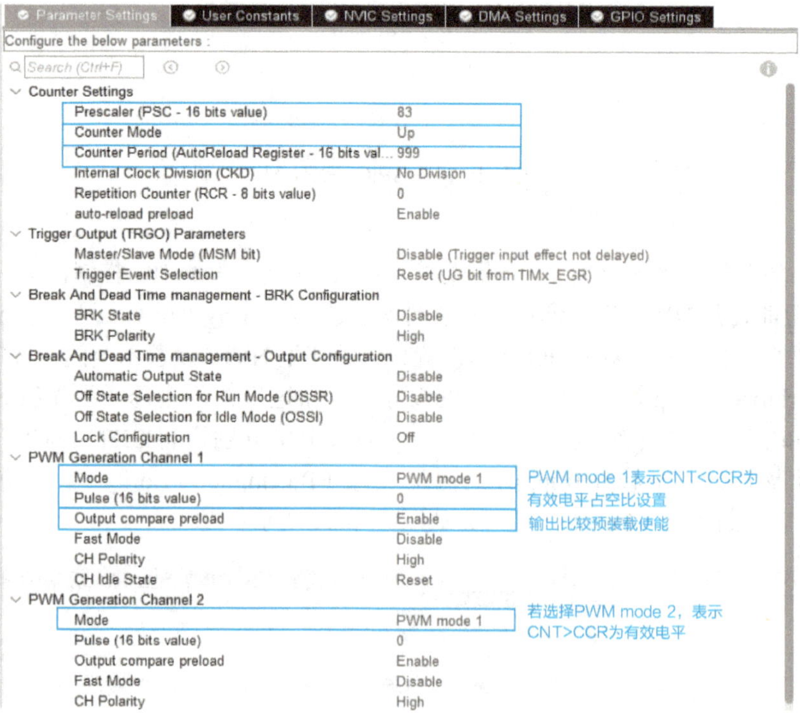

图 6-1-13　TIM1 参数设置

【Counter Settings】一栏中，【Prescaler】表示分频值，设置为 84-1。因为 TIM1 挂在外设总线 APB2 上，定时器工作频率 =84MHz/（83+1）=1MHz。

【Counter Mode】表示计数模式，设置为向上计数。【Counter Period】表示重装载值，设置为 1000-1，可计算 PWM 频率 =1MHz/（999+1）=1kHz。

【auto-reload preload】需要设置为 Enable，表示使能重装载模式，每次计数到最大值都将重新计数。【Trigger Output（TRGO）Parameters】表示触发事件选择，这里选择 Reset（UG bit

238

from TIMx_EGR），表示的是触发它工作的条件包含了 EGR 寄存器的 UG 位，也就是手动更新事件。其余配置在本任务中用不到，在此不再赘述，但【PWM Generation Channel 1】和【PWM Generation Channel 2】中的 Pluse 均为 PWM 占空比设置。占空比 =Pluse/Counter Period，初始设置为 0，具体占空比也可以在程序中调用 HAL 库函数实现。

根据表 6-1-5，TIM1 的 CH1、CH2 设置为左前电机的 PWMA1 和 PWMA2，对其余 3 个电机的定时器通道进行设置，如图 6-1-14 所示。

图 6-1-14　全部 PWM 通道设置

➢ GPIO_Output 配置

由表 6-1-5 可知，SLEEP_AB 和 SLEEP_CD 为 DRV8848（U1）和 DRV8848（U2）的使能引脚，且为逻辑高电平时使能，分别将 PB11 和 PD14 配置为 GPIO_Output 模式，并为引脚取别名为 SLEEP_AB 和 SLEEP_CD，输出电平为高电平（High），输出模式为推挽输出，使用内部上拉电阻，输出速度为中速，如图 6-1-15 所示。

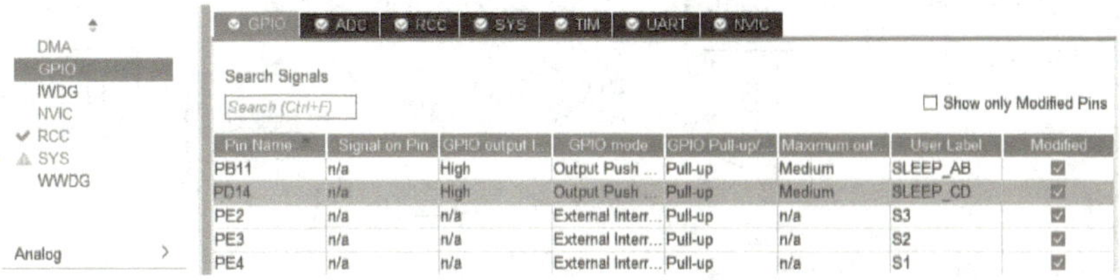

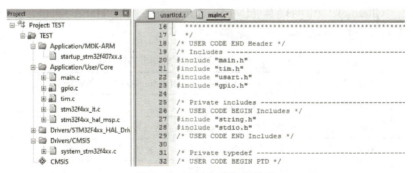

图 6-1-15　DRV8848 使能引脚配置

完成以上所有配置后，单击软件界面右上角"GENERATE CODE"按钮，生成代码。如图 6-1-16 所示，STM32CubeMX 自动生成 main.c、gpio.c、tim.c、stm32f4xx_it.c、stm32f4xx_hal_msp.c 文件，其中 gpio.c、tim.c、stm32f4xx_hal_msp.c 已经满足了定时器及 GPIO 的配置需求，

图 6-1-16　生成初始代码

它们的代码无须改动，但需要知道自动生成的 GPIO 和定时器宏定义，以备后面代码调用。

如图 6-1-17 所示，main.h 中宏定义了相关 GPIO，tim.h 中宏定义了定时器句柄结构体。

图 6-1-17　工程宏定义

（2）代码流程

在 STM32CubeMX 生成代码的基础上，整体代码流程如图 6-1-18 所示。

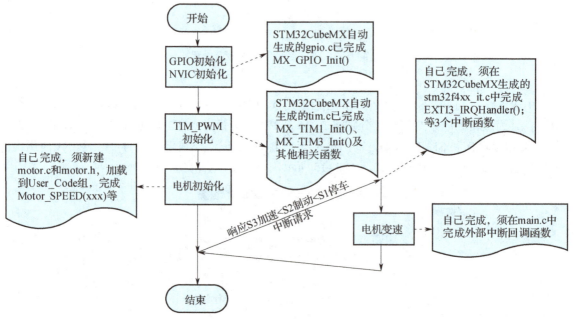

图 6-1-18　代码流程

（3）MDK 代码编写

在本任务中用户需要调用两个 HAL 库函数，HAL_TIM_PWM_Start（TIM_HandleTypeDef *htim, uint32_t Channel）和 __HAL_TIM_SetCompare（TIM_HandleTypeDef *htim, uint32_t Channel,uint32_t pluse），见表 6-1-6 和表 6-1-7。

表 6-1-6　轮询模式启动定时器 PWM 函数

函数名称	HAL_TIM_PWM_Start（TIM_HandleTypeDef *htim, uint32_t Channel）
函数功能	在轮询模式下启动定时器 PWM 运行
入口参数	*htim：定时器句柄的地址 Channel：定时器的通道号
返回值	HAL 状态：HAL_OK 表示成功，HAL_ERROR 表示失败
其他说明	该函数在初始化成功之后调用；需要用户调用

表 6-1-7 设置定时器 PWM 占空比函数

函数名称	__HAL_TIM_SetCompare（TIM_HandleTypeDef *htim, uint32_t Channel,uint32_t pluse）
函数功能	设置定时器 PWM 占空比
入口参数	*htim：定时器句柄的地址，Channel：定时器的通道号，pluse：PWM 的 CCRy 的值
返回值	HAL 状态：HAL_OK 表示成功，HAL_ERROR 表示失败
其他说明	该函数功能原型在 stmf4xx_hal_tim.h 中，需要用户调用，用于设定定时器通道 PWM 的 CCR 寄存器的值，从而达到设置 PWM 占空比的目的

➤ motor.c 编写

在工程"TEST"下"Add Group"，命名为"User_Code"，新建电机初始化代码"motor.c"和电机头文件"motor.h"，将它们加入"User_Code"组，并配置头文件包含路径。

在"motor.h"中输入以下代码：

```c
#ifndef __MOTOR_H
#define __MOTOR_H
#include "stm32f4xx_hal.h"
#include "main.h"
#include "tim.h"
void Motor_SPEED(unsigned int channel,int speed);    // 电机调速函数
#endif
```

在"motor.c"中输入以下代码：

```c
#include "motor.h"
void Motor_SPEED(unsigned int channel,int speed)
{
    HAL_TIM_PWM_Start(&htim1,TIM_CHANNEL_1);    // 启动 PWMA1
    HAL_TIM_PWM_Start(&htim1,TIM_CHANNEL_2);    // 启动 PWMA2
    HAL_TIM_PWM_Start(&htim1,TIM_CHANNEL_3);    // 启动 PWMB1
    HAL_TIM_PWM_Start(&htim1,TIM_CHANNEL_4);    // 启动 PWMB2
    HAL_TIM_PWM_Start(&htim3,TIM_CHANNEL_3);    // 启动 PWMC1
    HAL_TIM_PWM_Start(&htim3,TIM_CHANNEL_4);    // 启动 PWMC2
    HAL_TIM_PWM_Start(&htim4,TIM_CHANNEL_1);    // 启动 PWMD1
    HAL_TIM_PWM_Start(&htim4,TIM_CHANNEL_2);    // 启动 PWMD2
    switch(channel){
        case 1:    // 左前电机 MotorA
            if(speed < 0){
                speed *= -1;
                __HAL_TIM_SetCompare(&htim1,TIM_CHANNEL_1,speed);
                __HAL_TIM_SetCompare(&htim1,TIM_CHANNEL_2,0);

            }else{
                __HAL_TIM_SetCompare(&htim1,TIM_CHANNEL_1,0);
                __HAL_TIM_SetCompare(&htim1,TIM_CHANNEL_2,speed);
            }
        break;
        case 2:    // 左后电机 MotorB
            if(speed < 0){
                speed *= -1;
                __HAL_TIM_SetCompare(&htim1,TIM_CHANNEL_4,speed);
```

```
                __HAL_TIM_SetCompare(&htim1,TIM_CHANNEL_3,0);
            }else{
                __HAL_TIM_SetCompare(&htim1,TIM_CHANNEL_4,0);
                __HAL_TIM_SetCompare(&htim1,TIM_CHANNEL_3,speed);
            }
        break;
        case 3:     // 右前电机 MotorC
            if(speed < 0){
                speed *= -1;
                __HAL_TIM_SetCompare(&htim3,TIM_CHANNEL_4,speed);
                __HAL_TIM_SetCompare(&htim3,TIM_CHANNEL_3,0);

            }else{
                __HAL_TIM_SetCompare(&htim3,TIM_CHANNEL_4,0);
                __HAL_TIM_SetCompare(&htim3,TIM_CHANNEL_3,speed);
            }
        break;
        case 4:     // 右后电机 MotorD
            if(speed < 0){
                speed *= -1;
                __HAL_TIM_SetCompare(&htim4,TIM_CHANNEL_1,speed);
                __HAL_TIM_SetCompare(&htim4,TIM_CHANNEL_2,0);

            }else{
                __HAL_TIM_SetCompare(&htim4,TIM_CHANNEL_1,0);
                __HAL_TIM_SetCompare(&htim4,TIM_CHANNEL_2,speed);
            }
        break;
    }
}
```

➢ main.c 编写

在 main.c 中完善代码：

```
/* Includes ------------------------------------------------------------------*/
#include "main.h"
#include "tim.h"
#include "gpio.h"


/* Private includes ----------------------------------------------------------*/
/* USER CODE BEGIN Includes */
#include "stm32f4xx_hal.h"
#include "motor.h"
/* USER CODE END Includes */


/* Private function prototypes -----------------------------------------------*/
void SystemClock_Config(void);
```

```c
/* Private user code ---------------------------------------------------------*/
/* USER CODE BEGIN 0 */
int    Speed = 0;                      // 初始速度为 0
unsigned int Setting_Flag = 1;         // 速度更新标志位
/* USER CODE END 0 */

int main(void)
{
  /* Reset of all peripherals, Initializes the Flash interface and the Systick. */
  HAL_Init();

  /* Configure the system clock */
  SystemClock_Config();

  /* Initialize all configured peripherals */
  MX_GPIO_Init();
  MX_TIM1_Init();
  MX_TIM3_Init();
  MX_TIM4_Init();

  /* USER CODE BEGIN WHILE */
Motor_SPEED(1,Speed);        // 初始化左前电机转速
Motor_SPEED(2,Speed);        // 初始化左后电机转速
Motor_SPEED(3,Speed);        // 初始化右前电机转速
Motor_SPEED(4,Speed);        // 初始化右后电机转速
  while (1)
  {
    /* USER CODE END WHILE */
    /* USER CODE BEGIN 3 */
    if(Setting_Flag == 1){
        Setting_Flag = 0;
        Motor_SPEED(1,Speed);
        Motor_SPEED(2,Speed);
        Motor_SPEED(3,Speed);
        Motor_SPEED(4,Speed);
    }
  }
  /* USER CODE END 3 */
}

/* USER CODE BEGIN 4 */
void HAL_GPIO_EXTI_Callback(uint16_t GPIO_Pin)
{
    if(GPIO_Pin==S3_Pin)        //S3 按键触发中断
    {
        Speed += 100;           // 速度以 100 增速
        Setting_Flag = 1;
    }
    if(GPIO_Pin==S2_Pin)
```

```
            {
                Speed -= 100;              // 速度以100减速
                Setting_Flag = 1;
            }
            if(GPIO_Pin==S1_Pin)
            {
                Speed = 0;                 // 停止
                Setting_Flag = 1;
            }
    }
    /* USER CODE END 4 */
```

3. 软硬件联调

程序设计好后,编译并生成目标代码,下载到核心控制模块中,实现任务功能。本任务的运行效果如图6-1-19所示。

图6-1-19 本任务的运行效果

软硬件联调

学后思

请大家根据问题完成复盘。

任务复盘表

回顾目标	评价结果	分析原因	总结经验
是否完成了任务? 和你做的计划一致吗?	完成任务的过程中你做得好的地方有哪些?存在哪些问题?	完成任务的关键因素有哪些? 出现问题的原因是什么?	如果让你再做一遍,你会如何改进? 写下你的创意想法。

任务拓展

利用 PWM 脉宽调制信号这一特性控制 LED 产生不同亮度,从而实现呼吸灯的效果。PWM 信号中高电平占多一点(也就是占空比大一点),亮度就亮一点;占空比小一点,亮度就没有那么亮。前提是 PWM 频率要大于人眼识别频率,否则会出现闪烁现象。

拓中思

你能根据 PWM 原理完成智能车变速行驶的程序设计吗？如果道路行驶过程中有障碍物，你有什么好的方法能提前减速？试着写出自己的思路。

_____

_____

任务 2　智能车超速告警

任务导引

在道路行驶过程中，不同的路段有不同的速度限制，而驾驶人可以通过汽车仪表盘查看目前车速，以设法将车速控制在限制范围内。汽车导航还有超速警示，能够提醒驾驶人谨慎开车。

在本任务中，智能车利用霍尔编码器测速。霍尔编码器能够将旋转位移转换成一串数字脉冲信号或数据进行编制，STM32F407 通过外部中断处理记录编码数，根据每圈的编码数计算智能车转速，并将速度显示在串口显示屏上。当超过速度阈值时，蜂鸣器告警，同时显示屏出现 Warning 警示。

知识准备

学前思

在了解了任务需求后，请你认真思考并写出完成以上任务时可能会存在的问题。

_____

_____

下面带着问题一起来进行知识探索。

1. 编码器简介

（1）什么是编码器

编码器是一种用于运动控制的传感器。它利用光电转换或磁电转换的原理检测物体的机械位置及其变化，并将此信息转换为电信号后输出，传递给各种运动控制装置。将角位移转换成电信号的编码器被称为"码盘"，将直线位移转换成电信号的编码器被称为"码尺"。

编码器被广泛应用于需要精准确定位置及速度的场合，如机床、机器人、电机反馈系统以及测量与控制设备等。编码器有以下 3 种常见的应用场景。

1）角度测量场景。

汽车驾驶模拟器选用光电编码器作为方向盘旋转角度的测量传感器；重力测量仪采用光电编码器将转轴与重力测量仪中的补偿旋钮轴相连；摆锤冲击实验机利用编码器计算冲击时的摆角变化。

2）长度测量场景。

计米器利用滚轮周长来测量物体的长度；拉线位移传感器利用收卷轮周长计量物体长度；联轴直测方法是将测量器与动力装置的主轴联轴，通过输出脉冲数计量物体长度。

3）速度测量场景。

通过连接编码器与仪表，测量生产线的线速度；利用编码器测量电机、转轴等的转速。

（2）编码器的分类

按检测工作原理分类，编码器可分为光电编码器、磁电编码器、电感式编码器和电容式编码器。接下来对常用的两类编码器（光电编码器和磁电编码器）进行介绍。

光电编码器是一种集光、机、电为一体的数字检测装置，它通过光电转换将传输至轴上的机械位移量、几何位移量转换成脉冲或数字量输出。

磁电编码器（又称霍尔编码器）采用磁阻或者霍尔元件对磁性材料的角度或者位移值进行测量。与光电检测相比，磁电检测具有抗震动、抗污染等优点。

光电编码器直流电机和霍尔编码器直流电机如图 6-2-1 所示。

a）光电编码器直流电机　　b）霍尔编码器直流电机

图 6-2-1　光电编码器直流电机和霍尔编码器直流电机

（3）AB 相霍尔编码器直流减速电机

本任务用到的是 AB 相霍尔编码器直流减速电机。霍尔编码器是一种通过磁电转换将输出轴上的机械几何位移量转换成脉冲或数字量的传感器，由霍尔码盘（磁环）和霍尔元件组成。霍尔码盘是一定直径的圆板，其上等分地布置了不同的磁极。霍尔码盘与电动机同轴，电动机旋转时霍尔元件检测输出若干脉冲信号，一个码盘上每转的脉冲数称为编码器的"分辨率"。本任务使用的霍尔编码器的分辨率为 50。为进一步判断转向，一般输出两组存在一定相位差的方波信号。

如图 6-2-2 所示，直流电机共有 6 个管角，其中 2 个管脚对应着编码器可输出的 A、B 两相脉冲，A 路和 B 路相位差为 90 度的脉冲，可以反馈电机的运行状态。如图 6-2-3 所示，B 相在前为正转，A 相在前为反转，也可以只用一路脉冲单纯测速。另外 4 个管脚分别是：电源 VCC、接地 GND、电机驱动信号 M+ 和电机驱动信号 M-。

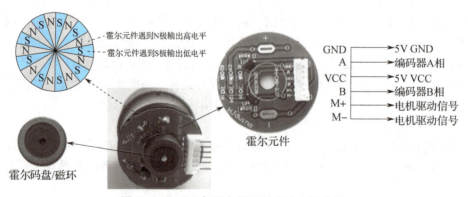

图 6-2-2　AB 相霍尔编码器直流电机分解

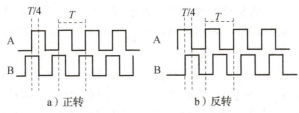

图 6-2-3 AB 相脉冲与电机转向的关系

> **一查到底**
>
> 智能车采用霍尔编码器直流减速电机，前文主要介绍了霍尔编码器原理。请你查一查光电编码器的原理，并简述区别。
> _____
> _____

2. 直流电机测速方法

（1）编码器输出脉冲捕获方法

在数据处理前，应先对编码器的输出脉冲进行计数。实际应用中，有以下 4 种常用的捕获编码器输出脉冲的方法。

方法①：使用定时器的捕获功能，记录 A 和 B 两路脉冲中任意一路的上升沿或下降沿数量。由于只记录一路脉冲的信息，故该方法的缺点是无法判断电机的旋转方向。

方法②：使用定时器同时捕获两路脉冲的上升沿或下降沿数量，并判断 A 和 B 两路脉冲之间的时延，进而达到判断电机旋转方向的目的。

方法③：将编码器的输出脉冲与 MCU 的外部中断线相连，配置好外部中断线的触发方式（上升沿或下降沿）后，即可对脉冲进行计数。该方法的缺点也是无法判断电机的旋转方向。

方法④：使用定时器的编码器接口功能，同时捕获两路脉冲的上升沿或下降沿数量，并利用 MCU 硬件自带的功能判断电机的旋转方向。

> **小试牛刀**
>
> 结合捕获编码器输出脉冲的 4 种计数方法，推导本任务中采用的是哪种方法？并给出理由。
> _____
> _____

（2）电机速度换算方法

完成了编码器输出脉冲的捕获之后，应采用相应的换算方法将其计数值转换成电机的角速度或者线速度。在工业控制系统中，用于测量直流电机转速的最典型的方法有测频率法（M 法）、测周期法（T 法）以及上述两者结合而得的 M/T 测速法。

M 法可测得单位时间内的脉冲数并将其换算成信号频率。此法在测量过程中，如果测量的起始位置选择不当，会形成 1 个脉冲的误差。速度较低时，单位时间内的脉冲数变少，误差所占比例会变大，所以 M 法适用于高速测量。若要降低测量的速度下限，可以增加编码器线数或延长测量的单位时间，以使一次采集的脉冲数尽可能多。

T 法可测得两个脉冲之间的时间并换算成信号周期。此法在测量过程中，如果测量的起始位置选择不当，会形成 1 个基准时钟的误差。速度较高时，测得的周期较小，误差所占的比例较大，所以 T 法适用于低速测量。若要提高速度测量的上限，可以减少编码器的脉冲数或使用更精确的计时单位，以使一次测量的时间值尽可能大。

M 法与 T 法各具优劣。考虑到编码器线数不能无限增加、测量时间也无法太长（须考虑实时计时单位也不能无限小），单凭 M 法或 T 法无法实现全速度范围内的准确测量。由此产生了 M 法与 T 法结合的 M/T 测速法：低速时测周期、高速时测频率。各研究机构还根据不同的应用场合对 M/T 测速法进行优化，形成了不同形式的 M/T 测速法。

本任务中采用 M 法进行测速，利用定时器定时一段时间，测定该统计时间段内的脉冲数。

RPS（Rounds Per Second）是单位时间内的转速。

$$RPS = \frac{统计时间内脉冲数}{霍尔编码器分辨率 \times 统计时间 \times 直流减速电机减速比} \quad （6-2-1）$$

其中，霍尔编码器分辨率为 50，统计时间为 0.1s；直流减速电机减速比是指减速器输出轴与电机输出轴的转速之比，本任务采用电机减速比为 11，即外面电机的连杆转一圈等于里面减速器转十一圈。

$$RPS = \frac{统计时间内脉冲数}{50 \times 0.1 \times 11} \quad （6-2-2）$$

3. 淘晶驰串口显示屏简介

（1）硬件介绍

淘晶驰串口显示屏是工业级的液晶显示屏，可以根据专业显示设备的技术要求进行设计和生产，可以应用到各种智能家电、商业设备、医疗美容、工业设备等需要触摸显示屏的地方。如图 6-2-4 所示为 2.4 英寸电容可触摸串口显示屏，型号为 TJC3224T124_011R，相关参数见表 6-2-1。

串口屏上位机下载安装

 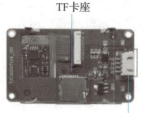

图 6-2-4　淘晶驰串口显示屏实物

表 6-2-1　TJC3224T124_011R 参数

名称	参数	名称	参数
系列 & 尺寸	T1& 2.4 英寸	型号	TJC3224T124_011R
比例	4：3	触摸类型	电阻式
分辨率	320×240	有效尺寸	48.96（L）×36.72（W）
工作电压	4.5~6.0V	工作电流	90mA
flash 容量	4MB	主控频率	64MHz

如何将 PC 端界面信息下载到串口显示屏呢？最好搭配淘晶驰公司研发的 USB to TTL 串口调试模块，如图 6-2-5 所示，USB to TTL 串口调试模块与串口显示屏通过 4P 线连接，USB to TTL 串口调试模块再通过 USB 数据线与 PC 端连接，搭配该公司研发的界面开发软件，即可将 PC 端界面信息下载到串口显示屏中。

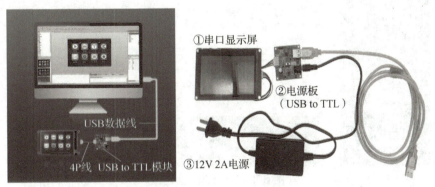

图 6-2-5　将 PC 端界面信息下载到串口显示屏示意图

图 6-2-6 为 USB to TTL 串口调试模块，使用 SILABS 公司的 CP2102 芯片，配 4PIN 2.54mm 线，可以直接连接 HMI 串口显示屏，配 USB 线，可直接连接 PC。USB 线上的 5V 电源，可以直接给串口显示屏供电。小于 4.3 英寸的显示屏才可以直接使用 USB 供电，大于等于 4.3 英寸的建议接上外置电源，否则 PC 的 USB 供电能力不足会导致屏幕工作异常。USB 电源和外置电源可以同时接入，两路电源都使用二极管（SS34）做隔离，不会相互倒灌电流。使用时应把 RXD 与目标板 TX 相接，TXD 与目标板 RX 相接，GND 接 GND。

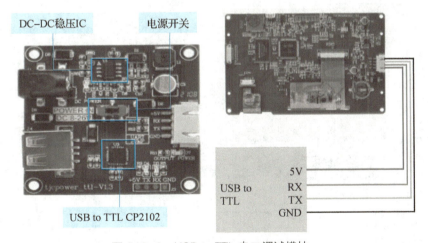

图 6-2-6　USB to TTL 串口调试模块

（2）界面开发软件介绍

如图 6-2-7~图 6-2-10 所示，可在淘晶驰官网下载、安装并了解界面开发软件 USART HMI。HMI 是 Human Machine Interface（人机接口）的缩写，又称人机界面。USART HMI 即串口人机接口，其将底层功能封装在 HMI 设备中，通过串口与 MCU 进行通信交互，MCU 只需通过串口与 HMI 设备发送/接收指令，HMI 设备即可作出响应。

图 6-2-7 淘晶驰官网

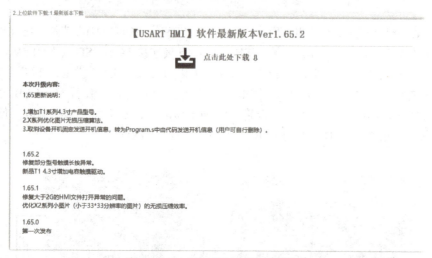

图 6-2-8 USART HMI 下载界面

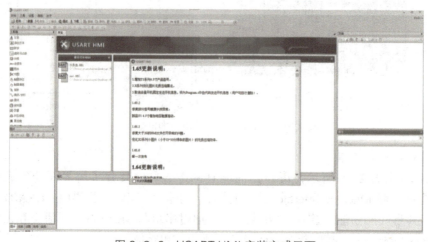

图 6-2-9 USART HMI 安装完成界面

项目 6　智能车电机控制系统的设计与实现

图 6-2-10　USART HMI 常用功能教程界面

小试牛刀　请同学们参照图 6-2-8 和图 6-2-9 下载并安装 USART HMI，，并在该软件的常用功能教程（见图 6-2-10）中自学字库、图片控件和指针控件，并记录问题。这是非常全面的自学教程，期待你的成果。

_____

_____

4. 串口通信应用

本任务需要将 STM32 计算得到的转速利用串口通信传输到淘晶驰串口显示屏上，并在 STM32F407 中控制串口显示屏的指针控件，这些指令用串口通信传输到串口显示屏中，串口显示屏在 CP2102 的控制下达到转速以仪表盘的形式展示。因此，需要用到项目 5 任务 1 中 USART 的相关内容。

温故知新　找到项目 5 中 USART 的相关内容，并写出使用 USART 需要注意哪些方面的设置。

_____

_____

任务实施

1. 硬件组装

（1）板间连接

➢ 板间端口连接

在本项目任务 1 的基础上，智能车核心控制模块上的 STM32F407 控制器进一步通过扩展板

硬件组装

251

连接显示屏，用来实时显示转速，板间连接示意图如图 6-2-11 所示。结合图 6-1-8 和图 6-1-11 可知，STM32F407 的 PI5 获取左前电机霍尔编码器的脉冲，PI6 获取右前电机霍尔编码器的脉冲。

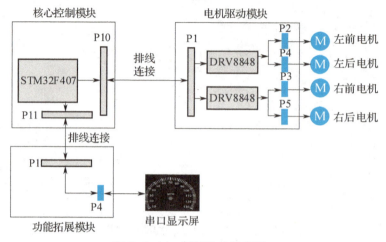

图 6-2-11　板间连接示意图

> USART 通道对接

在本书配套电子资源中的"实验箱配套原理图"文件夹中，打开"智能车核心控制模块.pdf"和"功能拓展模块.pdf"，智能车核心控制模块 P11 排线口中的 9（TXD）、10（RXD）引脚是 STM32F407 预留的控制串口通信的接口，对应到 STM32F407 的 PD8 和 PD9 引脚。结合表 5-1-3 可知，串口显示屏串口通信选用的是 USART3。智能车核心控制模块、功能拓展模块及串口显示屏的接口如图 6-2-12 所示。

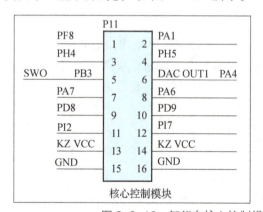
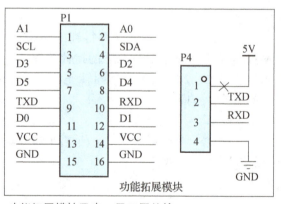

图 6-2-12　智能车核心控制模块、功能拓展模块及串口显示屏的接口

（2）电路连线

在表 6-1-5 和表 6-1-6 的基础上，本任务只测量左前电机转速，因此将左前霍尔编码器直流减速电机、DRV8848 电机驱动芯片和 STM32F407 系列微控制器相连。

结合本项目任务 1，本任务智能车超速告警硬件连接线见表 6-2-2。

表 6-2-2　智能车超速告警硬件连接线

接口名称		STM32F407 引脚	DRV8848 引脚	功能说明
PWM 信号输出控制（TIM1）	CH1	PE9	AIN1	PWM 控制 MotorA 转速
	CH2	PE11	AIN2	

（续）

接口名称	STM32F407 引脚	DRV8848 引脚	功能说明
DRV8848（U1）唤醒	PB11	nSLEEP	唤醒 MotorA 驱动
编码器接口	PI5		MotorA 编码器 A 相
串口显示屏（USART3）	PD8		连接串口显示屏 TXD 引脚
	PD9		连接串口显示屏 RXD 引脚
S1 按键	PE2		电机停止按键
S2 按键	PE3		电机制动按键
S3 按键	PE4		电机加速按键

2. 软件编程

（1）串口显示屏界面设计

➢ 页面创建

打开 USART HMI，新建工程，选择对应的串口显示屏型号，在 Program.s 文件中配置好参数，如图 6-2-13 所示。在工程中添加"图片"控件，并在"页面"设置中加载仪表盘图片，"图片"控件的属性如图 6-2-14 所示。

串口屏界面设计

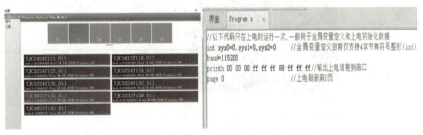

图 6-2-13　串口显示屏页面创建

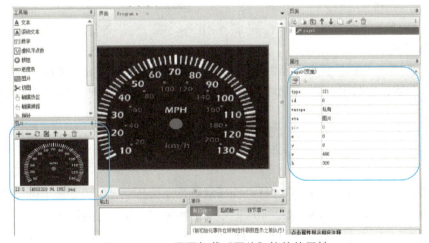

图 6-2-14　页面加载"图片"控件的属性

➢ 字库创建

要在串口显示屏上显示超速警示"warning!"，必须先制作字库，依次单击【工具】→【字库制作】，首先根据需要设置字高、编码（与工程编码保持一致）、字体、范围和字库名称，然后单击【生成字库】，最后保存并加载使用。完成后，单击字库页面查看字库是否加载成功，如图 6-2-15 和图 6-2-16 所示。

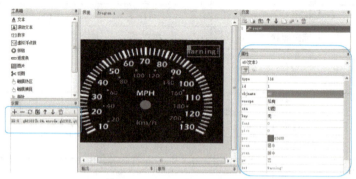

图 6-2-15　字库制作　　　　　　　图 6-2-16　"字库"属性设置

> 指针创建

在"页面"中加载"指针"控件，"指针"属性设置如图 6-2-17 所示。

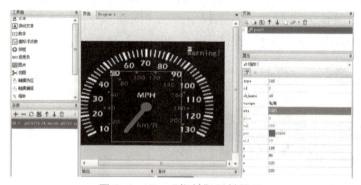

图 6-2-17　"指针"属性设置

STM32CubeMX 配置

完善 MDK 代码

（2）配置 STM32CubeMX

在本项目任务 1 的基础上继续完成本任务，需要完成其余 3 项 STM32CubeMX 配置：

1）EXTI 配置：利用捕获编码器输出脉冲的方法③，PI5 外部中断 EXTI5 计数。

2）TIM 配置：先利用 M 法，统计 TIM3 定时 0.1s 内编码器脉冲数，再依据式（6-2-2）计算速度。

3）USART 配置：利用串口通信 STM32 将控制串口显示屏指针控件的代码传输至串口显示屏，串口显示屏实现仪表盘显示转速的效果。

> 基础配置

本任务需要在本项目任务 1 中 STM32CubeMX 配置和已有代码的基础上进一步完善其余配置和代码，因此在 C 盘下的"STM32F407"文件夹中建立"TASK6-2"文件夹，并复制本项目任务 1 的所有文件，如图 6-2-18 所示。打开"TEST.ioc"，继续完善 STM32CubeMX 的其他配置。

> GPIO_EXTI 配置

如图 6-2-19 所示，分别搜索 PI5、PI6 引脚。首先单击引脚，选择 GPIO_EXTIx，将对应引脚设置为外部中断线输入端 GPIO_EXTIx。在配置按键的参数时需要注意的是，【GPIO mode】

表示需要配置的边沿触发，可选择上升沿、下降沿或双边沿触发。这里根据具体情况进行选择，配置 PI5、PI6 都为上升沿触发（External Interrupt Mode with Rising edge detection）。【GPIO Pull-up/Pull-down】表示需要上拉电阻、下拉电阻或者不需要上下拉电阻，这里选择下拉电阻。最后一个选项【User Label】表示用户标签，分别标注 LEFT、RIGHT。

图 6-2-18　TASK6-2 完全复制 TASK6-1 的工程文件

图 6-2-19　GPIO_EXTI 配置

> ➢ NVIC 配置

配置好外部中断的触发方式后，还需要配置 NVIC（嵌套矢量中断控制器），因为最终芯片上的所有中断都是归 NVIC 进行调配。如图 6-2-20 所示，在软件界面左侧的【System Core】找到【NVIC】这个选项，不要直接从刚刚设置 GPIO 那里设置，因为那里 NVIC 设置不全面。选定【NVIC】后可以看到【Priority Group】，这是设置优先级分组。在这里，首先选择优先级分组第 2 组，抢占优先级和响应优先级各 2 位，然后分别设置 EXTI line[9:5] interrupts 的抢占优先级（Preemption Priority）、响应优先级（SubPriority）为 0，最后中断使能（Enable）即可。

> ➢ 定时器 TIM3 配置

如图 6-2-21 所示，配置定时器 TIM3 时钟源（Clock Source）为内部时钟（Internal Clock）。【Counter Settings】一栏中，【Prescaler】表示分频值，设置为 84-1。因为 TIM3 挂在外设总线 APB1 上，定时器工作频率 =84MHz/（83+1）=1MHz。

【Counter Mode】表示计数模式，设置为向上计数。【Counter Period】表示重装载值设置为 1000-1，可计算 PWM 频率 =1MHz/1000=1kHz。

【auto-reload preload】需要设置为 Enable，表示使能重装载模式，每次计数到最大值都将重新计数。

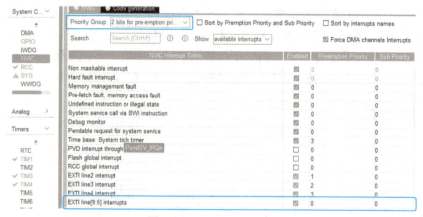

图 6-2-20　NVIC 配置

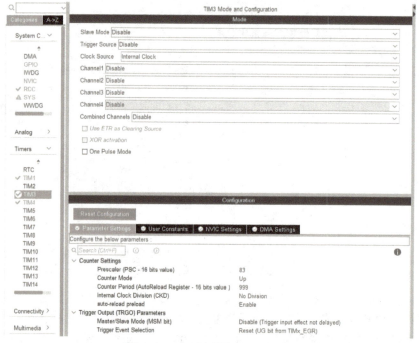

图 6-2-21　定时器 TIM3 配置

> ➤ 在 NVIC 中配置 TIM3

如图 6-2-22 所示，在【System Core】的【NVIC】中分别设置 TIM3global interrupt 的抢占优先级（Preemption Priority）以及响应优先级（SubPriority）为 0、1，最后中断使能（Enable）即可。

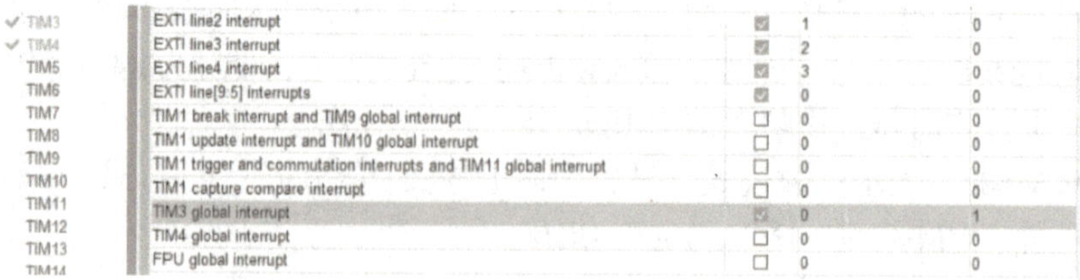

图 6-2-22　在 NVIC 中配置 TIM3

➢ USART 配置

首先，在【Pinout & Configuration】标签页的【Connectivity】下选择【USART3】，然后在右侧的【Mode】中选择【Asynchronous】，如图 6-2-23 所示。在软件界面的【Configuration】区域中右击【Parameter Settings】，完成 USART3 的初始化参数设置，设置串口的波特率、数据位数、奇偶校验、停止位等。请在图 6-2-23 中补充所指选项的功能。

图 6-2-23 USART3 配置

如图 6-2-24 所示，在【System Core】的【NVIC】中分别设置 USART3 的抢占优先级（Preemption Priority）以及响应优先级（SubPriority）为 0、0，最后中断使能（Enable）即可。

图 6-2-24 NVIC 配置 USART3

➢ GPIO_Output 配置

将 PH7 配置为 GPIO_Output 模式，并为引脚起别名为 BEEP，用于超速告警，输出电平为低电平（low），GPIO 模式为推挽输出，使用 No Pull-up and No Pull-down，输出速度为中速。

完成以上所有配置后，单击软件右上角的"GENERATE CODE"生成代码。由于在本项目任务 1 基础上增加了上述 STM32CubeMX 配置，因此本任务的代码是在本项目任务 1 的代码上更新，如图 6-2-25 所示。

图 6-2-25 在本项目任务 1 的 MDK 上覆盖

通过前面的配置，生成初始化代码，如图 6-2-26 所示。在本项目任务 1 自动生成的 main.c、gpio.c、tim.c、stm32f4xx_it.c、stm32f4xx_hal_msp.c 文件的基础上，生成 usart.c，其中 gpio.c、tim.c、 usart.c、stm32f4xx_hal_msp.c 已经满足了定时器及 GPIO 的配置需求，它们的代码无须改动，但需要知道自动生成的 GPIO、定时器、串行口的宏定义，以备后面代码调用。

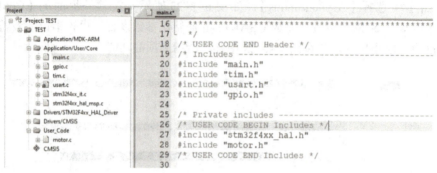

图 6-2-26 生成初始化代码

如图 6-2-27 所示，main.h 中宏定义了按键 S1、S2、S3、DRV8848 的唤醒、左前电机编码器的 GPIO。tim.c 和 usart.c 中宏定义了定时器和串行口的句柄结构体。

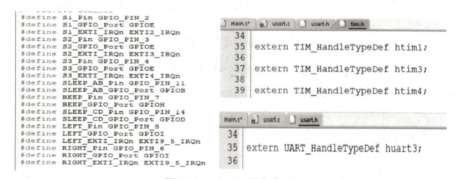

图 6-2-27 工程宏定义

（3）代码流程

在 STM32CubeMX 生成代码的基础上，整体代码流程如图 6-2-28 所示。

（4）MDK 代码编写

在本任务中，用户需要调用 HAL 库函数 HAL_UART_Transmit_IT（UART HandleTypeDef *huart,uint8 t*pData,uint16 tSize），见表 6-2-3。

表 6-2-3 中断方式下发送数据函数

函数名称	HAL StatusTypeDef HAL_UART_Transmit_IT （UART HandleTypeDef*huart,uint8 t*pData,uint16 tSize）
函数功能	在中断方式下发送指定个数的数据
入口参数	*huart：指向 UART HandleTypeDef 结构体的指针，结构体中包含 UART 相关参数 *pData：指向发送缓冲区的指针 Size：要发送数据的个数
返回值	HAL 状态：HAL_OK 表示成功；HAL_ERROR 表示失败
其他说明	该函数由 STM32CubeMX 自动生成，位于文件 stm32f4xx_hal_dac.c 中

➢ usartlcd.c 编写

在工程"TEST"下"Add Group"，命名为"User_Code"，新建串口显示屏初始化代码

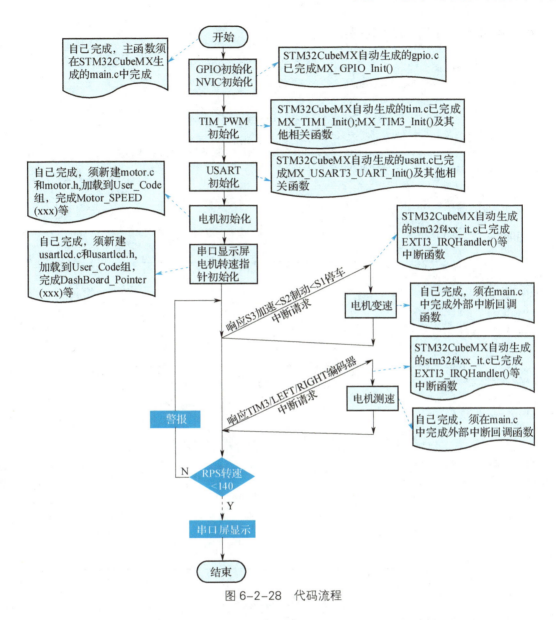

图 6-2-28 代码流程

"usartlcd.c"和串口显示屏头文件"usartlcd.h"，将它们加入"User_Code"组，并配置头文件包含路径。

在"usartlcd.h"中输入以下代码：

```
#ifndef __USARTLCD_H
#define __USARTLCD_H
#include "main.h"
#include "usart.h"
#include "string.h"
#include "stdio.h"
#include "stm32f4xx_hal.h"
extern unsigned char TxBuff[50];
void DashBoard_Pointer(unsigned int num);     // 仪表盘指针转向函数
#endif
```

在"usartlcd.c"中输入以下代码:

```c
#include "usartlcd.h"
void DashBoard_Pointer(unsigned int num)
{
    sprintf((char *)TxBuff,"z0.val=%d\xff\xff\xff",num);
    //要发送的指令或数据保存到 TxBuff
    HAL_UART_Transmit_IT(&huart3,TxBuff,strlen((char *)TxBuff));
    //使用 UART 将 TxBuff 发送到串口显示屏
}
```

➢ main.c 编写

在 main.c 中完善代码:

```c
/* Includes ------------------------------------------------------------------*/
#include "main.h"
#include "tim.h"
#include "usart.h"
#include "gpio.h"

/* Private includes ----------------------------------------------------------*/
/* USER CODE BEGIN Includes */
#include "string.h"
#include "stdio.h"
#include "stm32f4xx_hal.h"
#include "motor.h"
#include "usartlcd.h"
/* USER CODE END Includes */

/* Private function prototypes -----------------------------------------------*/
void SystemClock_Config(void);

/* Private user code ---------------------------------------------------------*/
/* USER CODE BEGIN 0 */
int Speed= 0;                       //初始速度为 0
unsigned int Setting_Flag= 1;       //速度更新标志位
unsigned int RPM[10];               //RPM 数组(Revolutions Per Minute,每分钟旋转次数)
unsigned int TIME_MS = 0;           //毫秒累计次数
unsigned char TxBuff[50];           //发送缓冲数组
unsigned char TxBuff_t0[50];        //发送到仪表盘文本框的数组
int needle = 0;                     //转速
int Beep_Flag = 0;                  //蜂鸣器告警标志位
int Warning_Flag = 0;               //速度告警标志位
int w_flag = 0;                     //文本框 "Warnning!" 告警标志位
/* USER CODE END 0 */

int main(void)
{
  /* Reset of all peripherals, Initializes the Flash interface and the Systick. */
  HAL_Init();
```

```c
    /* Configure the system clock */
    SystemClock_Config();

    /* Initialize all configured peripherals */
    MX_GPIO_Init();
    MX_TIM1_Init();
    MX_TIM3_Init();
    MX_TIM4_Init();
    MX_USART3_UART_Init();
/* USER CODE BEGIN 2 */
    HAL_TIM_Base_Start_IT(&htim3);           // 打开定时器3
/* USER CODE END 2 */

/* USER CODE BEGIN WHILE */
    sprintf((char *)TxBuff_t0,"t0.txt=\"     \"\xff\xff\xff");
                                             // 发送空文本保存至TxBuff_t0
    HAL_UART_Transmit_IT(&huart3,TxBuff_t0,strlen((char *)TxBuff_t0));
    // 将TxBuff_t0串行发送至串口屏文本框t0处
    DashBoard_Pointer(310);       // 指针初始位置310
    Motor_SPEED(1,Speed);         // 初始化左前电机转速
    Motor_SPEED(2,Speed);
    Motor_SPEED(3,Speed);
    Motor_SPEED(4,Speed);
    while(1)
    {
    /* USER CODE END WHILE */
    /* USER CODE BEGIN 3 */
        needle = RPM[2];                     // 获取转速
        if(needle < 60){
            DashBoard_Pointer((int)(1.2*needle+310));
            // 通过转速计算指针位置
        }else{
            DashBoard_Pointer((int)(1.32*needle-56.91));   // 通过转速计算指针位置
        }
        HAL_Delay(50);
        if(needle < 120){            // 转速大于120进入报警模式
            Beep_Flag    = 0;        // 关闭蜂鸣器
            Warning_Flag = 0;        // 关闭告警
        }else{
            Beep_Flag    = 1;        // 打开蜂鸣器
            Warning_Flag = 1;        // 打开告警
        }
        if(Setting_Flag == 1){
            Setting_Flag = 0;
            Motor_SPEED(1,Speed);
            Motor_SPEED(2,Speed);
```

```c
                Motor_SPEED(3,Speed);
                Motor_SPEED(4,Speed);
                sprintf((char *)TxBuff_t0,"t0.txt=\"        \"\xff\xff\xff");
                HAL_UART_Transmit_IT(&huart3,TxBuff_t0,strlen((char *)TxBuff_t0));
        }
    }
    /* USER CODE END 3 */
}

/* USER CODE BEGIN 4 */
void HAL_GPIO_EXTI_Callback(uint16_t GPIO_Pin)
{
    if(GPIO_Pin==S3_Pin)
    {
        Speed += 100;
        Setting_Flag = 1;
    }
    if(GPIO_Pin==S2_Pin)
    {
        Speed -= 100;
        Setting_Flag = 1;
    }
    if(GPIO_Pin==S1_Pin)
    {
        Speed = 0;
        Setting_Flag = 1;
    }
    if(GPIO_Pin==LEFT_Pin)    //左前电机霍尔编码器每次脉冲触发中断
    {
        RPM[1] += 1;              //RPM[1]存放霍尔编码器脉冲数
    }
}

void HAL_TIM_PeriodElapsedCallback(TIM_HandleTypeDef *htim)
{
    if(htim->Instance == TIM3)
    {
        TIME_MS++;
        if((TIME_MS % 100) == 0)    //累计100个1ms,即0.1s
        {
        RPM[2] = (float)RPM[1] / (50 * 0.1*11) * 60.0;
        //结合式(6-2-2),/RPM =(统计时间内脉冲数/(50*0.1*11))*60
        RPM[1] = 0;
        }
        switch(Beep_Flag)
        {
            case 0:        //蜂鸣器不告警
            HAL_GPIO_WritePin(BEEP_GPIO_Port,BEEP_Pin,GPIO_PIN_RESET);
```

```
            break;
            case 1:     // 蜂鸣器告警
            if((TIME_MS % 100) == 0)
                HAL_GPIO_TogglePin(BEEP_GPIO_Port,BEEP_Pin);    // 反转蜂鸣器 IO
            break;
        }
        if(Warning_Flag)
        {
            if((TIME_MS % 200) == 0)
                w_flag = !w_flag;
            if(w_flag)
            {
                sprintf((char *)TxBuff_t0,"t0.txt=\"         \"\xff\xff\xff");
                HAL_UART_Transmit_IT(&huart3,TxBuff_t0,strlen((char *)TxBuff_t0));
            }else{
                sprintf((char *)TxBuff_t0,"t0.txt=\"Warning!\"\xff\xff\xff");
                // 将 "Warning!" 字符串保存在 TxBuff_t0 中
                HAL_UART_Transmit_IT(&huart3,TxBuff_t0,strlen((char *)TxBuff_t0));
                // 发送 TxBuff_t0 内容到串口显示屏 " 文本 " 控件 t0
            }
        }
    }
}
/* USER CODE END 4 */
```

3. 软硬件联调

程序设计好后，编译并生成目标代码，下载到核心控制模块中，实现任务功能。本任务运行效果见图 6-2-29。

软硬件联调

图 6-2-29　本任务运行效果

学后思

请大家根据问题完成复盘。

任务复盘表

回顾目标	评价结果	分析原因	总结经验
是否完成了任务？和你做的计划一致吗？	完成任务的过程中你做得好的地方有哪些？存在哪些问题？	完成任务的关键因素有哪些？出现问题的原因是什么？	如果让你再做一遍，你会如何改进？写下你的创意想法。

任务拓展

我们可以在汽车仪表盘上看到行驶里程，你可以实现在串口显示屏上实时显示里程值吗？

拓中思

你能根据霍尔编码器完成智能车测速吗？如果换成光电编码器，你觉得会有什么不同？试着写出自己的思路。

_____

_____

项目 7

智能车视觉传感系统的设计与实现

智能车视觉传感系统的设计与实现

无人驾驶的出现使得新能源汽车朝着更智能化的方向发展。在无人驾驶的情况下,汽车需要根据行驶路线、行驶情况进行自动调速。自动泊车是通过遍布车辆周围的传感器探测车辆周围环境信息及与障碍物的距离,并规划泊车路径,控制车辆的转向和加减速。

本项目将任务引入嵌入式技术应用技能大赛的实际竞赛场景中进行,任务沙盘场景如下图所示。沙盘内放置了赛道地图,布置了若干标志物,赛道宽度为30cm,循迹线宽度为3cm。没有沙盘设备的读者也可以在白纸上绘制黑色循迹线作为赛道使用。通过学习本项目,学生能够学会编写程序控制智能车完成沿着循迹线前进、后退、循迹、避障、测距等任务。

本项目要求同学们在熟练掌握电机、红外对管的基础上完成智能车的前进、后退、左转、右转和循迹,完成自动导航任务,并且掌握超声波测距和避障的任务,同时完成路径的自动规划和智能车的自动行驶,保障行驶安全。

素质目标:(1)培养学生根据已学知识解决复杂问题的能力。
(2)培养学生在掌握基本原理的基础上完成拓展任务的能力。

能力目标:(1)编程实现路径自动规划和智能车的自动行驶。
(2)编写实现超声波避障的程序。

知识目标:(1)掌握智能车循迹的程序原理。
(2)掌握智能车在比赛中实现直角转弯的程序。
(3)掌握智能车在比赛中完成自动行驶路线的程序设计。

建议学时:6学时

知识地图：

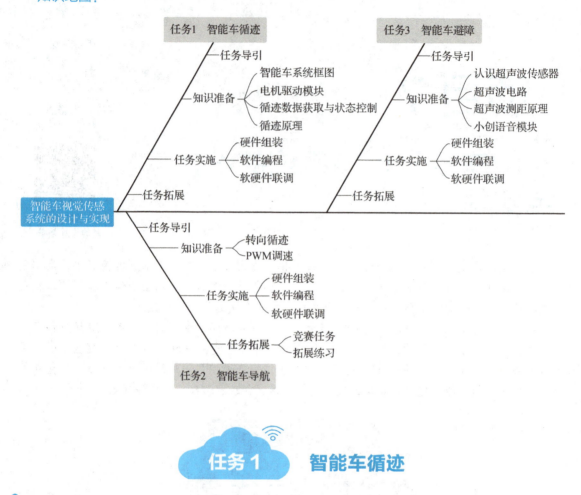

任务 1　智能车循迹

任务导引

自动化和信息化是当今世界的发展趋势，伴随着自动化和信息化技术的不断进步，机器人技术应运而生。各科研机构和学术单位陆续研发出各种类型的工业机器人，智能车作为工业机器人中一个重要研究方向，日益受到人们的关注。一般来说，智能车可以按照预先设定的轨迹自动完成循迹功能，在一些复杂恶劣以及人类无法正常工作的环境中，智能车可以进行探测任务。目前，智能车广泛应用于国防科技、工业生产、仓储、物流等相关领域，并且发挥了巨大的作用。

知识准备

学前思
在了解了任务需求后，请写出完成以上任务时会存在的问题。

_____

_____

下面带着问题一起来进行知识探索。

1. 智能车系统框图

智能车系统框图如图 7-1-1 所示。

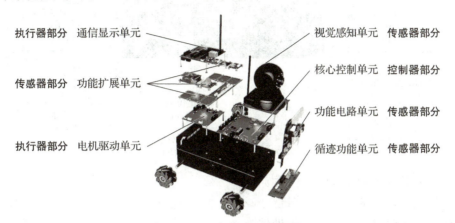

图 7-1-1　智能车系统框图

智能车可以分成 3 个部分——控制器部分、执行器部分、传感器部分。

1）控制器部分：通过接收传感器传递过来的信号，并根据提前写入的决策系统（软件程序），来决定智能车对外界信号的反应，将控制信号发给执行器部分。

2）执行器部分：驱动智能车做出各种行为，包括发出各种信号（点亮发光二极管、发出声音），并且可以根据控制器部分的信号调整自己的状态。对智能车来说，最基本的执行器就是车轮。

3）传感器部分：包括智能车用来读取各种外部信号的传感器，以及控制智能车行动的各种开关。本任务中用到的传感器有红外循迹传感器、超声波传感器。红外循迹传感器主要用于智能车的循迹、前进、后退、左转、右转，超声波传感器主要用于智能车的避障、测距功能。

2. 电机驱动模块

智能车需要用电机驱动车轮来进行行进。智能车上装有独立的电机驱动模块，配备有独立的微控制器和两组 DRV8848 电机驱动单元，用于驱动 4 组带测速码盘的直流电机。同时，还预留了蓝牙接口和电源管理模块接口，方便独立开发。智能车装有 12.6V 的锂电池，需要单独向电机驱动模块供电，才能有效地驱动电机运行。电机驱动模块相关内容已在本书项目 6 中进行了介绍。

> **温故知新**　控制智能车的车轮的速度，就是控制各自的 PWM 的高电平比例，就是占空比。思考如何测试智能车的速度。
> _____
> _____

3. 循迹数据获取与状态控制

循迹是指在黑色跑道上按照指定的路线行驶。智能车的循迹是依靠在智能车上安装的循迹板实现的。循迹板通过 8 组红外对管，使用处理器进行数据采集、处理、传输，其结构如图 7-1-2 所示。

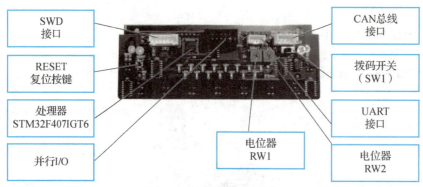

图 7-1-2 循迹板的结构

SWD 接口：用于处理器程序下载的接口。
RESET 按键：处理器硬件复位按键。
处理器：使用 STM32F407IGT6 型处理器。
并行 I/O：用于并行输出循迹数据。
CAN 总线接口：通过 CAN 总线传输循迹数据。
拨码开关：用于选择设置循迹板为前置循迹板或后置循迹板（F 为前置，B 为后置）。
UART 接口：处理器硬件串口（暂未使用）。
RW2 电位器：暂未使用。
RW1 电位器：调节红外发送管的发送功率。

4. 循迹原理

（1）红外对管

循迹的核心器件是安装在循迹板下方的红外对管。每组红外对管均由发射端和接收端组成。循迹板上方有 LED 与红外对管一一对应。本任务中智能车在实际循迹时用到靠近车身的 8 个 LED。

发射端的光照射到白色地面时，反射光较强，接收端会输出高电平，对应的 LED 点亮；发射端的光照射到黑色地面时，反射光较弱，接收端会输出低电平，对应的 LED 熄灭。如果中间的 LED 熄灭，说明智能车在黑线正上方，可以全速前进；否则，需要智能车调整车身，重新回到黑线正上方，从而实现循迹。

车身位置、LED 亮灭情况、循迹灯标志位 track_state 十六进制数值的部分对应关系如图 7-1-3 所示。

情况	第1组	第2组	第3组	第4组	第5组	第6组	第7组	第8组	track_state	车位置
1	1（亮）	1（亮）	1（亮）	0（灭）	0（灭）	1（亮）	1（亮）	1（亮）	E7	居中
	黑线外	黑线外	黑线外	黑线内	黑线内	黑线外	黑线外	黑线外		
2	1（亮）	0（灭）	0（灭）	1（亮）	1（亮）	1（亮）	1（亮）	1（亮）	9F	偏右
	黑线外	黑线内	黑线内	黑线外	黑线外	黑线外	黑线外	黑线外		
3	1（亮）	1（亮）	1（亮）	1（亮）	1（亮）	0（灭）	0（灭）	1（亮）	F9	偏左
	黑线外	黑线外	黑线外	黑线外	黑线外	黑线内	黑线内	黑线外		

图 7-1-3 循迹板的灯亮对应图

1）车身居中：智能车左、右轮速度一致，全速前进。
2）车身偏左：智能车左轮加速，右轮减速，调整车身向右偏转。
3）车身偏右：智能车右轮加速，左轮减速，调整车身向左偏转。

（2）循迹板电路

> 红外发射电路

红外发射电路（见图 7-1-4）是先由定时器电路产生方波信号，再由芯片将单路信号转换成 8 路独立的信号来驱动 8 个红外发射管的。

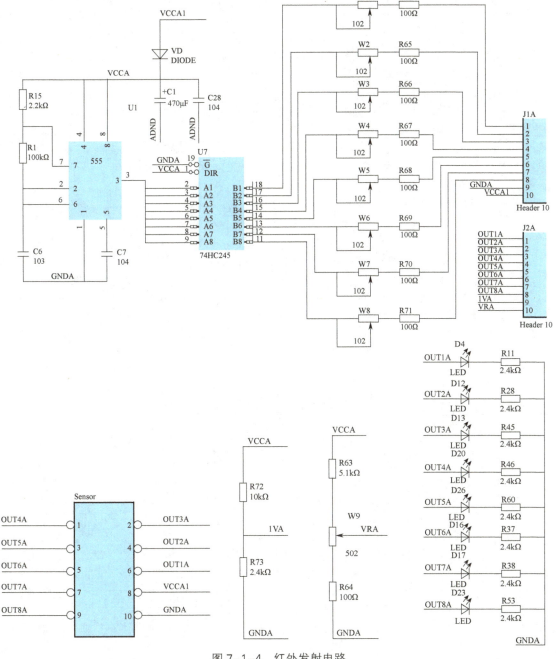

图 7-1-4 红外发射电路

➢ 红外接收电路

8个红外接收电路都是一样的,如图7-1-5所示。当红外接收器接收到信号后,先进行信号放大,再通过控制晶体管(增加驱动能力)与参考电压比较输出。

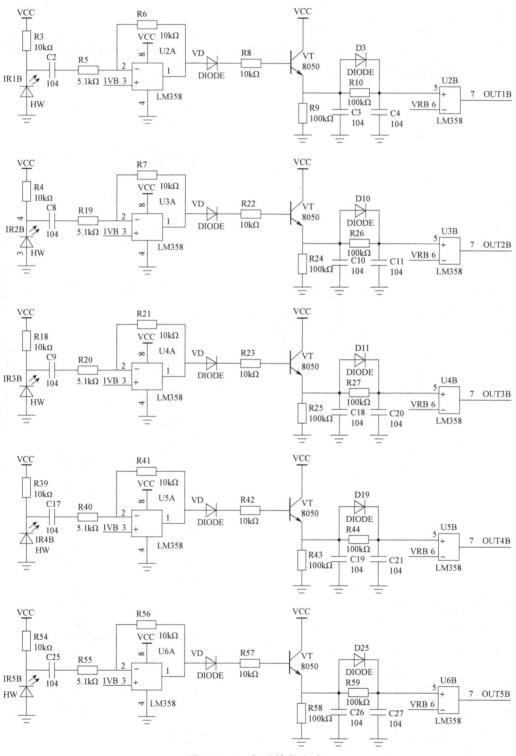

图 7-1-5 红外接收电路

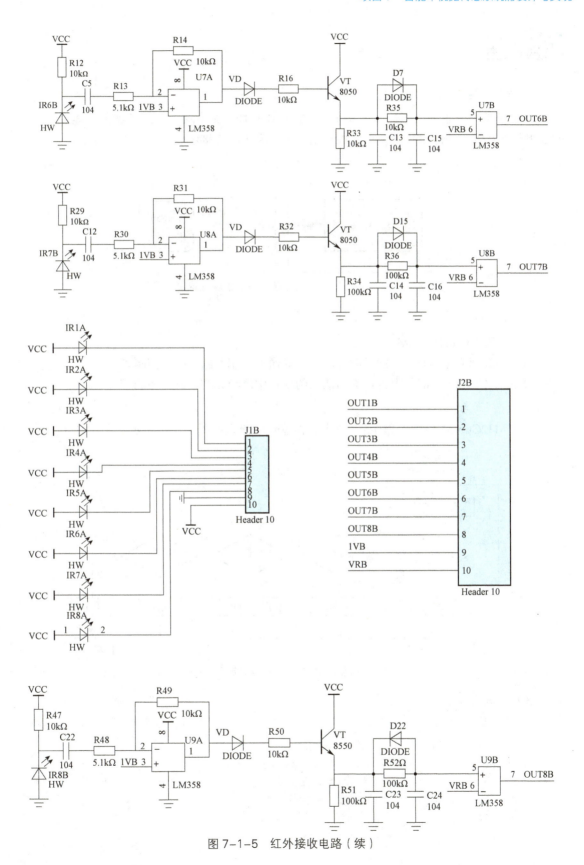

图 7-1-5 红外接收电路（续）

任务实施

1. 硬件组装

本任务涉及智能车核心控制模块上的 STM32F407IGT6 控制器,以及循迹功能单元所用到的 8 组红外对管。智能车核心控制模块和循迹功能模块的连接示意图如图 7-1-6 所示。

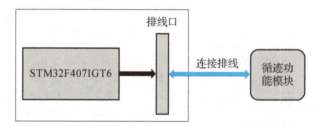

图 7-1-6 核心控制模块与循迹功能模块的连接示意图

2. 软件编程

(1)配置 STM32CubeMX

1)首先需要配置 TIM1,选择时钟源,选择通道,用两路 PWM 控制。

2)配置 GPIO,此部分内容在本书前面的项目中已经介绍,此处不再赘述。

(2)代码流程

在 STM32CubeMX 生成代码的基础上,循迹代码流程如图 7-1-7 所示。

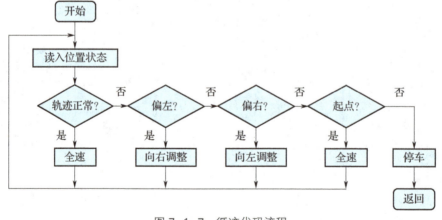

图 7-1-7 循迹代码流程

(3)代码编写

➤ 初始化

```
Delay_Init(168);              // 延时函数初始化
TimeSlicePolling_Init();      // 时间片轮询初始化
OLED_Init();                  //OLED 初始化
MOTOR_Init();                 // 电机初始化
Ultrasonic_Init();            // 超声波函数初始化
```

➤ KEY_Check( )编写

智能车有 4 个按键，该函数用来检测按键状态并设置按键标志。

```
void KEY_Check(void)
{
    if(S1 == 0) // 检测按键 S1 是否按下
    {
        HAL_Delay(10); // 延时 10ms
        if(S1 == 0) // 再次检测按键 S1 是否按下
        {
            HAL_GPIO_TogglePin(GPIOF,GPIO_PIN_9); // 切换 GPIOF 的 9 号引脚状态，用于 LED 闪烁
            while(!S1);    // 按键 S1 松开为真
            KEY_FLAG = 1; // 设置按键标志为 1，表示按下了 S1
        }
    }
    if(S2 == 0) // 检测按键 S2 是否按下
    {
        HAL_Delay(10); // 延时 10ms
        if(S2 == 0) // 再次检测按键 S2 是否按下
        {
            HAL_GPIO_TogglePin(GPIOF,GPIO_PIN_10); // 切换 GPIOF 的 10 号引脚状态，用于 LED 闪烁
            while(!S2); // 按键 S2 松开为真
            KEY_FLAG = 2; // 设置按键标志为 2，表示按下了 S2
        }
    }
    if(S3 == 0) // 检测按键 S3 是否按下
    {
        HAL_Delay(10); // 延时 10ms
        if(S3 == 0) // 再次检测按键 S3 是否按下
        {
            HAL_GPIO_TogglePin(GPIOH,GPIO_PIN_14); // 切换 GPIOH 的 14 号引脚状态，用于 LED 闪烁
            while(!S3); // 等待按键 S3 松开
            KEY_FLAG = 3; // 设置按键标志为 3，表示按下了 S3
        }
    }
    if(S4 == 1)         // 检测按键 S4 是否按下
    {
        HAL_Delay(10); // 延时 10ms
        if(S4 == 1) // 再次检测按键 S4 是否按下
        {
            HAL_GPIO_TogglePin(GPIOH,GPIO_PIN_15); // 切换 GPIOH 的 15 号引脚状态，用于 LED 闪烁
            while(!S4); // 等待按键 S4 松开
            KEY_FLAG = 4; // 设置按键标志为 4，表示按下了 S4
        }
```

```c
        }
    }
    switch(KEY_FLAG){                        // 按键处理
        case 1:        // 按键1，进行循迹，碰到黑线以后自动停止，等待下一次触发
            KEY_FLAG = 0;
            Car_Track(70);
```

> Car_Track() 函数

智能车循迹函数，可实现智能车沿着循迹线行进。

```c
void Car_Track(unsigned int speed)
{
    int flag = 1;
    int track_state;
    while(flag){
        track_state = Get_IR();     // 获得红外传感器返回数据
        if((track_state == 0xe7) || (track_state == 0xf7) || (track_state == 0xef)){
// 检测到中间传感器
            Motor_control(speed,speed);
        }
        else if ((track_state == 0xcf) || (track_state == 0xdf)){
// 检测到微右边传感器
            Motor_control(40, 70);
        }
        else if ((track_state == 0x9f) || (track_state == 0x8f)){
// 检测到再右边传感器
            Motor_control(-60, 70);
        }
        else if ((track_state == 0xbf) || (track_state == 0x1f)){
// 检测到更右边传感器
            Motor_control(-80, 70);
        }
        else if ((track_state == 0x7f) || (track_state == 0x3f)){
// 检测到最右边传感器
            Motor_control(-100, 70);
        }
        else if ((track_state == 0xf3) || (track_state == 0xfb)){
// 检测到微左边传感器
            Motor_control(70, 40);
        }
        else if ((track_state == 0xf1) || (track_state == 0xf9)){
// 检测到再左边传感器
            Motor_control(70, -60);
        }
        else if ((track_state == 0xf8) || (track_state == 0xfd)){
// 检测到更左边传感器
            Motor_control(70, -80);
        }
        else if ((track_state == 0xfe) || (track_state == 0xfc)){
```

```
                                            // 检测到最左边传感器
            Motor_control(70,-100);
        }
        else if(track_state == 0x00){
            flag = 0;
            Car_Stop();
        }
    }
}
```

基于循迹原理，进行循迹函数设计。track_state 是循迹灯标志位，其值反映车身相对循迹线的位置，据此调整智能车左轮、右轮的速度，调整车身回到循迹线正上方。

3. 软硬件联调

程序设计好后，编译并生成目标代码，下载到核心控制模块中，实现任务功能。

任务1 循迹

学后思

请大家根据问题完成复盘。

任务复盘表

回顾目标	评价结果	分析原因	总结经验
是否完成了任务？和你做的计划一致吗？	完成任务的过程中你做得好的地方有哪些？存在哪些问题？	完成任务的关键因素有哪些？出现问题的原因是什么？	如果让你再做一遍，你会如何改进？写下你的创意想法。

任务拓展

完成了以上智能车循迹任务后，下面可以考虑智能车如何通过特殊路段。这里的特殊路段不仅指前文所述的黑迹路段，还指嵌入式技能竞赛过程中专门设置的特殊地形（见图 7-1-8）。当智能车行驶到特殊地形时，特殊地形标志物会影响智能车对路况的判断，此时需要在路况判断条件中添加对应的状态检测，来避免智能车对路况判断出错。

图 7-1-8 特殊地形标识

拓中思

你能根据循迹原理完成循白迹的程序设计吗？对于其他的特殊地形，你还有什么好的方法？试着写出自己的思路。

_____

_____

   智能车导航

任务导引

在嵌入式技术应用职业技能大赛中，参赛人员要完成智能车的路线行进、路径规划，令智能车自动前进、后退、左转、右转。通过学习本任务，学生可学会编写程序控制智能车的行驶。同时，这也是"嵌入式边缘计算软硬件开发"职业技能等级证书中的学习任务。

知识准备

学前思

在了解了任务需求后，请写出完成以上任务时会存在的问题。

_____

_____

下面带着问题一起来进行知识探索。

1. 转向循迹

红外对管照到黑迹时，没有光反射回来，输出低电平，LED 熄灭；红外对管未照到黑迹时，有光反射回来，输出高电平，LED 点亮。若中间的红外传感器检测到黑迹，则智能车在轨道中间，直流电机正转，两个车轮保持前进；若左边的红外传感器检测到黑迹，则说明智能车要进行左拐弯，左边的电机停止转动，右边的电机保持转动，实现左转弯；若右边的红外传感器检测到黑迹，则说明智能车要进行右拐弯，右边的电机停止转动，左边的电机保持转动，实现右

转弯。

电机有正负极,把电机的正极和负极分别接到电源的正极和负极,电机即可转动,如果要改变电机的转动方向,改变正负极即可。

2. PWM 调速

脉冲宽度调制(PWM)是利用微处理器的数字输出来对模拟电路进行控制的一种非常有效的技术,广泛应用在从测量、通信到功率控制与变换的许多领域中。输出 PWM 控制使能端,进而控制直流电机的转速,可实现前进、后退、转弯。通过改变逻辑输入端,输入高/低电平,可使直流电机工作状态发生改变。

利用 0 定时计数器,设置定时器的中断时间,每隔一定时间(本任务采用 0.1ms)中断一次,从而产生占空比可调的方波信号,即 PWM 信号。

采用 PWM 控制技术可实现电机的速度控制,可以通过控制左右电机的 PWM 输出脉宽,来控制左右电机的速度。电机速度控制程序涉及的 PWM 代码,在本书的项目 6 中已有详细介绍。

任务实施

1. 硬件组装

本任务涉及智能车核心控制模块上的 STM32F407IGT6 控制器。该控制器驱动电机驱动模块上的 DRV8848 驱动芯片,DRV8848 再进一步驱动电机。智能车核心控制模块和电机驱动模块连接示意图如图 7-2-1 所示。

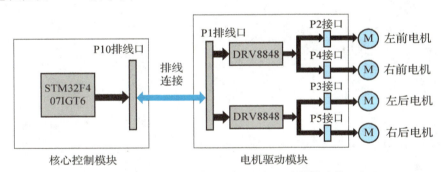

图 7-2-1 智能车核心控制模块和电机驱动模块连接示意图

2. 软件编程

(1)配置 STM32CubeMX

本任务中除了基础配置工程外,需要完成 GPIO_EXTI 配置、定时器 PWM 配置、GPIO_Output 配置,这部分内容在前面项目已经介绍,此处不再赘述。

(2)代码编写

➢ switch(KEY_FLAG)函数

按键处理函数。按下不同的按键,执行不同的动作。延续任务 1,以下列出任务 2 相关部分代码。

```
switch(KEY_FLAG){
```

```
        ……任务1
        case 2:                // 按键2，进行左转
            KEY_FLAG = 0;
            Car_Left(80);      // 小车左转
            break;
        case 3:                // 按键3，进行右转
            KEY_FLAG = 0;
            Car_Right(80);     // 小车右转
            break;
……
```

➤ Car_Left() 函数

智能车左转函数。

```
void Car_Left(int speed)
{
    Motor_control(speed * -1,speed);
    HAL_Delay(1000);
    while((Get_IR() != 0xe7) && (Get_IR() != 0xf7) && (Get_IR() != 0xef));
    Car_Stop();
}
```

➤ Car_Right() 函数

智能车右转函数。

```
void Car_Right(int speed)
{
    Motor_control(speed,speed * -1);
    HAL_Delay(1000);
    while((Get_IR() != 0xe7) && (Get_IR() != 0xf7) && (Get_IR() != 0xef));
    Car_Stop();
}
```

➤ Car_Stop()

智能车停止函数。

```
void Car_Stop(void)
{
    HAL_GPIO_WritePin(GPIOB,GPIO_PIN_11,(GPIO_PinState)0);
    HAL_GPIO_WritePin(GPIOD,GPIO_PIN_14,(GPIO_PinState)0);
    MP_L = 0;
    Motor_SPEED(1,0);     // 初始化模块左前电机转速
    Motor_SPEED(2,0);     // 初始化模块左后电机转速
    Motor_SPEED(3,0);     // 初始化模块右前电机转速
    Motor_SPEED(4,0);     // 初始化模块右后电机转速
}
```

➤ Car_Go() 函数

智能车前进函数。

```
void Car_Go(unsigned int speed,unsigned int mp)
```

```
{
    Motor_control(speed,speed);
    do{
    }
    while(mp > MP_L);
    Car_Stop();
}
```

> Car_Back( )函数

智能车后退函数。

```
void Car_Back(int speed,unsigned int mp)
{
    speed = speed * -1;
    Motor_control(speed,speed);
    do{
    }
    while(mp > MP_L);
    Car_Stop();
}
```

3. 软硬件联调

程序设计好后，编译并生成目标代码，下载到核心控制模块中，实现任务功能。

右转

左转

学后思

请大家根据问题完成复盘。

任务复盘表

回顾目标	评价结果	分析原因	总结经验
是否完成了任务？和你做的计划一致吗？	完成任务的过程中你做得好的地方有哪些？存在哪些问题？	完成任务的关键因素有哪些？出现问题的原因是什么？	如果让你再做一遍，你会如何改进？写下你的创意想法。

任务拓展

嵌入式智能车右转控制的目的是在一个十字路口右转 90°，转到另一条黑迹上。

1. 竞赛任务

本任务以职业技能大赛中的嵌入式系统应用开发赛项为背景，我们先来看一下竞赛任务表，见表 7-2-1。

表 7-2-1 竞赛任务表

序号	任务要求	说明
1	任务 1：主车起动任务 主车放置在 D7 处，在裁判示意比赛开始时，选手单击起动按钮，并起动 LED 显示标志物进入计时状态，主车顺利出库	LED 显示标志物在主车开始移动之后开启，在入库之前停止，中途暂停或未启动，均按 5min 计时。 主车行进路线： D7→D6→F6→F4→D4→B4→B2→D2→F2→F1
2	任务 2：道闸标志物控制 主车在 D6 处，将智能 TFT 标志物（A）有效车牌按照指定格式发送到位于 E7 处的道闸标志物上，并控制其开启	发送任意车牌均可开启道闸标志物，一段时间之后，道闸标志物将自动关闭 选手需要合理控制时间，应当在道闸标志物开启之后快速通过，避免撞上闸杆
3	任务 3：主车距离测量任务 主车在 F6→F4 路线上行驶，到达 F4 处，对位于 G4 处的静态显示标志物进行测距，获得距离信息	静态显示标志物与 F4 中心点距离范围为 100~400mm，记为 h。 主车需将正确的距离信息发送至 LED 显示标志物第二行显示。测量误差为 ±20mm 示例：测距信息为 123mm，则 LED 显示标志物第二行显示信息为：JL-123（±20）。
4	任务 4：主车调光任务 主车位于 B4 处，获取位于 A4 处的智能路灯标志物初始档位，并将智能路灯标志物档位调至目标档位	智能路灯标志物调节为 3 档 智能路灯若没有受到任何指令控制，则该任务不得分
5	任务 5：主车开启烽火台告警 主车在 B4→B2 路线上行驶，到达 B2 处，向位于 C1 位置处的烽火台标志物发送指定指令，开启烽火台标志物告警功能	烽火台标志物开启码为 0x03、0x05、0x14、0x45、0xde、0x92
6	任务 6：主车顺利通过 ETC 系统任务 主车在 B2→D2 路线上行驶，在 B2 处，使 ETC 系统感应到主车上携带的电子标签，ETC 系统闸门开启后主车顺利通过	主车需在不接触 ETC 抬杆（抬杆保持时间约为 10s）的情况下通过 ETC 系统。选手应合理设置通过时间，避免抬杆下落触碰主车，若因此导致主车失控，则视为选手控制不当
7	任务 7：主车立体显示交互任务 主车位于 D2 处，控制位于 E3 处的立体显示标志物显示指定信息	立体显示标志物应在交通标志显示模式下显示"禁止直行" 主车应在 D2 处发送红外信息，其他位置发送数据不得分，显示与正确结果不符不得分
8	任务 8：主车入库任务 主车在 D2→F2 路线上行驶，到达 F2 处，采用倒车入库的方式驶入智能停车库（A），并控制其上升到指定层数。主车入库完成后，开启无线充电标志物，关闭 LED 显示标志物计时	选手应在倒车驶入车库前确认车库是否已经下降到一层，并确保倒车入库后，停在车库合适位置，车库上升到二层。在车库上升过程中，如果主车发生跌落，则视为选手控制不当，其责任由选手自行承担

下面以竞赛任务地图（见图 7-2-2）为例，完成竞赛任务。任务实现分析如下。

1）嵌入式智能车从出发点 D7 出发，可以使用循迹函数循迹到 D6 十字路口停止，使用前进函数使此时的循迹电路板处在 D6 十字路口的黑色横线上。

2）调用右转函数，使智能车在 D6 实现直角右转。

3）智能车右转后，使用循迹函数到达下一个十字路口，使用前进函数让智能车车身位于

F6 十字路口正中间。

4）使用左转控制函数，嵌入式智能车完成直角左转。

5）智能车左转后，使用循迹函数到达下一个十字路口，使用前进函数让智能车车身位于 F4 十字路口正中间。

6）使用左转控制函数，嵌入式智能车完成直角左转。

7）智能车左转后，使用循迹函数到达下一个十字路口。注意，根据任务要求，在这个十字路口要直行。使用前进函数让智能车车身位于 D4 十字路口正中间，这个过程中要加大码盘值，继续使用循迹函数循迹到 B4 路口。

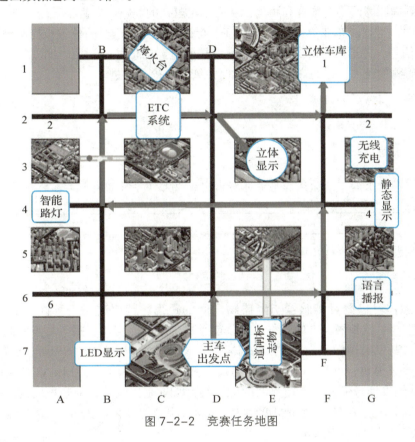

图 7-2-2　竞赛任务地图

2. 拓展练习

请继续完成自动行驶任务的任务实现分析。

_____

_____

拓中思

你能根据竞赛地图路线设计完整的程序吗？如何能在竞赛的过程中更好、更快地完成路线行驶？试着写出自己的思路。

_____

_____

任务 3　智能车避障

任务导引

智能车行驶的道路上存在各种各样的障碍物,如行人、车辆、建筑物、树木和其他障碍物。如果智能车不能识别和避开这些障碍物,就可能发生碰撞事故。智能车通过使用各种传感器技术,可以检测到周围障碍物的位置和距离,从而制定避让的策略,以确保安全行驶。

在本任务中,当智能车在规定的运行轨迹上行进时,智能车上的任务板控制超声波发射电路发送超声波信号,并通过 GPIO 口获取超声波接收电路的信号,利用时间差计算出超声波传感器与前方障碍物的距离,当距离小于 15cm 时,智能车停止前进。

知识准备

学前思

在了解了任务需求后,请你认真思考并写出完成以上任务时可能会存在的问题。

_____

_____

下面带着问题一起来进行知识探索。

1. 认识超声波传感器

超声波传感器可以测量传感器与障碍物之间的距离。超声波是一种高于 20 000Hz 的声波,它具有频率高、波长短、方向性好,以及能够成为射线而定向传播等特点。超声波探头如图 7-3-1 所示,其发射端标识为 T,接收端标识为 R。超声波模块 HC-SR04(见图 7-3-2)是一款常用的超声波模块,也是 1+X 证书中的超声波模块,其有 4 个引脚:VCC 是电源;GND 是接地;trig 是触发信号输入,为超声波的触发端;echo 是接收端,为超声波的回收端。超声波传感器的工作电压约为 5V,测量精度约为 0.3cm,测量的盲区是 2cm(2cm 内无法准确测量出数据),可测量的距离是 450cm。

图 7-3-1　超声波探头

图 7-3-2　超声波模块 HC-SR04

2. 超声波电路

（1）超声波发送电路

从图 7-3-3 可以看出，该电路由 555 定时器（ICL7555）、74HC08（与门）、74HC14（非门）、CD4069 反相器和超声波发射装置 CY1 组成。通过调节电位器 RW1 可以调节 555 定时器的输出频率。而超声波实际的输出频率，需要根据超声波传感器的测量误差来进行调节，通常调节在 40kHz 左右，当控制引脚 INC（PA15 引脚）为低电平时，超声波信号即可发送出去。

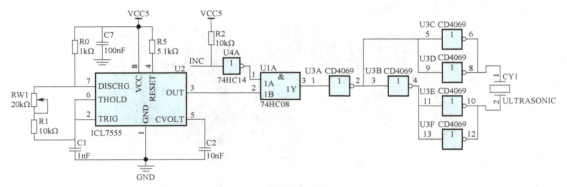

图 7-3-3 超声波发送电路

（2）超声波接收电路

超声波接收电路如图 7-3-4 所示。

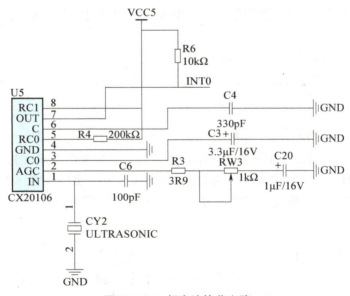

图 7-3-4 超声波接收电路

CX20106 是一种专用的超声波接收集成电路，它可以对超声波探头接收到的信号进行放大、滤波等，其总放大增益为 80dB。调节电位器 RW3，可改变前置放大器的增益和频率特性，当有信号输入时，会将 INT0 拉低（PB4 引脚）。

3. 超声波测距原理

超声波的指向性强，能量消耗缓慢，在介质中传播的距离较远，因此，超声波常常被用于测量距离。超声波测距是通过超声波装置发射超声波与接收超声波的时间差来获得距离信息的。超声波测距法也称为时间差测距法。

利用超声波进行测距时，超声波发射器会向某一方向发射超声波，在发射的同时开始计时，超声波在空气中传播，途中碰到障碍物则立即返回。超声波接收装置在接收到反射波的同时停止计时，通过这个时间差来获取距离信息。假如，超声波在空气中的传播速度为 v，计时器记录测出发射超声波和接收回波的时间差为 Δt，这样就可以计算出发射点到障碍物的距离 S，计算公式：$S=v\Delta t/2$。超声波测距示意图如图 7-3-5 所示。

图 7-3-5　超声波测距示意图

超声波的传播速度 v 易受到空气中温度、湿度、压强等因素的影响，其中受温度的影响较大。温度每升高 1℃，声速就增加约 0.6m/s。如果测距精度要求很高，则应通过温度补偿的方法加以校正。若已知现场环境温度为 T，则超声波传播速度 v 的计算公式为

$$v=331.45+0.607T$$

当传播速度确定后，若可以测得超声波往返的时间，即可求得被测量的距离。

小试牛刀　如何将距离测得准确？
_____
_____

当发现智能车测距不准确时，需要进行调节，调节步骤如下：

首先调节 555 定时器的输出频率为 40kHz 左右，然后配置两个端口 PA15 和 PB4。其中，PA15 为超声波信号发射的控制引脚，即将 PA15 配置为推挽输出模式，初始电平为高电平；PB4 为超声波信号的接收引脚，即 PB4 配置为输入模式，同时开启外部中断。

4. 小创语音模块

（1）小创语音模块介绍

小创语音模块采用离线语音识别技术。离线语音识别技术在本地进行语音识别，不需要网络，响应速度快（1s 以内）。离线语音识别对语音命令词的长度和条数有一定的限制，且不支持语义理解识别，只支持固定命令词识别。

在云端通过语音搜索引擎进行语音识别，需要网络才能工作，响应速度一般要 2~5s，对语音命令词的长度和条数没有限制，可支持语义理解识别。

小创语音识别模块内置了离线语音识别引擎，自研基于深度学习神经网络的本地唤醒、回声消除和前端降噪算法，而且支持唤醒词、多命令词定制。

小创语音识别模块如图 7-3-6 所示。

图 7-3-6　小创语音识别模块

（2）语音识别功能函数使用

表 7-3-1 为模块默认内置的语音词条 ID 与词条内容的对应关系。

表 7-3-1 语音词条 ID 与词条内容的对应关系

语音词条 ID	词条内容
0x01	美好生活
0x02	秀丽山河
0x03	追逐梦想
0x04	扬帆启航
0x05	齐头并进

竞赛平台上电成功后需要等待语音模组提示"欢迎使用百科荣创智能语音识别系统"，表示语音识别模块启动成功。

按下竞赛平台核心控制模块按键打开语音识别功能，程序会自动发送 ZigBee 数据到语音播报标志物播放词条，若语音播报标志物未开启，用户可自行朗读以上词条，也可进行识别。模块在 6s 内未检测到词条，则退出识别模式。6s 内检测到词条，将播报"识别成功，XXXX"。XXXX 为识别到的词条，同时语音识别功能函数返回识别词条对应的 ID。ID 可用于完成其他任务。

BKRC_Voice_Extern（0）函数为语音识别测试函数，传入形参 0 为控制语音播报标志物随机播报并开启识别，传入形参 2~6 为指定词条识别，具体信息可查看通信协议。

任务实施

1. 硬件组装

超声波模块共有 4 个引脚，分别为 VCC、GND、Trig 和 Echo。Trig 为触发端，在 Trig 上产生一个 10μs 以上的高电平，超声波传感器开始工作，它将发出 8 个 40kHz 的超声波脉冲序列探测周围物体，碰到物体后返回。超声波接收端检测是否有信号返回，并在 Echo 上输出一个回响高电平，该高电平的持续时间为超声波发射到成功接收的时间。

本任务涉及智能车核心控制模块上的 STM32F407IGT6 控制器，功能电路单元是超声波模块。智能车核心控制模块和超声波模块板间连接示意图如图 7-3-7 所示。

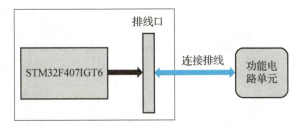

图 7-3-7 核心控制模块和超声波模块板间连接示意图

2. 软件编程

（1）配置 STM32CubeMX

本任务中除了基础配置工程外，还需要打开工程对应的 .ioc 文件并完成其余两项

STM32CubeMX 配置。

1）超声波模块配置：首先将 PA15 设置为输出模式，将 PB4 配置为外部中断"GPIO_EXTI4"然后打开全局中断。

2）定时器计数模式配置：在 TIM6 中设置 PSC 为 83，ARR 为 9，最后打开全局中断。

3）语音模块配置；将 USART2 设置波特率为 9600 并打开 USART2 的全局中断。

➢ 基础配置

在 C 盘下的"STM32F407"文件夹中建立"TASK7-3"文件夹。打开 STM32CubeMX 软件，依据项目 1 任务 2 中搭建基础配置工程的步骤，建立项目 7 任务 3 的基础配置工程，操作步骤不再赘述。在"TEST.ioc"中继续完善 STM32CubeMX 的其他配置。

➢ 超声波模块配置

首先将 PA15 设置为输出模式，然后将 PB4 配置为外部中断，最后打开外部中断的全局中断即可，基础配置如图 7-3-8~ 图 7-3-10 所示。

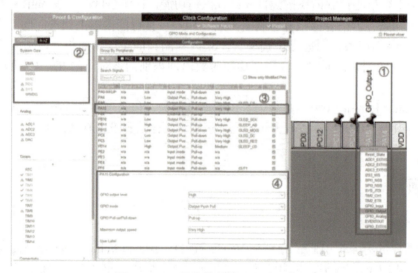

图 7-3-8　超声波基础配置（一）

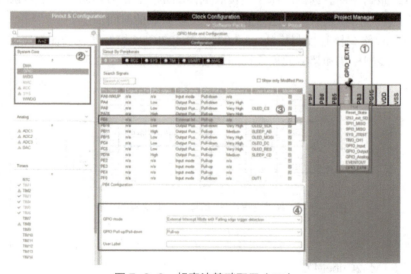

图 7-3-9　超声波基础配置（二）

图 7-3-10 超声波基础配置（三）

> 定时器计数模式配置

找到【Timers】中的【TIM6】后，勾选定时器对应的【Activated】，然后设置定时器中的【Prescaler】和【Counter Period】的参数并将"auto-reload Preload"设置为"Enable"。

最后，即可在"NVIC Settings"标签页中打开该外设对应的全局中断，具体步骤如图 7-3-11 所示。

图 7-3-11 定时器计数模式配置

> 语音模块配置

这里仅需将 USART2 配置为异步模式，然后将 USART2 的全局中断打开即可，如图 7-3-12 所示。

（2）代码编写

> switch（KEY_FLAG）函数

按键处理函数。按下不同的按键，执行不同的动作。以下列出任务 3 相关部分。

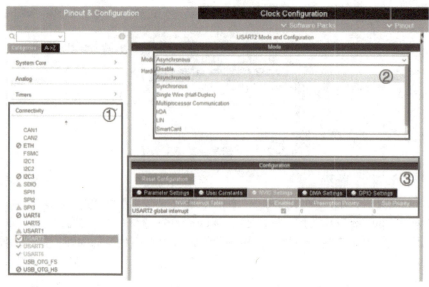

图 7-3-12 语音模块配置

```
switch(KEY_FLAG){
    …… 任务1、2
    case 4:           // 按键4，开启全自动任务
        KEY_FLAG = 0;
        make=0x01;
        break;
}
```

➤ Car_Thread( ) 函数

全自动运行函数。

```
void Car_Thread(void)
{
    switch(make)
    {
    case 0x01:
    {//B7 出发点
    Send_ZigbeeData_To_Fifo((uint8_t *)SEG_TimOpen, 8);     // LED 显示标志物计时模式 -> 开启
    HAL_Delay(200);
    Send_ZigbeeData_To_Fifo((uint8_t *)SEG_TimOpen, 8);     // LED 显示标志物计时模式 -> 开启
    HAL_Delay(300);
    Car_Track(Go_Speed);                        // 主车循迹
    Car_Go(Go_Speed, Go_Temp);                  // 主车前进
        Car_Right(wheel_Speed);                 // 主车右转
        Car_Track(Go_Speed);                    // 主车循迹
        Car_Go(Go_Speed, Go_Temp);              // 主车前进
        Car_Track(Go_Speed);                    // 主车循迹到达 F6
        //---------------------F6 静态标志物 测距 -------------------------
```

```c
            HAL_Delay(500);
            Ultrasonic_Ranging();                   // 采集超声波测距距离
            dis = dis / 10;                         // 毫米转换厘米
            BKRCspeak_NumToString(dis);             // 语音播报距离
            Car_Go(Go_Speed, Go_Temp+10);           // 主车前进
            Car_Left(wheel_Speed);                  // 主车左转
            make = 0x02;
            break;
        }
        case 0x02:
        {   // 到达 F2
            for(uint8_t i=0; i<2; i++)
            {
                Car_Track(Go_Speed);                // 主车循迹
                Car_Go(Go_Speed, Go_Temp);          // 主车前进
            }
            HAL_Delay(100);
            Car_Left(wheel_Speed);                  // 主车左转
              // 到达 B2
            Car_Track(Go_Speed);                    // 主车循迹
            Car_Go(Go_Speed, Go_Temp);              // 主车前进
                Car_Track(Go_Speed);                // 主车循迹
            Car_Go(Go_Speed, Go_Temp);              // 主车前进
            make = 0x03;
            break;
        }
        case 0x03:
        {   //---------------------- B2 智能公交站标志物 ----------------------
            // 公交站点查询
            HAL_Delay(100);
             Bus_Control_Data2[6] = (Bus_Control_Data2[2] + Bus_Control_Data2[3] + Bus_Control_Data2[4] + Bus_Control_Data2[5]) % 256;
            Send_ZigbeeData_To_Fifo((uint8_t *)Bus_Control_Data2, 8);    //
            Send_ZigbeeData_To_Fifo((uint8_t *)Bus_Control_Data2, 8);    //
            //--------------------- 立体车库复位 ----------------------------
            Send_ZigbeeData_To_Fifo((uint8_t *)GarageA_To1, 8);   // 车库到达第一层
            HAL_Delay(200);
            Send_ZigbeeData_To_Fifo((uint8_t *)GarageA_To1, 8);   // 车库到达第一层
            HAL_Delay(200);
            Car_Left(wheel_Speed);                  // 主车左转
            make = 0x04;
            break;
        }
        case 0x04:
            //------------------- 道闸系统 ---------------------
            Send_ZigbeeData_To_Fifo((uint8_t *)Gate_Open, 8);  // 道闸 -> 开启
            HAL_Delay(200);
            Send_ZigbeeData_To_Fifo((uint8_t *)Gate_Open, 8);  // 道闸 -> 开启
```

```
            HAL_Delay(500);
            HAL_Delay(500);
            Car_Track(Go_Speed);            // 主车循迹
            Car_Go(Go_Speed, Go_Temp);      // 主车前进
            // 到达 B4
            Car_Left(wheel_Speed);          // 主车左转
            // 经过 ETC
            HAL_Delay(500);
            HAL_Delay(500);
            HAL_Delay(500);
            HAL_Delay(500);
            HAL_Delay(500);
            HAL_Delay(500);
            // 到达 D4
            Car_Track(Go_Speed);            // 主车循迹
            Car_Go(Go_Speed, Go_Temp);      // 主车前进
// 到达 D6
            Car_Right(wheel_Speed);         // 主车右转
            Car_Track(Go_Speed);            // 主车循迹
            Car_Go(Go_Speed, Go_Temp);      // 主车前进
            // 掉头
            Car_Left(wheel_Speed);          // 主车左转
            Car_Left(wheel_Speed);          // 主车左转
            // 往前循迹 调整车头
            Car_Track(Go_Speed);            // 主车循迹
            make = 0x05;
            break;
            case 0x05:
            // 倒车入库
            HAL_Delay(500);
            Car_Back(Go_Speed,2000);// 后退 2000 入库
            Send_ZigbeeData_To_Fifo((uint8_t *)SMG_TimClose, 8);   // 数码管计时 -> 关闭
            HAL_Delay(300);
            Send_ZigbeeData_To_Fifo((uint8_t *)SMG_TimClose, 8);   // 数码管计时 -> 关闭
            HAL_Delay(500);
            make = 0x00;
            break;
        default :
            break;
        }
    }
```

3. 软硬件联调

程序设计好后，编译并生成目标代码，下载到核心控制模块中，实现任务功能。

全自动运行视角1

全自动运行视角2

项目 7　智能车视觉传感系统的设计与实现

学后思

请大家根据问题完成任务复盘。

任务复盘表

回顾目标	评价结果	分析原因	总结经验
是否完成了任务？和你做的计划一致吗？	完成任务的过程中你做得好的地方有哪些？存在哪些问题？	完成任务的关键因素有哪些？出现问题的原因是什么？	如果让你再做一遍，你会如何改进？写下你的创意想法？

任务拓展

　　智能车避障可以使用多种传感器进行环境感知和路径规划，以保障行驶的安全性。避障的方式也有很多种。例如，在智能车倒车时，常见的方法之一就是通过测距传感器来检测距离，以确定车辆与障碍物的距离。与此同时，可以设置不同的提示音来提醒司机与障碍物的距离是否过近，以及是否需要采取行动来避免碰撞。在智能车倒车时，如果距障碍物较远，提示音量会相对较小，这样可以不至于影响司机的正常操作和判断。但是当距离缩短到一定程度时，提示音量会逐渐增大，直到达到一定程度。同时，随着技术的不断发展，还可以通过图像识别、激光雷达等传感技术来实现更加准确和智能的避障提示功能。

拓中思

你能完成根据超声波测得的距离设置不同避障措施的程序设计吗？试着写出自己的思路。

项目 8

智能车停车管理系统的设计与实现

随着国民生活水平的不断提升,越来越多的人选择自驾出行。我国的机动车保有量在持续增加,但是停车场的建设仍以传统型为主,人们在享受便捷生活的同时,"停车难"逐渐成为城市发展的一大痛点。立体车库的出现,有效缓解了停车难的问题。

智能车停车管理系统的设计与实现

视频

本项目基于 RFID 和 ZigBee 技术,结合嵌入式技术应用技能大赛智能车核心控制模块上的 STM32F407IGT6 控制器,通过 3 个任务,递进式地实现智能车循迹立体车库、在立体车库停车、智能车自动缴费出库的出入库全过程。

素质目标:(1)培养学生综合运用所学,创新性地完成完整项目的能力。
（2）培养学生的团队精神、协作能力、测试习惯。

能力目标:(1)能够在项目实施前分析、调研停车管理系统的应用及实现本项目要求所需的相关技术。
（2）能够实现 RFID 卡的读、写操作,能够基于 ZigBee 技术控制道闸起杆、立体车库车位升降(重点)。
（3）能够规划行车路线,编写停车管理系统实现功能的程序。
（4）能够实现软硬件联调,排除撞杆、无法倒车入库等故障。
（5）能够完成智能车停车管理系统的设计,具有完整嵌入式项目综合开发与调测的能力(难点)。

知识目标:(1)了解 RFID 技术的原理及常见应用。
（2）了解 ZigBee 技术的原理及常见应用。
（3）了解红外对管的工作原理。
（4）掌握利用红外对管动态调整车身实现停车入位的方法。
（5）掌握语音播报相关信息的方法。

建议学时:6 学时

项目 8　智能车停车管理系统的设计与实现

知识地图：

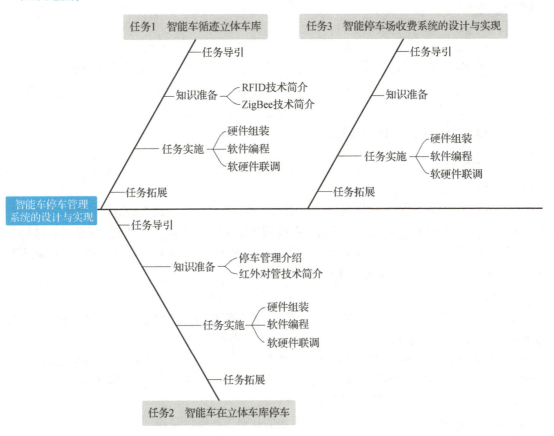

任务 1　智能车循迹立体车库

任务导引

立体车库是指利用空间资源，把车辆进行立体停放，节约土地并最大化利用的新型停车场。与传统的地面停车场相比，立体车库能够充分利用城市空间，具有占地面积小、成本低廉等多种优势，被称为城市空间的"节能者"，是解决停车难问题的有效途径。

在本任务中，智能车基于项目 7 中的路径循迹任务，自动检测 RFID 卡，读取卡片数据并获取立体车库的位置坐标及停车任务后，循迹到达立体车库。本项目的地图如图 8-1-1 所示。

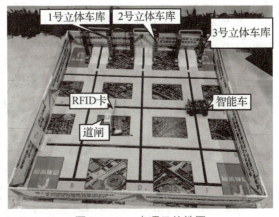

图 8-1-1　本项目的地图

293

知识准备

学前思

在了解任务需求后，请你认真思考并写出完成以上任务时，可能会存在的问题。

_____

_____

下面带着问题一起来进行知识探索。

1. RFID 技术简介

（1）RFID 介绍

射频识别（Radio Frequency Identification，RFID）是一种短距离无线通信技术，属于自动识别技术的一种。RFID 通过无线射频方式进行非接触双向数据通信，并对记录媒体进行读写，从而进行目标识别和数据交换。RFID 技术无须与被识别物品直接接触，即可完成信息的输入和处理，能快速、实时、准确地采集和处理信息。

（2）RFID 系统组成

RFID 系统的最小硬件系统主要由电子标签、读写器和数据管理系统这 3 部分组成。读写器从电子标签收集到数据信息后，传送到数据管理系统进行处理。

电子标签是由 IC 芯片和无线通信天线组成的超微型的小标签，其内置的射频天线用于与读写器通信。电子标签作为数据载体，能起到标识识别、物品跟踪、信息采集的作用，可在广泛的领域内得以应用。电子标签的基本组成如下。

1）天线：接收读写器的信号，并把所要求的数据送回给读写器。

2）AC/DC 电路：将读写器发射的射频信号转换为直流电，并经大电容存储能量，再经稳压电路提供稳定的电源。

3）调制电路：逻辑控制电路所送出的数据经调制电路后加载到天线并送给读写器。

4）解调电路：从接收的信号中去除载波，解调出原信号。

5）逻辑控制电路：对来自读写器的信号进行译码，并按读写器的要求回传信号。

6）存储器：作为系统运行及存放识别数据的位置。存储器容量的大小根据用途和厂商的设计而不同，但逻辑空间的结构统一，包括电子标签的唯一标识符数据、系统数据区域和用户数据区域。

本项目所用电子标签的存储器是 EEPROM。该存储器分为 16 个扇区，每个扇区分为 4 块（块 0、块 1、块 2、块 3），每块 16 个字节，以块为存取单位。16 个扇区的 64 个块按绝对地址编号为 0~63。每个扇区有独立的两组密钥，可分别控制读、写操作。

每张电子标签有唯一的 32 位序列号，支持多卡操作，无电源，自带天线，工作频率为 13.56MHz，通信速率是 106KB/s，读写距离为 10cm 以内。本项目智能车所用电子标签为非接触智能卡 S50 卡，本卡存储结构与操作流程分别如图 8-1-2、图 8-1-3 所示。

读写器是读/写装置，主要负责与电子标签的双向通信，可根据需求将电子标签中的信息读出，或将电子标签需要存储的信息写入标签。读写器的基本组成如下。

1）天线：读写器通过天线发射能量，形成电磁场，通过电磁场对电子标签进行识别，并接收标签返回的响应信号及标签信息。

2）射频模块：将读写器发往电子标签的命令经天线发送给电子标签，并且接收来自电子标签的射频信号，提取电子标签返回的数据。

扇区0	块0	序列号、厂商代码	0
	块1	数据块	1
	块2	数据块	2
	块3	控制块（A、B密钥）	3
扇区1	块0	数据块	4
	块1	数据块	5
	块2	数据块	6
	块3	控制块（A、B密钥）	7
…			
扇区15	块0	数据块	60
	块1	数据块	61
	块2	数据块	62
	块3	控制块（A、B密钥）	63

图 8-1-2　S50 卡存储结构

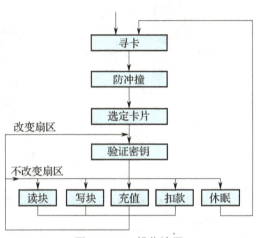

图 8-1-3　操作流程

3）控制模块：对读写器的各个硬件进行控制，通过内部程序与电子标签之间进行信息收发及智能处理，并负责与后台服务器接口的通信，是读写器的核心。

本项目所用 RFID 读写器标志物如图 8-1-4 所示（见图中圆圈内）。采用非接触式读写器芯片（引脚排列见图 8-1-5）。该芯片集成度高，双向数据传输速率高，可通过不同主机接口实现功能，满足不同用户的需求。

图 8-1-4　RFID 读写器标志物

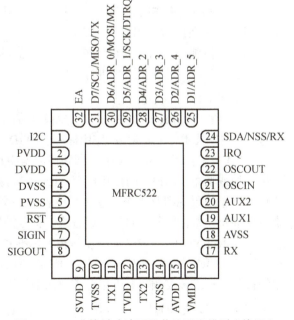

图 8-1-5　非接触式读写器芯片引脚排列（俯视）

读写器模块电路如图 8-1-6 所示。

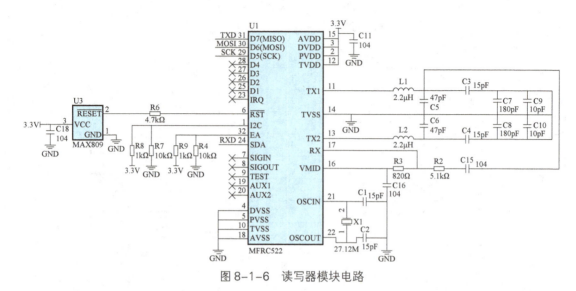

图 8-1-6 读写器模块电路

数据管理系统控制读写器对电子标签信息进行读写，并且对收集到的目标信息进行集中的统计与处理。

> **一查到底**　查询 MFRC522 芯片数据手册，查找该芯片的工作频率是多少。对比前述 RFID 卡的工作频率，查看二者是否一致。
> _____
> _____

（3）RFID 工作原理

在 RFID 系统工作时，由读写器在一个区域内发送射频能量形成电磁场，区域的大小取决于发射功率。在读写器覆盖区域内的电子标签会被触发。读写器寻卡成功后，发出射频信号，电子标签凭借感应电流所获得的能量发出存储的产品信息，或根据读写器的指令修改存储的数据，并通过接口与计算机网络进行通信。

（4）RFID 标准概述

标准能够确保协同工作的进行、规模经济的实现、工作实施的安全性等。RFID 标准体系主要包括 RFID 技术标准、RFID 应用标准、RFID 数据内容标准和 RFID 性能标准。

RFID 技术标准主要定义了不同频段的空中接口及相关参数。RFID 应用标准主要涉及特定应用领域或场景中 RFID 的构建规则。RFID 数据内容标准能支持多种编码格式，主要涉及数据协议、数据编码规则及语法，包括编码格式、语法标准、数据对象、数据结构等。RFID 性能标准主要涉及设备性能及一致性测试方法，特点是数据结构和数据内容等。

由于 RFID 的应用涉及多产业，相关标准较多，还未形成统一的全球化标准。目前，全球有五大射频识别标准组织，即 EPC Global、UID、ISO/IEC、AIM Global 和 IP-X。不同的标准组织推出的标准，在频段和电子标签数据编码格式上有所不同。

（5）RFID 技术的应用

RFID 技术的应用从 20 世纪开始，一直处于高速发展阶段。常用于高速公路收费及智能交通系统，自动化控制，电子票证，货物管理及监控，仓储、配送等物流环节，动物跟踪和管理，门禁，防伪等。

> **一查到底**　根据前述 RFID 的原理及应用场景举例，请查询资料再列举至少三种 RFID 技术的应用场景。
> _____
> _____

2. ZigBee 技术简介

ZigBee 技术相关内容已在项目 5 任务 3 中介绍，这里重点介绍 ZigBee 技术在本项目的应用。实现本项目任务 1 时，道闸标志物（见图 8-1-7）模拟立体车库停车场入口道闸。智能车首先到达停车场入口，通过 ZigBee 技术控制道闸开启，随后驶入立体车库停车场。基于 ZigBee 技术控制道闸开启指令可参考项目 5 任务 3 的样例。

图 8-1-7　道闸标志物

任务实施

在本任务中，智能车经过道闸进入立体车库停车场，随后读取 RFID 卡获取停车任务，最后到达立体车库。据此，根据智能车、RFID 卡、道闸、立体车库的位置，规划行进路线如图 8-1-8 中箭头所示。

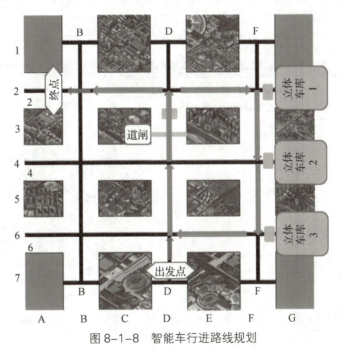

图 8-1-8　智能车行进路线规划

1. 硬件组装

本任务涉及智能车核心控制模块、通信显示模块、电机驱动模块、循迹功能模块。各模块间连接框图如图 8-1-9 所示。

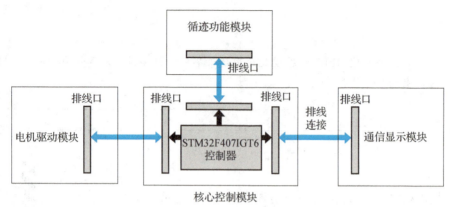

图 8-1-9 各模块间连接框图

2. 软件编程

（1）配置 STM32CubeMX

除了基础配置工程外，本任务还需要打开工程对应的 .ioc 文件并完成 RFID 读写器 STM32CubeMX 配置：将 PC11、PC10 复用为 USART3_RX、USART3_TX，把 USART3 设置为异步模式，更改波特率为 9600。最后，将该外设的全局中断开启，完成 RFID 读卡器的配置。

➤ 基础配置

在 C 盘下的 "STM32F407" 文件夹中建立 "TASK8" 文件夹。打开 STM32CubeMX 软件，依据项目 1 任务 2 中搭建基础配置工程的步骤，建立项目的基础配置工程，具体操作步骤不再赘述。在 "TEST.ioc" 中继续完善 STM32CubeMX 配置的其他配置。

➤ RFID 读卡器配置

首先，将 PC11、PC10 分别复用为 USART3_RX、USART3_TX，如图 8-1-10 所示。

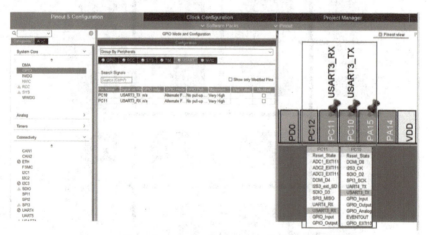

图 8-1-10 分别复用 PC11、PC10

随后，打开 USART3 配置界面（见图 8-1-11），将波特率设置为 9600，并打开 USART3 的全局中断。

（2）代码流程

本任务代码流程如图 8-1-12 所示。

项目 8　智能车停车管理系统的设计与实现

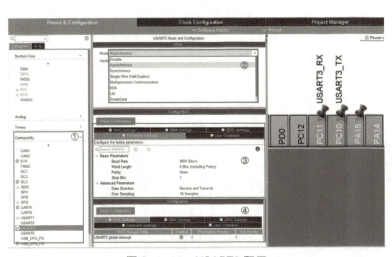

图 8-1-11　USART3 配置

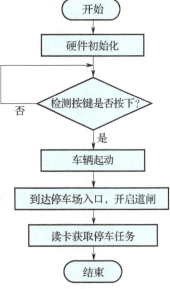

图 8-1-12　本任务代码流程

（3）代码编写
➢ 初始化

```
TimeSlicePolling_Init();              // 时间片轮询初始化
OLED_Init();                          //OLED 初始化
MOTOR_Init();                         // 电机初始化
Readcard_daivce_Init();               // RC522 读卡器初始化配置
OLED_Show_Str(1,1,"RFID Data:",strlen("RFID Data:"));
HAL_GPIO_WritePin(LED1_GPIO_Port,LED1_Pin,GPIO_PIN_RESET);
```

➢ KEY_Check()编写

该函数用来检测按键状态并设置按键标志。智能车共有 4 个按键智能车按键如图 8-1-13 所示。本任务以按键 4 为例，当按键 4 按下，智能车起动并完成任务。

图 8-1-13　智能车按键示意图

```
void KEY_Check(void)
{
    if(S1 == 0)    // 检测按键 S1 是否按下
    {
```

299

```c
        HAL_Delay(10);        // 延时10ms
        if(S1 == 0)           // 再次检测按键S1是否按下
        {
            HAL_GPIO_TogglePin(GPIOF,GPIO_PIN_9);   // 切换GPIOF的9号引脚状态,用于LED闪烁
            while(!S1);  // 等待按键S1松开
            KEY_FLAG = 1; // 设置按键标志为1,表示按下了S1
        }
    }
    if(S2 == 0) // 检测按键S2是否按下
    {
        HAL_Delay(10); // 延时10ms
        if(S2 == 0) // 再次检测按键S2是否按下
        {
            HAL_GPIO_TogglePin(GPIOF,GPIO_PIN_10);   // 切换GPIOF的10号引脚状态,用于LED闪烁
            while(!S2); // 等待按键S2松开
            KEY_FLAG = 2; // 设置按键标志为2,表示按下了S2
        }
    }
    if(S3 == 0) // 检测按键S3是否按下
    {
        HAL_Delay(10); // 延时10ms
        if(S3 == 0) // 再次检测按键S3是否按下
        {
            HAL_GPIO_TogglePin(GPIOH,GPIO_PIN_14);   // 切换GPIOH的14号引脚状态,用于LED闪烁
            while(!S3); // 等待按键S3松开
            KEY_FLAG = 3; // 设置按键标志为3,表示按下了S3
        }
    }
    if(S4 == 1) // 检测按键S4是否按下
    {
        HAL_Delay(10); // 延时10ms
        if(S4 == 1) // 再次检测按键S4是否按下
        {
            HAL_GPIO_TogglePin(GPIOH,GPIO_PIN_15);   // 切换GPIOH的15号引脚状态,用于LED闪烁
            while(!S4); // 等待按键S4松开
            KEY_FLAG = 4; // 设置按键标志为4,表示按下了S4
        }
    }
}
switch(KEY_FLAG){                // 按键处理
    case 1:
        KEY_FLAG = 0;
    break;
    case 2:
```

```
            KEY_FLAG = 0;
        break;
        case 3:
            KEY_FLAG = 0;
        break;
        case 4:                              // 小车启动按键
            KEY_FLAG = 0;
            make = 0x01;                     // 小车全自动运行状态置位
            break;
    }
```

> Car_Thread()编写

Car_Thread()为小车全自动运行函数，以下列出任务 1 相关部分。

```
void Car_Thread(void)
{
    switch(make){
        case 0x01://去道闸
            make = 0x02;       // 小车全自动运行状态置位
            Car_Track(SPEED);   // 循迹
            Send_ZigbeeData((uint8_t *)Gate_Open,8);   // 开启道闸
            delay_ms(200);
            Send_ZigbeeData((uint8_t *)Gate_Open,8);   // 再次开启道闸,确保道闸开启
            delay_ms(200);
        break;
        case 0x02://过道闸
            make = 0x03;
            Car_Go(SPEED,MP);            // 小车前进
            RFID_FLAG = 1;               // 开始寻卡
            Car_Track(SPEED);            // 小车循迹
            sprintf((char *)TTS_Buf,"请前往%c号立体车库,车辆停至第%c层",RXRFID[1],RXRFID[3]);
            BKRCspeak_TTS((char *)TTS_Buf);// 播报停车任务
            delay_ms(6000);
            Car_Go(SPEED,MP);            // 小车前进
            Car_Right(wheel_SPEED);      // 小车右转
        break;
        case 0x03:
            make = 0x04;
            Car_Track(SPEED);            // 循迹到达1号车库
            Car_Go(SPEED,330);           // 小车前进
            Car_Right(wheel_SPEED);      // 小车右转
        break;
……
```

3. 软硬件联调

程序设计好后，编译并生成目标代码，下载到智能车核心控制模块中，实现任务功能，如图 8-1-14 所示。

图 8-1-14　本任务软硬件联调

至此,智能车已根据立体车库停车场入口处的 RFID 数据获得停车任务,即抵达 1 号立体车库的第 1 层。语音播报停车任务后,智能车已到达 1 号立体车库,为本项目任务 2 的完成做好准备。

学后思

请大家根据问题完成复盘。

任务复盘表

回顾目标	评价结果	分析原因	总结经验
是否完成了任务?和你做的计划一致吗?	完成任务的过程中你做得好的地方?存在哪些问题?	完成任务的关键因素有哪些?出现问题的原因是什么?	如果让你再做一遍,你会如何改进?写下你的创意想法?

任务拓展

改变停车任务(如抵达 3 号立体车库的第 4 层),综合运用本任务所学,规划行进路线,编写程序,完成智能车循迹不同立体车库的任务。

拓中思

本任务中,道闸开启 10s 后会自动关闭,请根据前述智能车向道闸标志物发送控制指令数据结构的说明,通过查询道闸状态、发送道闸关闭指令,编程实现道闸的可控关闭。

任务 2　智能车在立体车库停车

任务导引

立体车库使用了一套分为若干排的机械式自动升降的停车设备。驾驶人把车辆停放在一层的钢板上，机器自动将车辆升至适当的层面；取车时，只需在设备上操作，车就自动降到地面一层。

在本任务中，智能车到达立体车库后，首先调整车身，做好倒车入库的准备；然后基于 ZigBee 技术控制立体车库车位下降到一层，继而倒车入位；利用立体车库两侧的红外对管反馈车身位置，从而对车身位置进行微调，确保在立体车库升降时车身能够保持稳定。最后，根据在本项目任务 1 中读取的停车任务，智能车上升到立体车库的指定层数。

知识准备

学前思

在了解了任务需求后，请你认真思考并写出完成以上任务时，可能会存在的问题。

_____

_____

下面带着问题一起来进行知识探索。

1. 停车管理介绍

（1）停车管理的意义

1）维护交通秩序。随着汽车数量的增加，停车位需求也在不断增长。合理规划停车位、设立停车场，可有效引导车辆停放，减少交通堵塞。

2）交通安全。不合理的停车行为会给道路交通安全带来很大的隐患。加强停车管理，可减少事故发生，保障道路安全通行。

3）改善城市环境。乱停车会影响行人出行，破坏城市形象。

（2）停车管理的内容

1）车位规划和设计。确定停车场应容纳的车辆数量、车位的大小和布局等。

2）停车场的监控和维护。定期巡逻、维护设施、确保安全等。

3）收费管理。制定收费标准、选择收费方式、收费系统的管理等。

4）车辆入场和出场管理。车辆进出的管控、道路指引、通行时间等。

5）安全管理。对车辆的检查、防盗措施的实施、安全警告标志的放置等。

6）状态监测与维护。停车场设施的巡查、设备和设施的保养和维修等。

7）数据采集与分析。车辆流量、收费情况、停车场的利用率等数据的收集和分析。

2. 红外对管技术简介

红外对管技术相关内容已在项目 7 任务 1 中介绍过，这里重点介绍红外对管技术在本项目的应用。

在本任务中，智能车倒车进入车位时，如果车身未处于车位中间，而是过于靠前或靠后，当立体车库上升或者下降的时候，智能车就有从车位跌落的风险。为了避免该情况发生，车位的前后两端各装了一对红外对管（见图 8-2-1），如果车身所处位置过于靠前或靠后，车头或车尾就会挡住相应位置的红外线发射管发出的红外线，与之对应的红外线接收管此时就会接收不到红外线。根据红外线接收管接收信号的情况，微调智能车前进或后退，直至不再挡住车头和车尾的红外线发射管发出的红外线，就能确保车身处于车位中间位置。

图 8-2-1 立体车库上的红外对管

小试牛刀　根据红外对管的工作原理及本任务中的应用场景，思考在实际生活中红外对管还能有哪些应用场景？

温故知新　根据项目 7 中智能车循迹、后退的实现原理，思考智能车倒车入车位时为什么只考虑车身前后偏移，而不考虑车身左右偏移？

任务实施

在本任务中，智能车首先在 1 号立体车库前的十字路口右转，前进一定距离并调整车身，随后倒车入库。最后，根据本项目任务 1 中读取的停车任务，车位上升至指定层数。智能车行进路线规划如图 8-2-2 中箭头所示。

1. 硬件组装

本任务涉及智能车核心控制模块、通信显示模块、电机驱动模块、循迹功能模块。各模块间连接框图如图 8-2-3 所示。

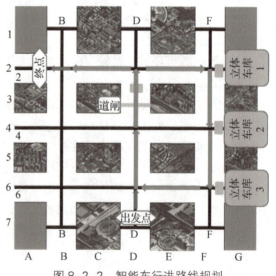

图 8-2-2 智能车行进路线规划

2. 软件编程

（1）配置 STM32CubeMX

本任务所需的 ZigBee 模块、电机驱动模块、语音播报模块的 STM32CubeMX 配置分别在项目 5、项目 6、项目 7 中进行过介绍，此处不再赘述。

（2）代码流程

本任务的代码流程如图 8-2-4 所示。

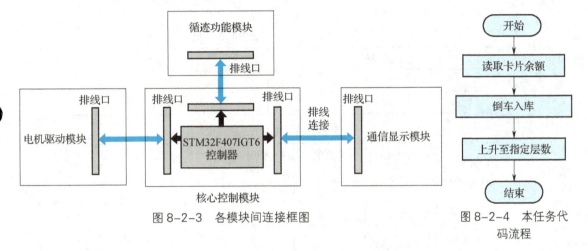

图 8-2-3 各模块间连接框图　　图 8-2-4 本任务代码流程

（3）代码编写

➢ Car_Thread（）编写

Car_Thread（）是小车全自动运行函数，延续任务 1，以下列出任务 2 相关部分。

```
……         //任务1
case 0x04: //停车、出车库
    make = 0x05;
    switch(RXRFID[1]){
        case '1':    //前往一号立体车库
            delay_ms(1000);
            Car_Right(wheel_SPEED);      //小车右转，此时车头朝外，做好倒车准备
            RFID_FLAG = 1;               //开始寻卡
            Car_Track(SPEED);            //小车循迹
            sprintf((char *)TTS_Buf,"卡内余额 %c%c 元",RXRFID[1],RXRFID[2]);
            BKRCspeak_TTS((char *)TTS_Buf);//播报卡余额
            delay_ms(5000);
            Car_Time_Track(90,800);      //小车循迹，调整车身
            Car_Back(SPEED,2200);        //倒车入库
            count_flag = 1;              //完成入库，开始计时
            sprintf((char *)TTS_Buf,"车已入库");
            BKRCspeak_TTS((char *)TTS_Buf);
            delay_ms(5000);
```

其中，Car_Time_Track 函数是让智能车在到达立体车库后、车头朝外的情况下，继续向前循迹一段距离，在此过程中，可以调整车身，为倒车入库做好准备。

小试牛刀

向立体车库标志物发送命令数据结构见表 8-2-1。

表 8-2-1 向立体车库标志物发送命令数据结构

0X55	0X0D	0Xxx	0Xxx	0Xxx	0X00	0Xxx	0XBB
包头		主指令	副指令			校验和	包尾

说明：本组数据由 8 个字节构成，包括两字节固定包头，一字节主指令（见表 8-2-2），三字节副指令（见表 8-2-3），一字节校验和，以及一字节包尾。校验和是一字节主指令与三字节副指令数值相加后对 256 取余得到。

表 8-2-2 一字节主指令说明

主指令	说明
0X01	控制指令
0X02	请求返回指令

表 8-2-3 三字节副指令说明

主指令	副指令[1]	副指令[2]	副指令[3]	说明
0X01	0X01	0X00	0X00	到达第 1 层
	0X02	0X00	0X00	到达第 2 层
	0X03	0X00	0X00	到达第 3 层
	0X03	0X00	0X00	到达第 4 层
0X02	0X01	0X00	0X00	请求返回车库位于第几层
	0X02	0X00	0X00	请求返回前后侧红外对管的状态

如果需要控制立体车库车位上升至第 3 层，向立体车库标志物发送命令的数据结构应该为多少？请尝试写出来。

_____

_____

温故知新

如果立体车库标志物返回的数据显示其后侧红外对管未被触发，我们应该调用从项目 7 中学到的哪些函数调整车身前后移动？请编写程序，并写出相应的码盘值。

_____

_____

3. 软硬件联调

程序设计好后，编译并生成目标代码，下载到智能车核心控制模块中，实现任务功能，如图 8-2-5 所示。

设置不同的智能车后退码盘值，观察并记录智能车倒车入库情况，完成表 8-2-4，确定该车倒车入库的最佳码盘值。

项目 8　智能车停车管理系统的设计与实现

图 8-2-5　本任务软硬件联调

表 8-2-4　不同后退码盘值与对应倒车入库情况

序号	码盘值	智能车与车库中心位置差	序号	码盘值	智能车与车库中心位置差
1			6		
2			7		
3			8		
4			9		
5			10		

至此，智能车读取卡片并播报卡片余额，倒车入库后，根据本项目任务 1 获取的停车任务，控制车位上升至指定层数。智能车完成立体车库的停车任务，为本项目任务 3 的完成做好准备。

小试牛刀　如果智能车的循迹路线是到达 A 点时，车头面向立体车库，请思考应该如何综合利用从项目 7 中学到的程序，调整车身使得车尾面向立体车库？请尝试编写程序。

_____

_____

学后思

请大家根据问题完成复盘。

任务复盘表

回顾目标	评价结果	分析原因	总结经验
是否完成了任务？和你做的计划一致吗？	完成任务的过程中你做得好的地方？存在哪些问题？	完成任务的关键因素有哪些？出现问题的原因是什么？	如果让你再做一遍，你会如何改进？写下你的创意想法？

任务拓展

改变 RFID 卡的内容，根据代码获取不同的停车任务后，综合从本项目学到的内容，编写程序，实现智能车不同立体车库不同层数的停车任务。

拓中思
请根据红外对管的原理和立体车库停车要求，尝试利用立体车库前侧的红外对管调整车身。

任务 3　智能停车场收费系统的设计与实现

任务导引

传统的人工岗亭收费方式存在收费错误风险大、车辆进出停车场通行效率低、管理成本高等缺点。随着信息化设备的发展，智能停车场收费系统正在逐步取代人工收费。

智能停车场收费系统将机械、电子计算机和自控设备以及 RFID 技术有机地结合起来，通过计算机管理可实现自动存储数据、自动计费、自动扣费等功能。整个系统结构简单、稳定可靠，用户停车时无须支付现金，可实现自动扣费，使用方便。安装该系统，可高效管控停车场，节省人力开支。

在本任务中，智能车首先下降到立体车库第 1 层，做好出库准备；然后基于 RFID 技术，实现智能车的自动计费和扣费，同时语音播报停车时长、停车费用、卡片余额等信息；扣费成功后，道闸开启，智能车出库。

知识准备

学前思
在了解了任务需求后，请你认真思考并写出完成以上任务时，可能会存在的问题。

本项目任务 1 中，对 RFID 卡进行了读操作，获取了相应的停车任务；任务 2 中，获取并播报了卡内余额，仍然是对 RFID 卡进行读操作。本任务中，智能车驶出停车场时，需要根据停车时长计费，并从 RFID 卡中扣除相应费用，即对 RFID 卡进行写操作。RFID 卡的存储结构及工作原理在本项目任务 1 中已介绍，此处不再赘述。每个扇区的块 3 为控制块，包括了密钥

A6 字节，存取控制 4 字节，密钥 B6 字节。每个扇区的密码和存取控制都是独立的，可根据实际需要设定各自的密钥及存取控制。扇区中的每个块的存取条件由密钥和存取控制共同决定。在存取控制中每个块都有相应的 3 个控制位，决定了该块的访问权限。读写器寻卡成功后，选定要处理的卡片，确定要访问的扇区号，并对该扇区密钥进行校验。校验成功并认证通过后，根据存取控制中 3 个控制位的数值，可实现写操作。

任务实施

在本任务中，智能车驶出 1 号立体车库。播报停车信息并从 RFID 卡扣除相应费用后，智能车驶出立体车库停车场。道闸模拟停车场出口道闸，规划智能车行进路线如图 8-3-1 中箭头所示。

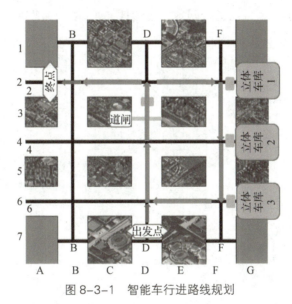

图 8-3-1 智能车行进路线规划

1. 硬件组装

本任务涉及智能车核心控制模块、通信显示模块、电机驱动模块、循迹功能模块。各模块间连接框图如图 8-3-2 所示。

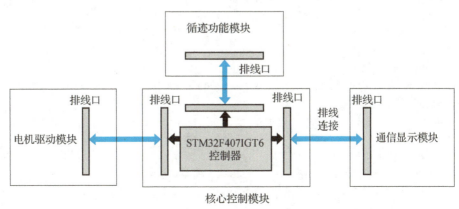

图 8-3-2 各模块间连接框图

2. 软件编程

（1）配置 STM32CubeMX

本任务所需的 ZigBee 模块、电机驱动模块、语音播报模块、读写器模块的 STM32CubeMX 配置分别已在项目 5~ 项目 8 中进行了介绍，此处不再赘述。

（2）代码流程

本项目任务 2 完成时，智能车已能够根据停车任务实现立体车库停车。本任务需要完成智能车停车计时、自动计费、自动缴费及出库。本任务的代码流程如图 8-3-3 所示，均体现在 case '2' 中。

（3）代码编写

> Car_Thread（ ）编写

Car_Thread（ ）是小车全自动运行函数，延续任务 1、2，以下列出任务 3 相关部分。

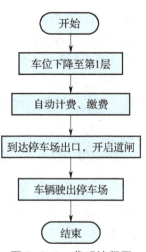

图 8-3-3　代码流程图

```
……            //任务1、2
Car_Go(SPEED,300);          //小车前进
RFID_FLAG = 1;              //开始寻卡
Car_Track(SPEED);           //小车循迹
Car_Go(SPEED,MP);           //小车前进
Car_Left(wheel_SPEED);      //小车左转，驶离车库
sprintf((char *)TTS_Buf,"停车时长%d秒钟停车费用%d元缴费成功余额%d元祝您一路平安",time[0],
time[0] * money,recharge_amount - (time[0] * money));//根据停车时长计算停车费用及卡内余额
BKRCspeak_TTS((char *)TTS_Buf);//播报停车时长等信息
count_flag = 0;             //结束计时
delay_ms(6000);
Car_Track(SPEED);
Car_Go(SPEED,MP);
Car_Track(SPEED);
    break;  }
    Car_Go(SPEED,MP);
    Car_Right(wheel_SPEED);
    break;
    case 0x05:              //准备驶出停车场
    Car_Track(SPEED);
    Car_Go(SPEED,MP);
    Car_Right(wheel_SPEED);
    Car_Track(SPEED);
    Send_ZigbeeData((uint8_t *)Gate_Open, 8); // 开启道闸
    delay_ms(200);
    Send_ZigbeeData((uint8_t *)Gate_Open, 8); // 开启道闸
    delay_ms(200);
    Car_Go(SPEED,MP);
    Car_Track(SPEED);
    Car_Go(SPEED,MP);
    Car_Left(wheel_SPEED);
```

```
        Car_Track(SPEED);      //     驶出停车场，项目8结束
        break;
    }
}
```

> **温故知新**
>
> 控制立体车库车位下降至第1层时，向立体车库标志物发送命令的数据结构应该为多少？请尝试写出来。
> _____
> _____

3. 软硬件联调

程序设计好后，编译并生成目标代码，下载到智能车核心控制模块中，实现任务功能，如图 8-3-4 所示。

至此，本项目通过 3 个任务递进式地实现了智能车寻找立体车库、立体车库停车、智能车自动缴费出库的全过程。

图 8-3-4 本任务软硬件联调

学后思

请大家根据问题完成复盘。

任务复盘表

回顾目标	评价结果	分析原因	总结经验
是否完成了任务？和你做的计划一致吗？	完成任务的过程中你做得好的地方？存在哪些问题？	完成任务的关键因素有哪些？出现问题的原因是什么？	如果让你再做一遍，你会如何改进？写下你的创意想法？

任务拓展

当智能车出库时，如果卡片余额不足，请结合实际，从道闸控制方面思考应对措施，并编程实现。

拓中思

面对卡片余额不足的情况，还可以结合语音播报，思考应对措施及如何实现。请尝试写出自己的思路。
_____
_____

参考文献

[1] YIU J.ARM Cortex-M3 与 Cortex-M4 权威指南[M].吴常玉,曹孟娟,王丽红,译.3版.北京:清华大学出版社,2022.

[2] 郭志勇.嵌入式技术与应用开发项目教程(STM32版)[M].北京:人民邮电出版社,2019.

[3] 王文成,胡应坤,胡智元,等.ARM Cortex-M4 嵌入式系统开发与实战[M].北京:北京航空航天大学出版社,2021.

[4] 漆强.嵌入式系统设计——基于STM32CubeMX与HAL库[M].北京:高等教育出版社,2022.

[5] 梁晶,吴银琴.嵌入式系统原理与应用[M].北京:人民邮电出版社,2021.

[6] 严海蓉,薛涛,曹群生,等.嵌入式微处理器原理与应用——基于ARM Cortex-M3 微控制器(STM32系列)[M].北京:清华大学出版社,2014.

[7] 游志宇,陈昊,陈亦鲜.STM32单片机原理与应用实验教程[M].北京:清华大学出版社,2022.

[8] 刘火良,杨森.STM32库开发实战指南:基于STM32F4[M].北京:机械工业出版社,2017.

[9] 严海蓉,李达,杭天昊,等.嵌入式微处理器原理与应用——基于ARM Cortex-M3 微控制器(STM32系列)[M].2版.北京:清华大学出版社,2019.

[10] 杨百军.轻松玩转STM32Cube[M].北京:电子工业出版社,2017.